POLITEXT 169

Procesado digital de señales

Fundamentos para comunicaciones y control - I

POLITEXT

Eduard Bertran Albertí

Procesado digital de señales

Fundamentos para comunicaciones y control - I

EDICIONS UPC

Primera edición: febrero de 2006
Reimpresión: enero de 2010

Diseño de la cubierta: Manuel Andreu

©   Eduard Bertran Albertí, 2006

©   Edicions UPC, 2006
       Edicions de la Universitat Politècnica de Catalunya, SL
       Jordi Girona Salgado 1-3, 08034 Barcelona
       Tel.: 934 137 540   Fax: 934 137 541
       Edicions Virtuals: www.edicionsupc.es
       E-mail: edicions-upc@upc.edu

Producció: LIGHTNING SOURCE

Depósito legal: B-6804-2006
ISBN: 978-84-8301-850-7

Procesado digital de señales Fundamentos para Comunicaciones y Control

(Volumen I)

Prefacio

Para abarcar todos los ámbitos del Procesado Digital serían necesarios varios textos capaces de cubrir distintos cursos, unos específicos sobre las bases del propio procesado y otros orientados a aplicaciones, como por ejemplo, cursos de imagen y sonido, de control, de instrumentación digital, de bioingeniería o de comunicaciones, si nos referimos al caso de la ingeniería eléctrica. El primer paso para enfrentarse a ellas es el conocimiento de los fundamentos del procesado digital de señales y sistemas, objetivo de la presente obra.

Estos fundamentos son validos tanto para aplicaciones en Comunicaciones como en Control, con ligeras variaciones. A pesar de esta similitud, la bibliografía de ambas disciplinas no está unificada. Históricamente ello ha tenido un motivo: la diferencia de complejidad entre Comunicaciones y Control, con diferentes requisitos de ancho de banda y diferentes escenarios principales de estudio: el dominio temporal para Control y el frecuencial para Comunicaciones. Incluso aspectos teóricos básicos, como puede ser la transformada Z, se han enfocado de formas diferentes ya que algunas hipótesis de causalidad han sido usualmente un prerrequisito en Control, mientras que son menos importantes en aplicaciones de Comunicaciones. Por el contrario, el análisis de estabilidad y de las formas de la respuesta transitoria ha sido habitualmente más importante en las aplicaciones de Control. Así como el Control se ha orientado más hacia los sistemas, las Comunicaciones lo han hecho más hacia las señales.

Los avances teóricos y tecnológicos han incrementado el solapamiento entre ambas disciplinas. Por un lado, estructuras avanzadas de Control requieren más herramientas de análisis estocástico y una mayor profundización en el dominio frecuencial, mientras que la tecnología permite velocidades de procesado que facilitan la implementación de reguladores anticausales. Por otro lado, las comunicaciones digitales o el control de tráfico en redes de datos han evidenciado un mayor interés en las formas temporales de la respuesta, tradicionalmente restringida a algunos dispositivos o a transitorios en líneas de transmisión.

Esta obra pretende ofrecer un enfoque unificado de las herramientas básicas del Procesado Digital, considerando su uso en aplicaciones tanto de Comunicaciones como de Control. Si bien su primer diseño partió de un curso básico con una duración aproximada de 60 horas, posteriores ampliaciones han proporcionado un material de estudio que puede cubrir sobradamente uno de 120 horas. La duración del curso determina el énfasis de los últimos capítulos y el carácter de los temas complementarios repartidos a lo largo de los diferentes capítulos, como es la ilustración por medio de ejemplos de aplicaciones específicas, o la presentación de algunos métodos numéricos, como es el caso de los algoritmos de cálculo rápido de la transformada de Fourier.

La importancia del Procesado Digital, continuamente catalizada tanto por el interés comercial de las aplicaciones como por las innovaciones tecnológicas en dispositivos que lo soportan (DSPs, FPGAs,....), se une a la juventud de esta disciplina. Esta combinación de juventud e interés hace que los nuevos avances no suelan dejar obsoletos los anteriores, y frecuentemente nos encontramos con que conocimientos que en un determinado momento parecen sólo relevantes para aplicaciones avanzadas, en poco tiempo pasan a convertirse en herramientas de análisis y diseño habituales. Por todo ello, una obra centrada en los fundamentos del Procesado Digital sólo puede hacerse de tamaño reducido si se centra o bien en las teorías o en las aplicaciones. Si se desean presentar conexiones entre las teorías, las tecnologías y las aplicaciones, atendiendo a los fundamentos para las nuevas aplicaciones, no puede hacerse en un texto de tamaño reducido. Salvo a riesgo de hacer una obra comprensible sólo para quien ya esté familiarizado con la disciplina o esconder algunos fundamentos que, hasta hace pocos años, podían ser perfectamente evitables en un libro de fundamentos.

Dada la extensión de esta obra, su contenido se descompone en dos volúmenes. Con ello se pretende mejorar su manejabilidad, ya que no se busca un texto de consulta puntual sino un material para el estudio. Como ambos volúmenes no son textos independientes, sino que el segundo es continuación natural del primero, no se ha reiniciado en éste la enumeración de las páginas ni de los capítulos a fin de evidenciarlo.

La experiencia nos dice que, al empezar a ejercer la actividad profesional, el primer material de consulta del un nuevo ingeniero suele ser aquel texto que había estudiado en su etapa escolar. Un texto trabajado y familiar en contenidos y terminología, quizás con anotaciones personales, es la primera referencia para recordar y revisar conceptos. Por este motivo, el lector encontrará algunos apartados que van más allá del alcance de un curso introductorio, pues en ellos se apuntan aspectos más avanzados del Procesado Digital, aunque sin el nivel de detalle ofrecido en los apartados que se consideran básicos. Para el seguimiento del curso se suponen conocimientos de la transformada de Fourier para señales de tiempo continuo (tema que se recuerda en el apéndice B) y, en algunos apartados, de la transformada de Laplace (en el apéndice A). Hay que resaltar que la transformada de Laplace no es imprescindible para el seguimiento del curso (excepto para el capítulo 6) ya que, o bien aparece en temas suplementarios, o bien se utiliza para dar una visión alternativa a otros enfoques. Sin embargo, los alumnos que en cursos anteriores de Teoría de Circuitos, de Sistemas Lineales, de Control o de Matemáticas hayan adquirido nociones de esta transformada pueden aprovechar sus conocimientos previos para extrapolar conceptos de sistemas continuos a los discretos, con un menor esfuerzo de aprendizaje.

Como se ha dicho, la obra se centra en el estudio de las herramientas básicas del procesado digital de señales para aplicaciones de comunicaciones y para aplicaciones de control. Esta orientación se efectúa también a través de los ejemplos que se van resolviendo. En el caso particular del control digital, un estudiante que haya seguido esta obra no debe tener problemas en comprender la discretización de reguladores (métodos indirectos de diseño de sistemas de control), ni en aplicar técnicas simples de diseño digital directo, evaluar la estabilidad, el ancho de banda o la precisión de un sistema discreto. Y para futuras asignaturas de comunicaciones, la obra establece las bases de algunas modulaciones, de codificaciones de fuentes, de la estimación espectral y de la síntesis de filtros digitales. En los actuales equipos de comunicaciones, cada vez se van reemplazando más las clásicas estructuras circuitales de filtros analógicos por procesadores digitales de señales (DSP), lo que confiere al estudio de las herramientas básicas de Procesado Digital la misma relevancia que tradicionalmente han tenido otras, como la Teoría de Circuitos o la síntesis de redes eléctricas, para el desarrollo de aplicaciones.

Un riesgo en un primer curso de procesado digital de señales es que tome un enfoque meramente formal y se limite a la presentación de teoremas y propiedades, y a sus demostraciones. Este enfoque proporcionaría al estudiante una visión desligada de las aplicaciones. Por otro lado, no es deseable evitar estos aspectos, ya que ello implicaría una formación inestable al no adquirirse unas bases mínimas para la comprensión de la disciplina. Y esta comprensión básica es imprescindible para que los futuros ingenieros puedan seguir abordando, durante su carrera profesional, los continuos avances tecnológicos con que deberán ejercer su actividad cotidiana. En esta obra se ha intentado que los aspectos matemáticos básicos para el procesado digital no quedaran desligados de los subsistemas electrónicos que los soportan ni de sus aplicaciones. Tal enfoque podría conllevar el peligro de diseñar un curso excesivamente disperso si se intentaran abordar todos los temas circuitales para la adquisición de señales analógicas o de arquitecturas de diferentes tipos de procesadores digitales. La solución que se ha adoptado ha sido presentar, en los primeros capítulos, la infraestructura electrónica que soporta los sistemas de Procesado Digital, de modo que el lector establezca pronto la conexión entre teorías y tecnologías. Si esto se logra al principio, a medida que se va avanzando en el curso cada vez es menos necesario seguir insistiendo en los aspectos tecnológicos.

El nivel de partida es el que hayan podido proporcionar previamente disciplinas orientadas al análisis básico de sistemas continuos, especialmente en lo referente a la transformada de Fourier y, ocasionalmente, a la de Laplace. También es conveniente que se conozcan aspectos elementales de filtrado analógico.

En este primer volumen de la obra, después de revisarse algunos aspectos básicos de señales y sistemas discretos, y de introducir modelos de ellos, el temario se centra en el muestreo y la cuantificación de señales analógicas, operación fundamental para el procesado digital y cuya implementación correcta será capital para el buen funcionamiento de un sistema. Esta operación es la que relaciona las señales continuas con las discretas, y es el punto de partida en la mayoría de sistemas digitales al ser el primer paso para que un procesador digital pueda operar con señales procedentes del mundo analógico. Su relevancia se desprende de la propia bibliografía: en textos de nivel más avanzado ya se parte del procesado de unas muestras, dándose por supuesto que el lector conoce de cursos previos la forma correcta de adquirirlas, así como los subsistemas necesarios para ello.

Una vez tratada la adquisición de señales analógicas, en los siguientes capítulos se caracterizan las señales y los sistemas discretos, y se determinan las componentes y las formas de su respuesta temporal, para pasar a caracterizarlas en el dominio frecuencial con ayuda de la transformada Z, como paso previo al análisis y diseño de filtros digitales. Si bien se ha procurado que el texto sea, hasta cierto punto, autocontenido, introduciendo la mayoría de propiedades y formas de operación con esta transformada, sólo se insiste en las de uso más habitual. A través de ejemplos se introduce la utilización de la transformada Z para el análisis (precisión y estabilidad) y diseño de sistemas digitales de control, sobre los que se profundiza en el capítulo 6.

Con el capítulo 6 (Sistemas de Control Digital) concluye este primer tomo de la obra. Un estudiante que lo haya seguido habrá adquirido las bases para la adquisición de señales evaluando la calidad de ésta, la descripción de señales y sistemas, el análisis de los aspectos básicos a partir de respuestas temporales, de diagramas de programación y del dominio transformado Z. Y habrá adquirido las bases para el análisis y diseño, con conocimiento de las principales alternativas, de sistemas realimentados de control. En algunos planes de estudios este primer tomo puede se perfectamente autocontenido si los objetivos de aprendizaje se centran el la dinámica temporal de sistemas.

En el segundo volumen se tratarán aspectos de la respuesta frecuencial de señales y sistemas discretos. En primer lugar, la propia transformada de Fourier de secuencias discretas, base para los siguientes capítulos y sobre la que se presentarán aspectos de filtrado de señales. Después de introducirá la transformada discreta de Fourier (DFT) entendida como la herramienta práctica de evaluación de respuestas frecuenciales con elementos de cálculo digital. El volumen continúa con un capítulo dedicado a la correlación de señales, considerándolas tanto deterministas como aleatorias. Este tema es capital para los nuevos sistemas de comunicaciones en canales adversos o multiusuario, así como para la identificación de sistemas, punto de partida en el diseño de muchas estrategias de control. Conocido el análisis espectral, se presentará el diseño de filtros digitales, que para los lectores interesados en el control de sistemas pueden ser entendidos como controladores o reguladores digitales. Y se concluye con una introducción al procesado de señales a diferentes velocidades dentro de una misma aplicación , tema de gran relevancia en modernos sistemas de audio y de vídeo digital.

A lo largo de la obra se va proponiendo gradualmente el uso del programa Matlab, partiendo de aplicaciones sencillas para comprobar el resultado de los ejercicios, hasta llegar a usarlo como herramienta de diseño. Sin embargo, no se pretende sustituir los "manuales de usuario" de este programa de simulación.

El objetivo global es que el lector adquiera unas habilidades en los métodos y técnicas básicos de procesado digital que le capaciten para evaluar respuestas temporales y estabilidades, calcular e interpretar la DFT, operar en el dominio frecuencial con potencias y energías, diseñar filtros y controladores digitales, y que conozca las principales aplicaciones del Procesado Digital en Comunicaciones y en Control.

La elaboración de este texto no es posible sin la ayuda de amigos, a los que quiero considerar así antes que profesionales y colegas de la educación y de la ingeniería. Por orden de aparición, debo mencionar en primer lugar a J. R. Cerquides, actualmente profesor de la Universidad de Sevilla y con quien compartí docencia de Procesado de la Señal en la época en que se inició la elaboración de este texto. En segundo lugar, a otros compañeros docentes con quien he discutido sobre el material de estudio, su enfoque y las aplicaciones: Gabriel Montoro, Meritxell Lamarca, Jaume Piera y Francesc Tarrés. Y, en tercer lugar, a los muchos profesores, especialmente de departamentos de Teoría de la Señal y Comunicaciones y de Ingeniería de Sistemas y Automática, con quienes he tenido, desde hace años, instructivas conversaciones sobre aspectos teóricos y aplicados del Procesado Digital y del Control Digital. Finalmente, y con un agradecimiento muy especial, debo recordar a los alumnos de los diferentes centros donde he sido profesor, por dos motivos: el primero, por su papel incentivador en la elaboración de este material y, el segundo, porque durante quince años (tiempo transcurrido desde que se inició la elaboración de un material de estudio cuya depuración y ampliación año tras año ha derivado en el presente texto) han facilitado, con sus comentarios, preguntas y consultas, esta versión final del libro. Y, de entre ellos, a Patricia Lloret, quien, una vez ya cursada la disciplina, trabajó la edición final del libro.

ÍNDICE

VOLUMEN I

Capítulo 4. Muestreo y cuantificación

Capítulo 5. Señales y sistemas discretos

Capítulo 6. Sistemas de control digital

1

INTRODUCCIÓN

Cuando las aplicaciones del procesado analógico eran las predominantes en el mercado de la electrónica de consumo, era fácil motivar su estudio sobre la base de una presentación de aplicaciones. Los sistemas electrónicos que operan con señales analógicas han sido clásicos en el entorno doméstico: la radio, la televisión, el teléfono, las cadenas musicales convencionales son ejemplos bien conocidos. Así, introducir asignaturas de Electrónica o de Teoría de Circuitos no requiere un gran esfuerzo de motivación ya que el estudiante de Ingeniería conoce de antemano su importancia, sobre todo si ha visto algún circuito impreso (quizás de un aparato estropeado) que le hace intuir la necesidad de conocer los componentes y las bases de diseño (o reparación).

Por el contrario, las aplicaciones del procesado digital se han popularizado más recientemente, aunque de forma espectacular. Ello ha facilitado la introducción del Procesado Digital de Señales, y de una época en que la motivación al estudio dependía una cierta dosis de imaginación se ha pasado a la evidencia actual. Sin embargo, el procesado digital está "oculto": como mucho, al abrir un equipo doméstico (por ejemplo, una tarjeta de sonido de un ordenador personal) pueden verse circuitos integrados en una distribución bastante monótona. Y el procesado digital está "dentro" de algunos de ellos, ya que su fruto son programas informáticos. A diferencia del analógico, los tipos de componentes para soportarlo son mínimos y con una estructura común a muchas aplicaciones. Y por simple inspección visual no se puede adivinar casi nada sobre la función de los dispositivos. El hecho de que sea más reciente que el analógico, unido al hecho de que el desarrollo de aplicaciones requiere unas sólidas bases electrónicas e informáticas, además de las teóricas, también dificulta la toma de contacto con el procesado digital, sobre todo en las etapas previas a la formación universitaria.

Aquellos estudiantes que hayan realizado algún curso de circuitos o de sistemas analógicos van a encontrar, de entrada, una diferencia importante. En un curso de circuitos analógicos se estudian componentes previamente conocidos: las resistencias, los condensadores, los inductores o los transistores son elementos cuya existencia no es novedosa, ni siquiera para los estudiantes de un primer curso de Ingeniería. Por ello, y aunque el curso de circuitos analógicos se centrara sólo en teoremas y estudios analíticos, daría una gran sensación de aplicabilidad sin que el profesor tuviera que esforzarse demasiado. El alumno ya se matricula sabiendo "de qué va" el curso. Por el contrario, el producto final del procesado digital es la elaboración de un software que está más oculto. Dentro de las memorias de los microcomputadores, de los ordenadores personales o de los procesadores digitales de señal está este software, pero, a diferencia de las resistencias y los condensadores, no es observable abriendo un equipo con un destornillador. Por ello es fácil que el estudiante tenga una primera sensación de que el temario es abstracto, al no ser fácilmente traducible a aplicaciones desde el inicio del curso. Se precisarán varios capítulos para que empiece a verse la aplicabilidad de la disciplina.

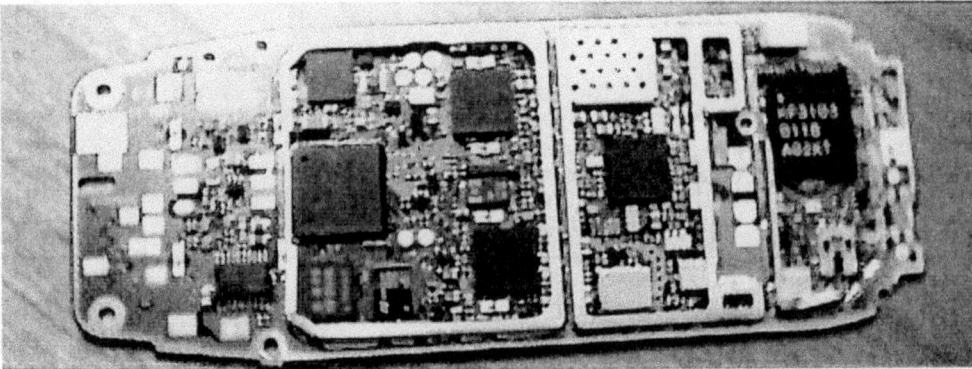

Fig. 1.1. Interior de un terminal de telefonía móvil, donde puede observarse que se usan pocos componentes discretos. El procesado de las señales es principalmente soportado por circuitos integrados específicos.

Los sistemas analógicos operan con una señal que continuamente va variando para dar una sensación, normalmente acústica o visual, de mayor o menor intensidad. Pero, si se piensa en productos más modernos, un receptor de radio puede incorporar una función de RDS (*Radio Data System*) que facilita ciertas informaciones sobre el tráfico; el televisor tiene unos mandos que permiten ver el teletexto o incluso detener imágenes; al hablar por un teléfono GSM compartimos frecuencias con otros usuarios sin interferirnos; al marcar un número telefónico equivocado nos podemos encontrar con la respuesta de un fax o de un sintetizador de voz, o la cadena musical que acabamos de comprar es normal que incorpore un lector de los datos almacenados en un disco compacto (CD), o, incluso, un simulador de efectos acústicos emulando diferentes tipos de salas de audición. Estas funciones, relativamente nuevas, que incorporan los equipos clásicos se efectúan de modo digital y coexisten en el mismo equipo con otras funciones analógicas convencionales.

En ciertas ocasiones, es difícil saber si una cierta función es efectuada de forma analógica o digital. Cuando una máquina da un mensaje de "muchas gracias" o de "buen viaje" o dice que el destinatario de una llamada telefónica no está presente, ¿cómo se puede saber si éste procede de una cinta de casete que se ha activado o de un sintetizador digital de voz? Sobre todo si no pueden verse ni el tamaño ni la modernidad de diseño de la caja que contiene al equipo generador del mensaje. Incluso en aspectos menos técnicos puede aparecer esta indeterminación entre lo analógico y lo digital. Por ejemplo, proponemos al lector que se pregunte si cree que el cerebro funciona en tiempo continuo o en tiempo discreto (como sugerencia, recordemos el antiguo juego del lápiz aparentemente blando cuando se balancea suave y horizontalmente entre dos dedos delante de los ojos). Si ha llegado a la conclusión de que el cerebro toma muestras de la imagen en determinados instantes, ¿puede determinar en qué instantes la está observando y en qué instantes no? Dejaremos la solución de este juego para cuando revisemos el teorema del muestreo de Nyquist.

Otros sistemas no electrónicos de tiempo discreto también son bien conocidos: el saldo de una cuenta bancaria; las evoluciones de la bolsa, del paro o de la inflación; el registro hospitalario de la temperatura de un enfermo, por citar algunos ejemplos, no se obtienen continuamente, sino en determinados instantes de tiempo. Cuando los sistemas de tiempo discreto son soportados por tecnologías digitales, se habla de sistemas digitales. Algunas áreas de aplicación del Procesado Digital en Ingeniería son:

- Audio: disco láser, casete digital (DAT), reconocimiento y síntesis de voz, FM digital, ecualizadores digitales, sintetizadores, etc.

- Vídeo: TV digital, visión de robots, reconocimiento de imágenes, mejora de escenas, autoenfoque de cámaras, etc.

- Telecomunicación: telefonía, televisión, transmisión de datos, ecualización de canales, codificación y compresión de mensajes, DAB, DVB, supresión de ecos y de ruidos, multicanalización, etc.

- Control. Robótica: posicionamiento y seguimiento digitales, regulación numérica, interpolación de trayectorias, supervisión de grandes plantas, control y supervisión distribuidos de procesos (SCADA), seguridad en planta, seguimiento de satélites, impresoras láser, rotación de discos, etc.

- Instrumentación: analizadores de espectro de baja frecuencia (FFT), osciloscopios de muestreo, instrumentación de medida programable, generadores de señal de forma arbitraria, etc.

- Transportes: frenado ABS, suspensión adaptativa, guiado inercial, autopilotos, ayuda al aterrizaje, vehículos inteligentes, navegación asistida, etc.

- Geodesia: detección de capas en el subsuelo, estimaciones troposféricas e ionosféricas, predicción de contingencias, etc.

- Medicina: ecografías, electroencefalogramas, electrocardiogramas, tomografía, monitorización fetal, etc.

- Militar: radar, sónar, guiado de misiles, etc.

La evolución tecnológica de la microinformática ha facilitado el desarrollo de esta lista de aplicaciones reales del tratamiento digital de señales. Hace pocas décadas habría sido mucho más reducida, más por limitaciones tecnológicas que por falta de un cuerpo teórico.

Antes de la aparición de los primeros ordenadores, ya existían sistemas que sólo trabajaban con señales muestreadas, aunque eran pocos. El abaratamiento de los ordenadores, así como las facilidades de diseño de sistemas basados en microprocesadores y de circuitos con integración a gran escala (LSI y VLSI), favorecieron la aparición en el mercado de nuevos productos orientados a la manipulación digital de señales analógicas.

Este último matiz es importante para comprender el alcance del procesado digital de señales. No se trata simplemente de sistemas electrónicos secuenciales o combinacionales que efectúan operaciones lógicas con entradas y salidas binarias (como los estudiados en cursos básicos de electrónica digital), sino de sistemas que, además, son capaces de "leer" señales analógicas, "traducirlas" para que puedan ser tratadas digitalmente, efectuar un procesado matemático y "sacar" los resultados de las operaciones digitales de forma analógica. O incluso puede no se precise "leer" o "sacar" las señales analógicas si los destinatarios del procesado digital son, a su vez, sistemas digitales. Con ello se gana en flexibilidad, fiabilidad, transportabilidad y facilidad de ejecución de algoritmos complejos, aspectos que con el procesado analógico son más difíciles de conseguir, al menos a igual coste.

Pero el procesado analógico y el procesado digital no son disciplinas enfrentadas, sino que se complementan: tras fijar las especificaciones y el coste final del equipo, el diseñador no suele tener problemas en tomar una decisión sobre el tipo de procesado que va a usar. Así, por ejemplo, si la estabilidad de los parámetros de un filtro o la facilidad de ajuste son aspectos capitales, será preferible la realización digital, mientras que si el ancho de banda del mismo es muy elevado, deberá optarse por soluciones analógicas.

Por último, conviene recordar que lo último en aparecer no es necesariamente lo óptimo. El amplificador que pueda llevar una muñeca no será el mismo que el de un equipo de alta fidelidad, salvo que se fabriquen muñecas para arruinarse, ni los filtros de cabecera de un receptor de TV por satélite serán digitales, si éste tiene que tener un coste competitivo. Aunque deberán revisarse cada año estos ejemplos, porque la tendencia al abaratamiento de las tecnologías digitales y al aumento de velocidad (ancho de banda) van a obligar, a medio plazo, a adaptarlos a la situación tecnológica del momento.

Evolución histórica

Hasta la década de los cincuenta el procesado de señales era realizado casi exclusivamente por sistemas analógicos, ya fuesen éstos de tipo mecánico, neumático o eléctrico. A pesar de que los primeros ordenadores ya empezaban a introducirse, se trataba de máquinas lentas, voluminosas y de bajas prestaciones. A esto había que añadir su elevado coste frente a la economía de la circuitería analógica desarrollada hasta la fecha; receptores de radio, amplificadores, reguladores, etc., eran ya comercializados a precios relativamente bajos. Y, además, no había suficiente experiencia de usuario, por lo que el hecho de que un determinado equipo efectuara una función era, en ocasiones, mucho más importante que la calidad con la que la realizara.

Sin embargo, había problemas que, por su complejidad, no habían sido bien resueltos mediante el procesado analógico de señales y para los cuales el digital parecía una alternativa interesante. Uno de los primeros usos del procesado digital fue la prospección de pozos petrolíferos: las señales acústicas registradas por una serie de sensores eran grabadas en cinta y luego analizadas por ordenador. De los datos registrados podía deducirse la composición del subsuelo y, por tanto, la posible presencia de bolsas de petróleo. El proceso podía durar incluso días y consumiendo cantidades ingentes de energía y paciencia. Sin embargo, siempre resultaba más barato y más rápido que realizar perforaciones tentativas.

También resultó interesante la aplicación de computadores a la simulación de circuitos y sistemas analógicos, pues así se reducían riesgos en la elaboración de los prototipos. Los pioneros en este tipo de simulaciones fueron los laboratorios Bell y Lincoln.

Fuera de estas aplicaciones, dada la imposibilidad de procesar señales discretas en tiempo real, el procesado digital era más una curiosidad o una solución puntual de determinados problemas, que una herramienta práctica. De todos modos, el tema atrajo a un buen número de investigadores, en parte por su interés formal y, en mayor medida, como consecuencia de los sistemas muestreados en radar que se habían desarrollado durante la Segunda Guerra Mundial. La transformada Z fue apuntada por Hurewicz en 1947, si bien la definieron posteriormente Ragazzini y Zadeh, al mismo tiempo que Barker, en 1952.

Muchos algoritmos actuales de procesado digital tienen su origen a finales de la década de los cincuenta y, especialmente en la de los sesenta. Por ejemplo, el algoritmo de cálculo rápido de transformadas de Fourier (FFT) fue ideado por Cooley y Tuckey en 1965. También fue en esta época cuando aparecieron libros como los de B. Gold y C.H. Rader, o el de E.I. Jury, que estructuraban el cuerpo teórico del procesado digital y el uso de sus principales herramientas. Incluso el filtro de Kalman, tan importante en recientes trabajos de investigación, fue propuesto durante esta década.

En el campo del Control, durante la década de los cuarenta empezó a mostrarse interés por la utilización de sistemas muestreados en radar giratorio. Pero una nefasta experiencia en unas pruebas de aplicación de un controlador digital a un helicóptero relegaron hasta finales de la década de los setenta la confianza en los métodos digitales de control, en parte gracias a la comercialización de los miniordenadores.

El impulso definitivo no llegaría hasta la década de los ochenta. Los avances en microelectrónica permitieron pasar de los primeros microprocesadores de la década anterior a dispositivos más potentes y capaces de calcular algoritmos complejos en tiempo real. Al principio su ancho de banda era muy limitado, suficiente para aplicaciones de Control pero pobre para las de Comunicaciones. A finales de los ochenta, con la comercialización de los primeros DSP (procesadores digitales de señal), se dio un paso muy importante. Un DSP es, básicamente, un microprocesador con una arquitectura y un conjunto de instrucciones específicos, orientados a la programación de algoritmos de procesado de señal en que es más importante la velocidad de cálculo que la capacidad de memorización de datos. Los nuevos horizontes tecnológicos para el procesado digital de la señal parecen tender hacia sistemas de paralelismo masivo: redes neuronales, *transputers*, etc. La aparición de los DSP ha creado un lazo de realimentación positiva: gracias a ellos, se han promovido líneas de investigación y nuevas aplicaciones comerciales del procesado digital, que permiten seguir mejorado las prestaciones de los DSP.

Hoy en día el control digital de procesos y de dispositivos ha relevado al analógico en muchas aplicaciones. La nefasta experiencia aeronáutica de hace cinco décadas, que parecía restar fiabilidad a los sistemas de control digital, ha resultado ser sólo una paradoja pues, entre otros aspectos, los sistemas digitales se han manifestado más fiables, versátiles y productivos que los analógicos. Por ejemplo, muchos equipos de regulación son más fáciles de encontrar en el mercado, y más económicos, si son digitales. Desde los autómatas programables, sencillos de aplicar y potentes en la resolución de problemas industriales, hasta los potentes algoritmos de control robusto o adaptativo, el control digital ha participado en todos los niveles de la automatización. Los sistemas distribuidos de adquisición de datos y control (SCADA), poco explotados hasta hace sólo un par de décadas, son ahora habituales en aplicaciones de control de procesos.

A diferencia de las aplicaciones para Comunicaciones, las de Control Digital no han sido tan sensibles a la aparición de los DSP para su penetración en el mercado (aunque hay DSP específicos para aplicaciones de control), debido a sus menores exigencias en velocidad de respuesta. Tecnológicamente, los factores más importantes han sido el paso de los primeros µP a los microcontroladores actuales, la aparición de circuitos integrados especializados en el control digital de tareas específicas (como el de los movimientos de motores eléctricos) y la incorporación de buses de intercambio de datos entre instrumentos de control y medida.

2

SEÑALES, SISTEMAS Y PROCESADO DE LA SEÑAL. COMPARACIÓN ENTRE EL PROCESADO ANALÓGICO Y EL DIGITAL. APLICACIONES

2.1. Señales, sistemas y procesado de la señal

En primer lugar, en este capítulo se revisan algunas terminologías y conceptos básicos de señales y sistemas:

Señal: Magnitud asociada a un fenómeno físico, función de una o varias variables independientes, que puede ser revelada por un instrumento o percibida directamente por el ser humano. En nuestro contexto, esta definición puede simplificarse diciendo que es una "magnitud (eléctrica) cuya *variación con el tiempo* representa una información". Ejemplos de señal son la tensión en bornes de un micrófono, el cambio de un semáforo, una sirena de alarma, etc. Las señales pueden servir tanto para las comunicaciones entre personas, como entre personas y máquinas o, simplemente, entre máquinas.

Información: Conocimiento de algo desconocido o inesperado.

Mensaje: Manifestación física de la información. Si ésta toma forma eléctrica, se denomina *señal*.

Sistema: Interconexión de dispositivos o de circuitos (subsistemas) que efectúan algún tipo de operación sobre la señal. Por ejemplo, un osciloscopio, un equipo de HI-FI, un televisor, una red inalámbrica, etc.

Como ejemplo de estos conceptos, se presenta la estructura general de un sistema de comunicaciones. Sus elementos básicos, siguiendo el modelo propuesto por Shanon a finales de los años cuarenta, se describen en la figura 2.1.

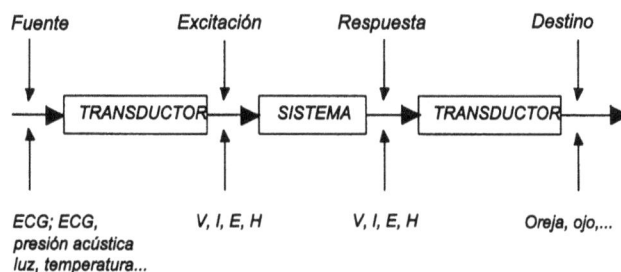

Fig. 2.1. Sistema de comunicación

La *fuente* proporciona un mensaje de entrada a partir de cualquier magnitud física (presión en un micrófono, velocidad de un disco, etc.). Este mensaje, normalmente en formato no eléctrico, es convertido en una onda de tensión o de corriente mediante un *transductor*. A la salida del sistema se efectúan las operaciones inversas hasta que la información llega al *destinatario*.

Dentro del bloque que se ha denominado *sistema* se hallan un emisor, un canal y un receptor. El objetivo del *emisor* (o transmisor) es adaptar la señal de entrada al medio físico (*canal*), buscando la *fidelidad* (semejanza entre la información recibida y la transmitida) y la *fiabilidad* (probabilidad de que la comunicación tenga un cierto índice de confianza). El medio físico de transmisión puede tener características muy distintas (líneas unifilares o bifilares, cables, guiaondas, fibra óptica, atmósfera, agua...)

PROBLEMAS: Dentro de un sistema de comunicación pueden presentarse tres tipos de perturbaciones de la señal transmitida: los ruidos, las interferencias y las distorsiones.

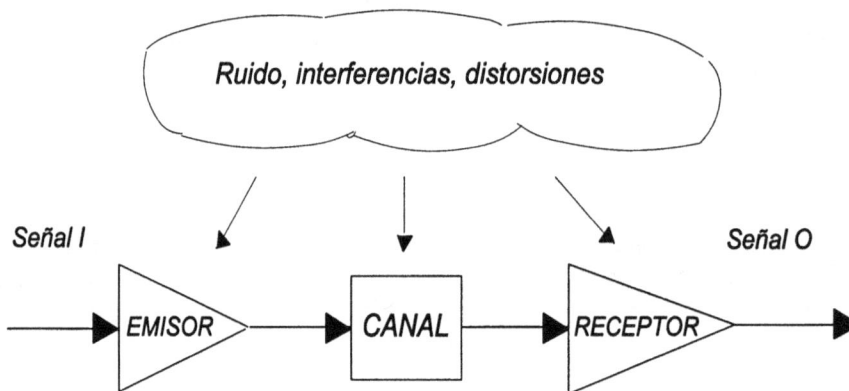

Fig. 2.2. Perturbaciones en un sistema de comunicación

- **Ruidos:** Son generados por los subsistemas emisor y receptor, por el propio canal o por los medios materiales que los envuelven (ruido propio de los componentes electrónicos, tráfico, ionosfera, entonos industriales...). Son inevitables y de naturaleza aleatoria.

- **Interferencias:** Son perturbaciones debidas a la superposición de otras señales procedentes del mismo sistema u otros sistemas cercanos a la señal transmitida (ruido de la red eléctrica, canales de televisión cercanos...). Son evitables con un correcto apantallamiento o limitación de la banda de frecuencia en que se opera, cuando ello es posible.

- **Distorsiones:** Son debidas al funcionamiento imperfecto de algún subsistema que cambia la forma de la señal (transistor saturado, dispositivos no lineales...). Es una perturbación asociada a la forma de la señal y, a diferencia de las restantes, desaparece si ésta se anula. No hay distorsión si los subsistemas son lineales y su diseño electrónico es correcto, aunque el uso exclusivo de dispositivos lineales es poco viable en aplicaciones reales si no es pagando costes adicionales, como el precio de los equipos o el consumo energético.

SEÑAL:

DISTORSIÓN:

INTERFERENCIA + SEÑAL

RUIDO + SEÑAL

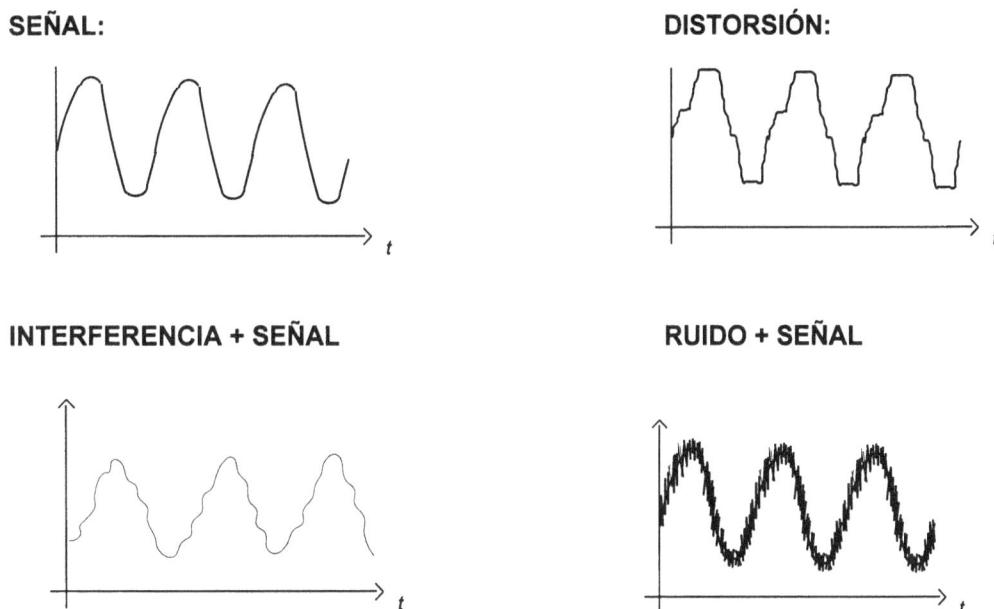

Fig. 2.3. Diferentes perturbaciones de una señal

Si se toma, como ejemplo, el siguiente comportamiento espectral de las contaminaciones:

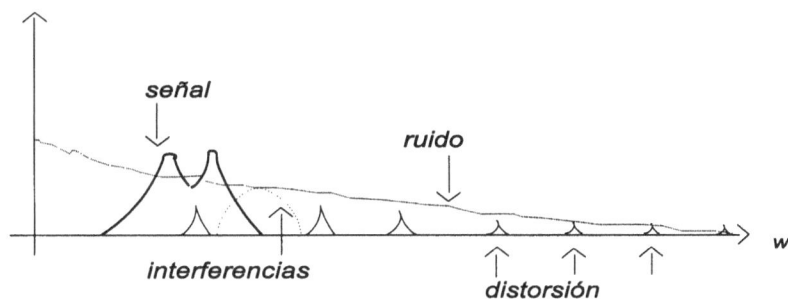

Fig. 2.4. Efecto espectral de las perturbaciones

pueden plantearse algunas formas de reducción del problema:

a) **FILTRADO:** Elimina las contaminaciones de la señal que están fuera de la banda de paso del filtro, que se supone ajustada a la banda de interés de la señal. Según si el filtro es analógico o digital, se habla de *procesado de la señal* analógico o digital.

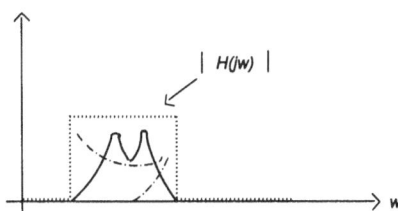

Fig. 2.5. Filtrado lineal paso-banda

b) Desplazamiento en frecuencia de la señal a una zona menos contaminada (propiedad de **MODULACION** de la transformada de Fourier). Es otro ejemplo de *procesado de la señal*.

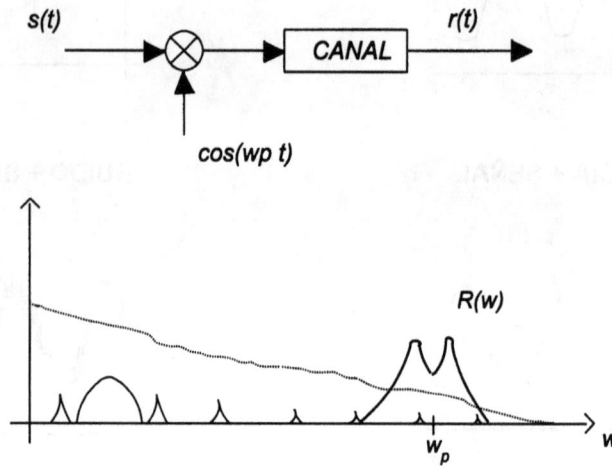

Fig. 2.6. Modulación en amplitud

c) **CODIFICACIÓN:** Es otra acción de *procesado de la señal* en que, después de un proceso de cuantificación de ésta, se asigna una palabra-código a cada nivel cuántico. Si a esta palabra se le añade información (bits) adicional, es posible corregir errores. Por ejemplo, si se conviene que el código 111 corresponde al color verde y el 000 al azul, y por algún problema en el canal se ha recibido el código 110, puede decidirse, con mayor probabilidad de acierto, que se ha transmitido el código correspondiente al color verde (ya que dos de los tres símbolos son correctos).

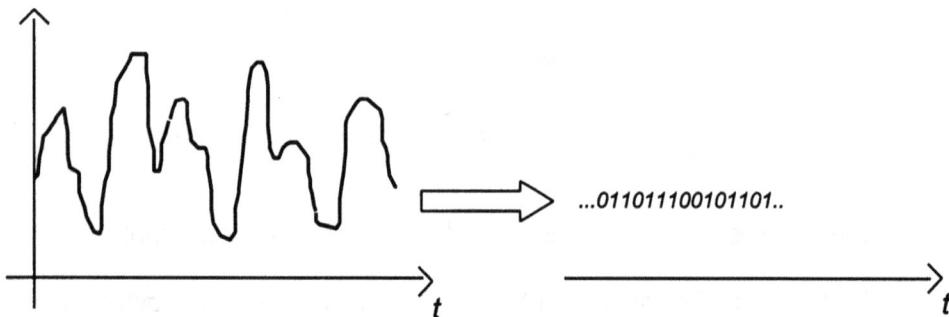

Fig. 2.7. Codificación

Según las ideas introducidas en este ejemplo, puede definirse el procesado de la señal en *comunicaciones* del modo siguiente:

PROCESADO DE LA SEÑAL: Cualquier manipulación de la señal transmitida o recibida, o de sus perturbaciones, orientada a mejorar la calidad o el coste de las comunicaciones.

Sin embargo, no todas las aplicaciones del procesado de la señal se centran en el campo de las comunicaciones, como ya se ha avanzado en la introducción. Así, si el problema a resolver fuera la reducción de las vibraciones en un automóvil, habría que revisar la definición anterior.

Para aplicaciones de control, el procesado de la señal supone la alteración de las señales (consignas) con que se gobierna un determinado sistema, con el fin de que su comportamiento sea el deseado. Por ejemplo, si una plataforma giratoria que sustenta un radar de seguimiento es perturbada por el viento, el objetivo del sistema de control será modificar las señales de entrada a los accionadores (motores) de la plataforma, de modo que se mantengan la velocidad, la precisión y la estabilidad del sistema. Así, la figura 2.1 puede ser también interpretada para un sistema de control. El primer transductor correspondería a un actuador electromecánico (como un motor eléctrico); el sistema podría ser la plataforma mecánica objeto de control, también sujeta a perturbaciones –por ejemplo, el viento– y distorsiones –saturaciones del desplazamiento de algún dispositivo, malos contactos entre engranajes...–, y el segundo transductor sería un sensor para medir el desplazamiento o la velocidad de la plataforma. En este caso, la solución para lograr un funcionamiento correcto se basa en técnicas de filtrado, que, a diferencia de la aplicaciones en Comunicaciones, se diseñan preferentemente con especificaciones en el dominio del tiempo.

2.1.1. Tipos de señales según su continuidad en tiempo o en amplitud

Las siguientes clasificaciones de señales son básicas y ampliamente usadas. Quizás por esto sea necesario advertir que en la jerga habitual suelen confundirse algunas definiciones, principalmente entre discreto y digital, y entre digital y binario. Se Recomienda al lector que si a raíz de su experiencia en el lenguaje cotidiano, considera que las palabras acabadas de mencionar significan lo mismo, aborde este apartado sin ideas preconcebidas. Unos conceptos son parte de otros, pero no son idénticos.

Señal analógica: Definida para todos los instantes de tiempo ("tiempo continuo"), con una amplitud que puede tomar cualquier valor dentro del rango de valores permitido.

Ejemplos: $x(t) = \text{sen}\ (t)$
$x(t) = e^{-t}$
$x(t) = \text{sen}(t) \cdot u(t)$. En este caso, la señal está definida para todo t, con la particularidad de que es cero para $t < 0$.

Señal discreta: Definida para unos instantes concretos del tiempo (tiempo discreto), normalmente en intervalos que son múltiplos (uniformes) de un período de tiempo básico T. En los restantes instantes, se desconoce (indefinición) el valor de la señal.

Ejemplos:

a) Cotización de una acción bursátil:

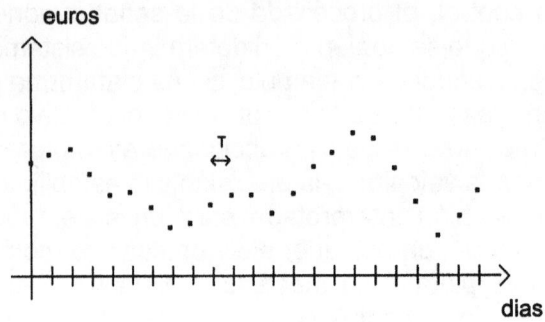

b) Muestreo de una señal analógica:

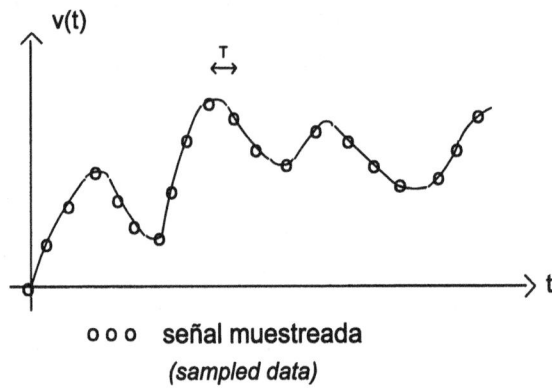

○ ○ ○   señal muestreada

(sampled data)

Fig. 2.8. Señales discretas: a) intrínseca; b) muestreada de una señal analógica

Si la señal muestreada sólo puede tomar determinados valores de amplitud, se dice que es una *señal digital* (de tiempo discreto). Por ejemplo, el número de estudiantes que asisten a clase cada día de la semana en un grupo de 40 alumnos es un número entero comprendido entre 0 y 40.

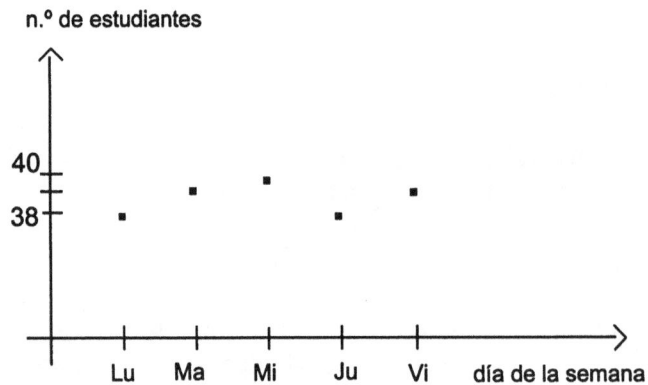

Fig. 2.9. Señal digital (de 40 niveles)

No hay que confundir las señales digitales con las de tiempo discreto, que, en principio, pueden tomar cualquier valor de amplitud en los instantes de tiempo en que están definidas. Las primeras son un subconjunto de las segundas.

Cuando una señal discreta sólo puede tomar dos niveles de amplitud, se habla de *señales binarias* de tiempo discreto.

Conviene notar que tanto las señales digitales como las binarias pueden ser de tiempo continuo. Ejemplos de este segundo caso son las señales utilizadas en un ordenador para conectar la unidad central con la memorias (señales definidas para todo instante de tiempo, pero de sólo dos niveles de amplitud).

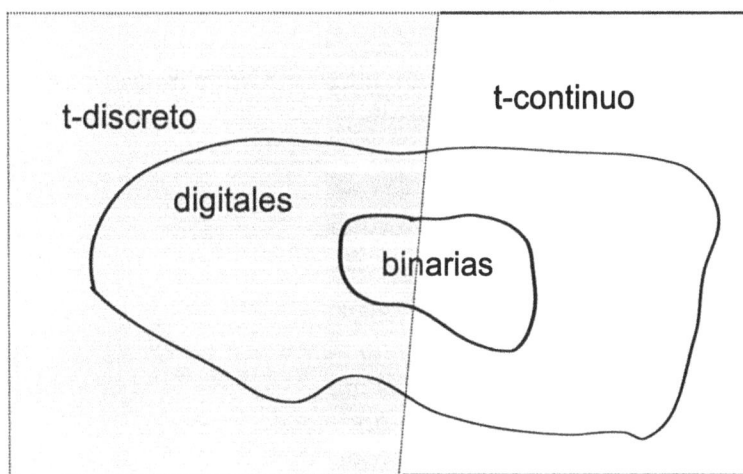

Fig. 2.10. Clasificación de señales

Según la representación temporal de la señal, podemos establecer las subclasificaciones siguientes:

· Tiempo continuo y amplitud continua

Son las señales más habituales en los sistemas físicos. La variable independiente (tiempo) puede tomar cualquier valor. La variable dependiente (tensión o corriente, en nuestro caso) también puede hacerlo.

Ejemplos:

- La tensión de salida, $v(t)$, en un micrófono
- Las señales usuales en los circuitos analógicos

· Tiempo continuo y amplitud constante a intervalos

La variable independiente (tiempo) puede tomar cualquier valor, pero a la amplitud sólo se le permite cambiar en ciertos instantes.

Ejemplos:

- Proceso de conversión D/A
- Número de personas montadas en la noria de una feria (sólo variable en los instantes en que ésta se detiene)

· *Tiempo discreto y amplitud continua*

Suelen proceder de tomar muestras de una señal del tipo anterior. Los intervalos de tiempo habitualmente están uniformemente espaciados, pero en cada uno de ellos la señal puede tomar cualquier valor.

Ejemplos:

- Muestras tomadas de cualquier señal analógica
- Índice de la bolsa al cierre
- Información captada por un radar de vigilancia costera
- Transmisión de señales del sistema nervioso

· *Tiempo discreto y amplitud discreta*

Son las señales que manejan todos los sistemas de procesado digital de señal. La amplitud queda discretizada debido, entre otras cosas, a la imposibilidad de que un ordenador trabaje con precisión infinita.

Ejemplos:

- Muestras cuantificadas de una señal analógica
- Goles marcados por un equipo de fútbol (amplitud: número entero; tiempo: días de partido)

· *Tiempo continuo y amplitud digital (1 o 0)*

Son señales cuya amplitud sólo puede tomar dos valores.

Ejemplos:

- La señales con que un procesador accede a sus memorias
- La señal del intermitente de un automóvil

2.1.2. Sistemas analógicos y discretos

Sistemas analógicos: Son los que pueden operar continuamente en el tiempo (también se llaman *de tiempo continuo*), si bien a su entrada pueden aplicarse tanto señales analógicas como digitales. Los circuitos convencionales con elementos tipo R, L, C, BJT o amplificadores operaciones son ejemplos de circuitos analógicos.

Sistemas discretos: Sólo atienden a la señal presente en su entrada en determinados instantes de tiempo (instantes de muestreo) y producen una salida también en instantes de tiempo discreto. Si a su entrada se aplica una señal analógica, requieren un subsistema previo que la muestree y cuantifique.

Como los sistemas discretos suelen ser soportados por dispositivos de aritmética finita, sólo habrá un cierto número de valores de amplitud permitidos, por lo que es habitual confundir los sistemas discretos con los digitales.

Hay otras subclasificaciones de los sistemas, que se dejan para más adelante. Por ahora basta con la diferenciación entre sistemas analógicos (t-continuo) y digitales (t-discreto).

2.2. Comparación entre los sistemas analógicos y los digitales

El procesado digital y el analógico se complementan y, en algunos casos, son alternativos. Lo que no es evidente es qué criterio debe tomarse para la selección de uno u otro ante un problema concreto. Esta decisión depende de la validez y eficiencia de cada uno de ellos en cada circunstancia. En este apartado, se exponen las principales ventajas y los inconvenientes de cada método.

Entre las **ventajas** que supone el uso de un esquema digital destacan, en primer lugar, *la flexibilidad* y *la reconfigurabilidad de diseño*. El diagrama de bloques básico de un sistema de procesado digital es válido para cualquier aplicación (televisión, comunicaciones, control...), independientemente del origen de la señal de entrada y del destino de la de salida. ¿Qué es, pues, lo que diferencia unos sistemas de otros? Al margen de la velocidad y de la posibilidad de efectuar tareas multinivel (supervisión, tolerancia a fallos, etc.), la diferencia principal hay que buscarla en el algoritmo que cada uno de ellos ejecuta para obtener la señal de salida a partir de la de entrada. Este hecho constituye una ventaja, ya que el mismo esquema (*hardware*) puede realizar distintas funciones, o efectuar la misma función con diferentes parámetros, con tan sólo variar parte del programa (*software*). Por el contrario, en un sistema analógico hay que cambiar físicamente algún componente para que efectúe otra función. Ello supone, como mínimo, tener que extraer el sistema del entorno donde está operando, localizar y reemplazar el componente adecuado, verificar el correcto funcionamiento del nuevo sistema y reinsertarlo de nuevo en su posición. Esta operación puede ser más o menos costosa (no sólo en tiempo, sino también en dinero), dependiendo de las características del sistema y del tiempo necesario para realizar la modificación. Por otra parte, esta operación debe efectuarse físicamente "en planta", mientras que en un sistema digital puede efectuarse de forma remota, ya que lo que se modifica son únicamente datos. Este aspecto toma particular énfasis si el sistema que se quiere modificar corresponde, por ejemplo, a un satélite de comunicaciones o al telecontrol de una planta generadora de energía eléctrica aislada entre zonas montañosas.

Una segunda ventaja de los sistemas digitales es su *fiabilidad*. Una vez que el sistema digital ha sido chequeado y se ha comprobado que opera de forma correcta, no hay que preocuparse por posibles derivas de los componentes, desajustes provocados por el uso, etc. El sistema seguirá operando como el primer día hasta que sobrevenga la rotura de alguna de sus partes o se agote la capacidad de lectura/escritura en alguna memoria, momento en que dejará de funcionar por completo. Esto facilita sobremanera la localización de averías. En los sistemas analógicos, por el contrario, son habituales las averías esporádicas, en muchos casos debidas a desajustes, más difíciles de localizar y subsanar, con los consiguientes costes que ello conlleva.

Un tercer elemento a favor de los sistemas digitales es la *facilidad y fiabilidad de almacenamiento de la información*. De todos es conocido el deterioro que se produce al efectuar copias sucesivas de un casete o cualquier otro tipo de almacenamiento de señales analógicas. Además, con los sistemas digitales se puede transportar cómodamente gran cantidad de información, tanto almacenada en un disco como a través de una red de comunicación de datos, y acceder rápidamente a ella.

Por otro lado, los sistemas digitales pueden realizar operaciones complejas con gran facilidad. Una vez que los datos han sido introducidos en memoria, pueden efectuarse todo tipo de operaciones matemáticas, sin que ello comporte una dificultad excesiva. Sin embargo, la realización de un circuito analógico que proporcione, por ejemplo, una tensión proporcional a la raíz cúbica de la señal de entrada conlleva dificultades de diseño importantes, por no hablar de la precisión del resultado. Además, y para concluir, basta con recordar las posibilidades de supervisión, tolerancia a fallos, autoaprendizaje o "seguro de cobro" (el sistema deja de funcionar si al cabo de un cierto tiempo no recibe la notificación de que el producto ha sido pagado) que facilita un sistema digital.

Uno de los **inconvenientes** de los sistemas digitales es su *consumo*. Un sistema analógico puede requerir entre 10 y 100 veces menos potencia que un sistema digital para efectuar la misma operación, si ésta es sencilla. Esta relación de potencias consumidas ya no es tan significativa si la operación a realizar va creciendo en complejidad.

Pero las principales limitaciones de los sistemas digitales son su relativa *baja velocidad* y su incapacidad para trabajar con potencias elevadas, especialmente en bandas de radiofrecuencia. La lentitud limita el ancho de banda que el sistema es capaz de procesar. Actualmente, con pocos MHz se puede operar con procesado digital sin mayores problemas tecnológicos; con algunas decenas de MHz es posible, pero algo caro, y el límite está por encima de las centenas de MHz. Lo habitual en comunicaciones es realizar el procesado analógico en las etapas de radiofrecuencia (RF) y de potencia, y dejar el digital para las señales en banda base (sin modulación). Por el contrario, en aplicaciones de control, la velocidad de procesado no suele ser un problema tan importante, dado que su ancho de banda acostumbra a ser muy reducido.

La *potencia limitada* de las señales es la otra limitación. Los dispositivos de cálculo digital no pueden proporcionar potencias importantes (piénsense en una amplificador de potencia para una emisora o un motor), por lo que se requiere electrónica analógica complementaria. Y si, por el contrario, el nivel de las señales es débil, el fenómeno de cuantificación que se observa en el capítulo 4 limita también el uso directo de dispositivos digitales ya que podrían enmascararla, lo que requeriría el uso de preamplificadores analógicos.

En la tabla siguiente se resumen algunas de las principales ventajas de los sistemas digitales y analógicos.

Digitales	Analógicos
Flexibilidad (ajuste de parámetros...)	Mayor velocidad de procesado (mejor ancho de banda)
Reconfigurabilidad (cambio de estructura, nivel de complejidad del algoritmo...)	No requieren electrónica adicional a la propia función que realizan (conversores D/A y A/D, etc.)
Fiabilidad (tolerancias, repetibilidad, derivas -temperatura...)	Precio para aplicaciones sencillas (si la complejidad del procesado es baja, su precio es sensiblemente menor)
Memoria de datos (almacenamiento)	Preferibles para el procesado de potencia (nivel de potencia y adaptación de impedancias)
Transportabilidad (de algoritmos y señales)	Mejor resolución
Inteligencia artificial (autoaprendizaje, adaptación, decisión)	El ajuste potenciométrico es más rápido
Niveles de procesado (supervisión, control, coordinación, procesado multinivel, *fault tolerant*,...	Menor consumo
Procesado en red (sistemas SCADA). Comunicaciones digitales	Captación de señales de muy baja amplitud
Facilidad de simulación	
"Seguro" de cobro (avería provocada si no se paga)	

Ejemplo:

Comparación entre un disco de vinilo (tecnología analógica) y un disco compacto (tecnología digital):

CARACTERÍSTICA	DISCO COMPACTO	DISCO DE VINILO (LP)
Ancho de banda	20 Hz - 20 kHz (-1 dB)	30 Hz - 20 kHz (-3 dB)
Dinámica	> 90 dB	70 dB (a 1 kHz)
Señal / ruido (SNR)	> 90 dB	60 dB
Distorsión armónica (TDH)	0,004 %	1 - 2 %
Separación entre vías	> 90 dB	25 - 30 dB
Problemas de lectura	Corrección (errores)	Ruido
Duración máxima	74,7 min	45 min
Calidad	Constante	Decrece con las lecturas (desgaste)
Cabezal (tiempo de vida)	Ilimitado	Limitado a 500 - 600 horas

2.3. Niveles de aplicación. La cadena básica de procesado digital. Tipos de procesadores

El procesado digital de la señal puede aplicarse con diferentes niveles de complejidad, según cuáles sean los objetivos del mismo. A continuación se presentan los niveles de aplicación más característicos, desde el más básico, donde no es necesaria la presencia de un procesador, hasta niveles multietapa válidos para aplicaciones costosas, en los que haya que coordinar o supervisar varias tareas.

a) Nivel secuencial y lógico

Es el nivel de aplicación más elemental. No se utiliza ningún computador y se basa en unas tablas de datos almacenadas en un elemento de memoria digital.

Según el nivel de la entrada analógica, se obtiene un código digital que actúa sobre el bus de direcciones de la memoria. La salida de ésta (bus de datos) dependerá del valor que se haya almacenado en cada dirección de memoria.

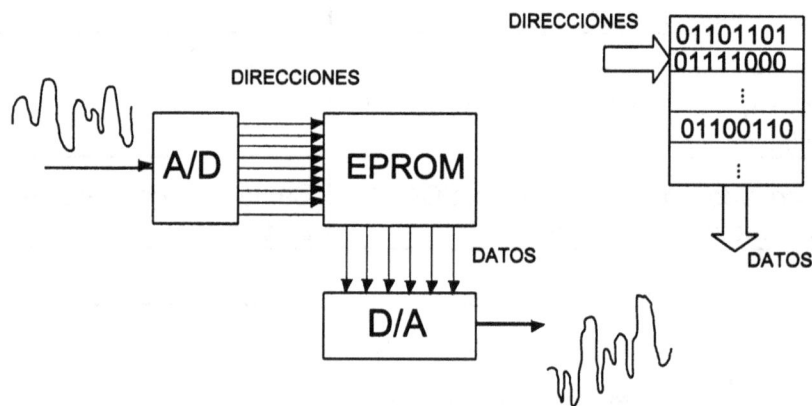

Fig. 2.11. Procesado tabular sin computador

Ejemplos de aplicación: - Linealización de características entrada-salida en dispositivos
                            - Secretización elemental de mensajes

b) Cadena básica de procesado

Control DDC (*Direct Digital Control*) y control DAC (*Digital Analog Control*).

La estructura de la figura 2.12 constituye un subsistema general en el procesado digital. Las señales de entrada y salida son analógicas (emulan un filtro o un controlador analógico), pero la implementación interna es digital. Si bien esta estructura es básica, puede que alguno de los bloques "traductores" entre las señales analógicas y las digitales (A/D y D/A) no sea necesario en alguna aplicación concreta.

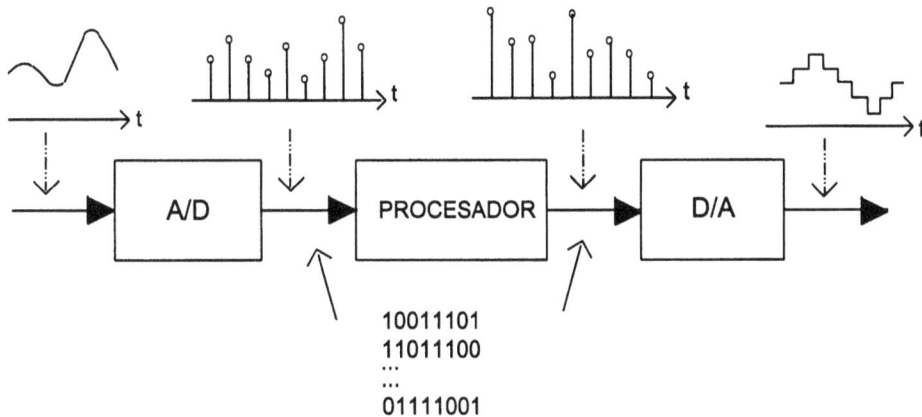

Fig. 2.12. Sistema básico de procesado digital

En aplicaciones de control, si los conversores A/D y D/A actúan directamente sobre el sistema a controlar, la estructura se denomina *de control digital directo* (DDC). En caso contrario, si las salidas del conversor D/A se dirigen a subsistemas analógicos previos al propio sistema a controlar, la estructura se denomina *de control digital analógico* (DAC, que no hay que confundir con los conversores D/A, los cuales también se pueden especificar como DAC: *digital-analog converters*).

La función de los distintos bloques es la siguiente:

Conversores A/D y D/A: Su función principal es la de "traducir" la señal del dominio analógico al digital (A/D), y viceversa (D/A). Normalmente son de 8, 10, 12 o 14 bits (para aplicaciones elementales hay conversores de menos bits, con tendencia a desaparecer del mercado, y para aplicaciones más avanzadas hay conversores de más bits, normalmente del tipo delta-sigma, Δ-Σ, que funcionan con la llamada tecnología de 1 bit). Efectúan las operaciones de:

- cuantificación: los niveles de la señal analógica de entrada se cuantifican (fig. 2.13), con tanta más resolución entre niveles cuánticos cuanto mayor sea el número de bits del conversor (para n bits, 2^n niveles).

- codificación (A/D): asignación de un código (palabra digital) acorde al nivel de la muestra de la señal analógica adquirida por el conversor A/D e inteligible por el procesador.

- descodificación (D/A): conversión del código entregado por el procesador en un conjunto de muestras discretizadas. Incorpora un elemento reconstructor que "une" temporalmente las muestras, interpolando de alguna forma entre ellas. A su salida, entrega una señal analógica, resultado de todo el proceso.

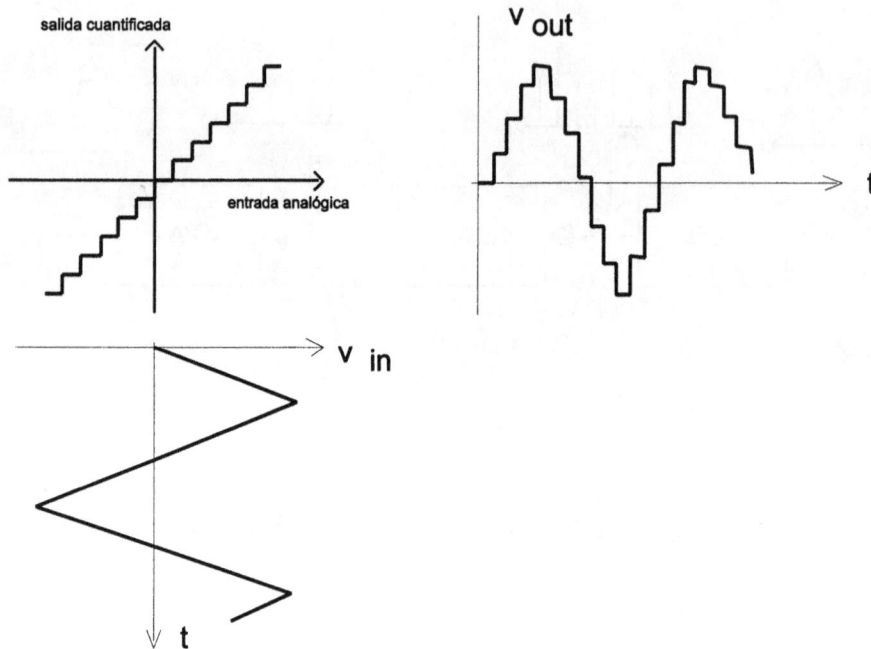

Fig. 2.13. Cuantificación de una señal triangular

Procesador: es el núcleo del sistema. Se encarga de soportar la ejecución del algoritmo de filtrado.

Algunos aspectos a considerar en su selección son:

- El lenguaje que soporta.

- El número de bits: truncamientos y redondeos en las operaciones. Afecta a la resolución en los cálculos.

- La velocidad de cálculo (reloj, arquitectura interna, tiempo de acceso de las memorias...). Afecta al período de muestreo T (periodo de tiempo necesario para adquirir un muestra de la señal analógica, procesarla y extraer el resultado).

Los procesadores digitales se pueden agrupar en diferentes categorías, según su potencia de cálculo:

- Microprocesadores de uso general, que requieren dispositivos externos de memoria y de comunicación con el exterior (entradas/salidas).

- Microcontroladores, que son dispositivos en los que, junto al microprocesador, se han integrado memorias y elementos de entrada/salida.

- *Application-Specific Integrated Circuits* (ASIC), que integran en un sólo chip los elementos analógicos y digitales necesarios para efectuar una determinada función.

- *Digital Signal Processors* (DSP), que son procesadores de alta velocidad (y menos memoria), muy eficientes para efectuar algoritmos de procesado de la señal.

- *Reduced Instruction Set Computing* (RISC), que son microprocesadores de alta velocidad con instrucciones simples y una arquitectura que permite un cierto grado de paralelismo en su ejecución.

- Procesadores neuronales y *transputers*, que son procesadores equipados con elementos que facilitan su comunicación, de forma que puede distribuirse fácilmente una función entre varios de ellos.

Ejemplos:

- Linealización de amplificadores de potencia.

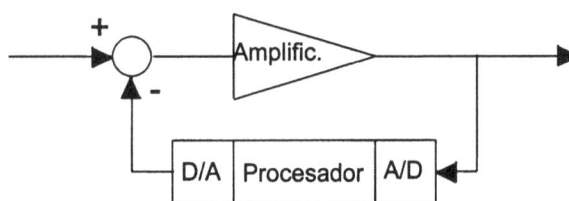

Fig. 2.14. Esquema elemental de un linealizador digital de amplificadores de baja frecuencia

- Control de un motor de corriente continua (en este caso, el conversor A/D no es necesario si el transductor es digital como por ejemplo, un codificador de disco).

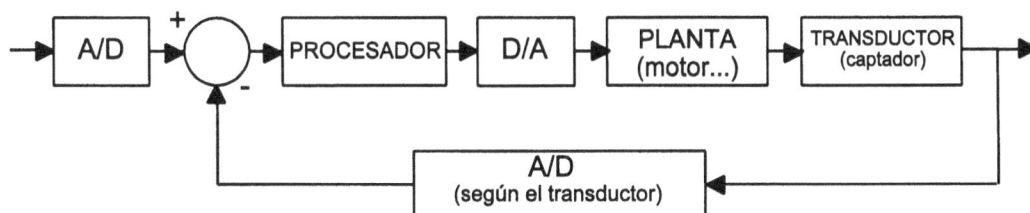

Fig. 2.15. Control digital directo

En algunas aplicaciones de control, como por ejemplo el posicionamiento de máquinas herramienta (un mismo procesador da órdenes a los motores que conducen diferentes ejes), los resultados del controlador digital (salida del procesador) pueden dirigirse a distintos subsistemas (fig. 2.16).

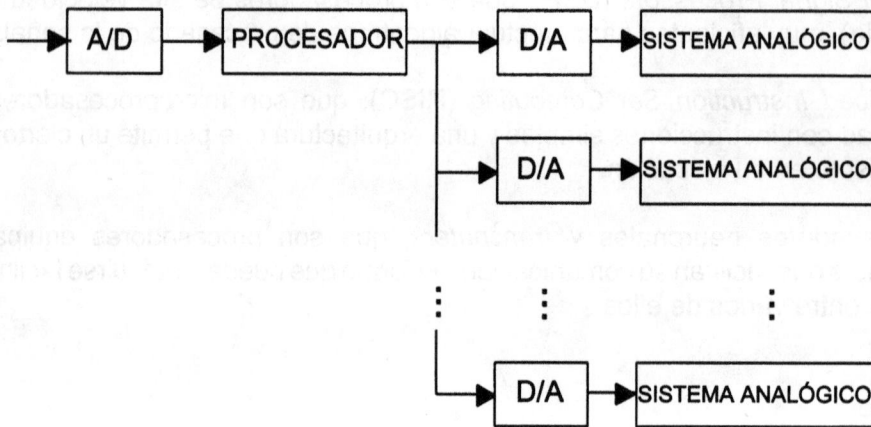

Fig. 2.16. Control múltiple

c) Sistemas jerárquicos

Un ordenador principal (*host computer*) ejecuta los algoritmos de más alto nivel que dan como resultado unas órdenes a los ordenadores de menor nivel, especializados en ejecutar consignas específicas.

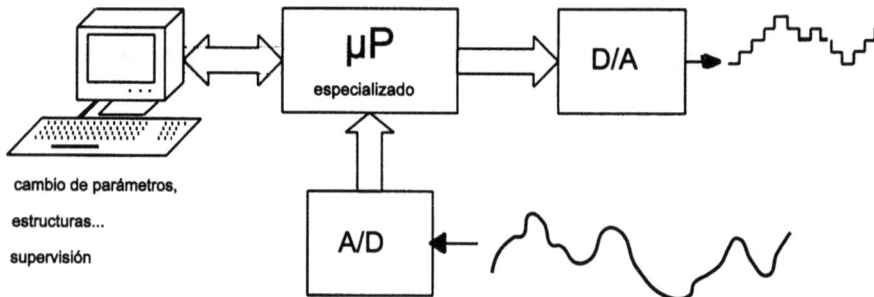

cambio de parámetros,

estructuras...

supervisión

Fig. 2.17. Control jerárquico

Ejemplos: *Plotter* de alta velocidad. (Un PC, que actúa como *host*, da las coordenadas del dibujo, y dos µPs especializados en el control de la posición y la velocidad de la plumilla en los ejes X e Y se encargan de controlar los movimientos de ésta.)

Dispatching de la generación de energía en una central eléctrica. (Desde los centros de control -supervisión-, se envían las consignas a los dispositivos locales de las centrales eléctricas, que se encargan de procesarlas.)

d) Sistemas distribuidos. Coordinación multinivel

Permiten, entre otras aplicaciones, efectuar tareas distribuidas, coordinar acciones y sistemas autónomos, o soportar el fallo de algún subsistema.

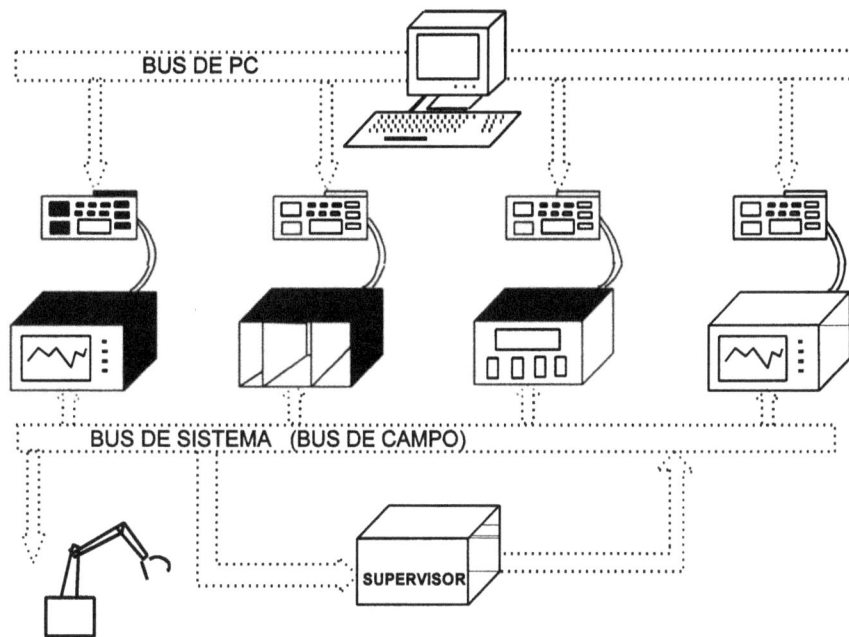

*Fig. 2.18. Sistema tipo SCADA (*Supervisory Control and Data Adquisition*)*

2.3.1. Subsistema completo de adquisición

No es objetivo de este texto estudiar en detalle el diseño electrónico de los susbsistemas que permiten el procesado de la señal. Sin embargo, y para facilitar una primera aproximación a la tecnología utilizada para ello, en este punto se presenta un subsistema más completo que el básico del apartado anterior siguiendo el esquema de la figura 2.19. Este subsistema se volverá a tratar en el capítulo 4.

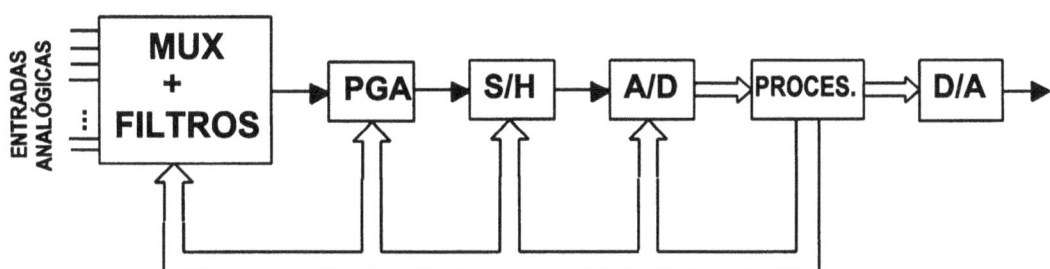

Fig. 2.19. Subsistema completo de adquisición de muestras de señales analógicas

Las funciones que efectúan los bloques frontales (adicionales a los esquemas anteriores) son:

MUX (multiplexor analógico): Selección del canal de entrada analógica, acorde con la petición de canal que efectúa el procesador.

FILTROS: Limitan la banda de la señal analógica antes de su posterior muestreo. En el capítulo 4 se explica que su objetivo es evitar un fenómeno del solapamiento (*aliasing*) espectral. Son necesarios si el procesador no puede operar a una velocidad suficiente como para respetar ciertas condiciones en el muestreo de la señal analógica de entrada, o si ésta está contaminada por ruido.

PGA (amplificador de ganancia programable): Sirve para aprovechar la máxima resolución (fondo de escala) de los conversores. Si la tensión de salida del multiplexor es elevada la atenúa, y si es reducida la eleva, adaptándose al margen dinámico de entrada del conversor A/D.

S/H (*Sample and Hold*): Para tomar muestras (*samples*) y mantener (*hold*) quieta la señal a la entrada del conversor A/D durante el tiempo en que se efectúa la conversión. Puede no ser necesario si el tiempo de conversión del conversor A/D es despreciable frente a la dinámica de la señal analógica a muestrear.

La velocidad de cálculo es la que determina la capacidad de un sistema digital para procesar señales más o menos rápidas (de mayor ancho de banda). A continuación, se indican algunas formas de mejora de la velocidad de procesado, junto con algunas características de los principales tipos de procesadores.

MEJORA DEL TIEMPO (VELOCIDAD) DE PROCESADO:

FORMA	INCONVENIENTE
Tecnología más rápida (TTL, I^2 L...)	Mayores costes y consumo
Circuitería más compleja, *semicustom*. µPs con multiplicación por hardware	Coste. Compatibilidad con productos ya existentes
µPs especializados	Aplicaciones particulares
Velocidad del reloj	Diseño del circuito impreso. Calentamiento. Compatibilidad con el tiempo de acceso de las memorias
Transferencia de tareas del software al hardware, conversión de códigos, temporizaciones..	Mayor coste. Más interfases. Menos fiabilidad
Programación al nivel más bajo posible (ensamblador)	Mayor tiempo de diseño. Menor comodidad. Más documentación de los programas
Gestión del acceso a las memorias (DMA, buses independientes...)	Coste. Diseño de interfases. Árbitros
Sistemas multi-µP. Paralelismo. *Transputers*	Mayores costes en el diseño y en los componentes. Complejidad en las comunicaciones entre procesadores

TIPOS DE PROCESADORES

TIPO	VELOCIDAD ORIENTATIVA DE PROCESADO	CARACTERÍSTICAS
PC	< 100 Hz	Gran capacidad de memoria
μP, μC	10 - 100 kHz	Aplicaciones poco complejas a baja frecuencia
DSP	100 - 500 kHz	Velocidad de cálculo. Poca memoria. Puede necesitar un _host_
Hardware TTL, HCPLD (_semicustom_ o _custom_)	15 - 20 MHz	Mayor coste y superficie del diseño
Líneas de retardo analógicas (CCD o BBD)	10 - 20 MHz	Muy caras
Otros: _Transputers._ Neuron chips...		

Nota: Para la estimación de la velocidad de procesado se ha considerado, orientativamente, el ancho de banda de un filtro digital de cuarto orden.

2.3.2. Algunos ejemplos de sistemas de procesado digital

_a)_ Aplicaciones en comunicaciones

_a.1)_ Disco compacto

El disco compacto (_compact disc_, CD) nació como alternativa a los clásicos discos de vinilo, de forma que las rascadas y la suciedad no influyeran en la calidad de la reproducción. La información se almacena de forma digital, siguiendo un camino en espiral dentro del disco. Este camino está formado por una sucesión de hendiduras (_bits_), que contienen una información digital (presencia o ausencia de hendidura). Cada bit ocupa un área de 1 μm^2 (1 Mbit por mm^2). Las hendiduras se leen sin contacto, mediante un haz láser.

Dentro de un reproductor de CD hay dos sistemas digitales con finalidades distintas. Por un lado, los servomecanismos de regulación de la velocidad de giro del disco y de posicionamiento de la óptica del láser; por otro lado, el propio sistema de reproducción de la información, generada y reproducida de forma analógica, pero almacenada en el disco de modo digital.

En las figuras siguientes, se muestran los esquemas del sistema de grabación y de reproducción del disco compacto.

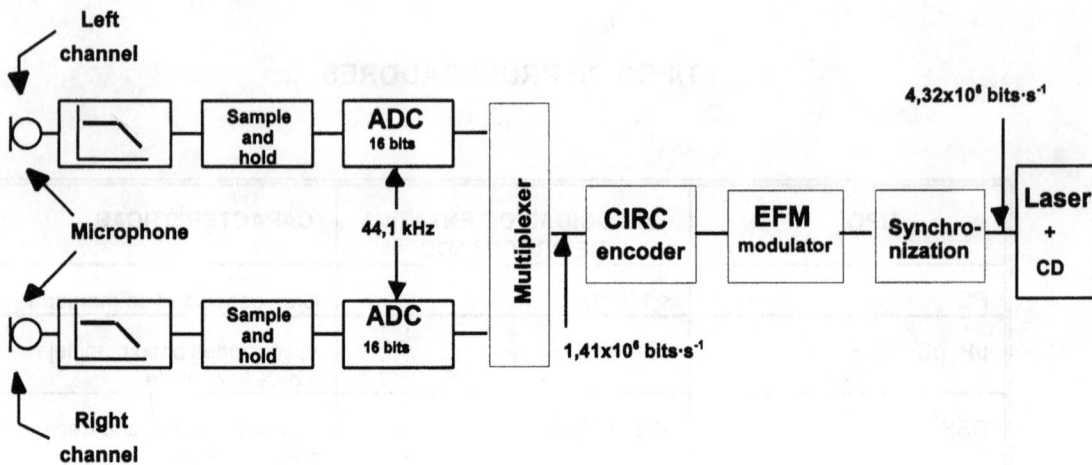

Fig. 2.20. Sistema de grabación de un CD

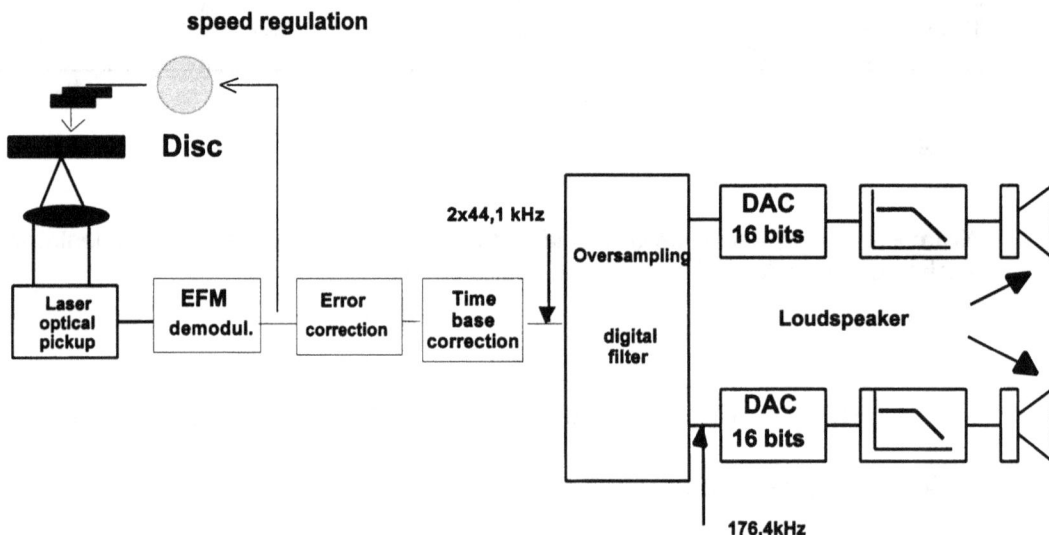

Fig. 2.21. Sistema de lectura de un CD

En grabación, la señal (estéreo) de los dos canales -izquierdo y derecho- se filtra (vease en el capítulo 4 el porqué de estos filtros) y se digitaliza, muestreando a 44,1 kHz. Las muestras de los dos conversores se van intercalando en el tiempo (multiplexado temporal) y forman una secuencia de bits (*bit stream*) que se codifican con códigos entrelazados de Reed-Salomon (CIRC, *cross interleaved Reed-Salomon code*). Como resultado de esta codificación, se añaden bits adicionales que se usarán posteriormente para detectar y corregir errores en la reproducción. El modulador EFM (*eight to fourteen modulation*) convierte bloques de 8 bits en otros de 14, siguiendo un "diccionario" guardado en una memoria ROM. Este diccionario se construye con unas reglas que intentan reducir el número de transiciones entre los niveles lógicos 0 y 1. De esta forma, se evitan limitaciones debidas a la densidad de las hendiduras que se pueden realizar en el disco: gracias al modulador EFM, éstas pueden estar más separadas, lo que reduce las limitaciones de la tecnología láser para grabar y leer el disco. La señal de salida del EFM también se utiliza para controlar el servo digital que regula la velocidad de rotación del disco en reproducción.

En reproducción puede también observarse un filtro digital con sobremuestreo (*oversampling*), que muestrea la señal a una velocidad cuatro veces más rápida que la frecuencia de muestreo usada para la grabación. Gracias a ello se crean unas zonas vacías en el espectro de frecuencias que facilitan la realización de los filtros paso-bajo asociados al conversor D/A y que permiten reducir el nivel de ruido (*noise shaping*). En los últimos capítulos se estudiarán estos efectos de sobremuestreo.

a.2) Reconocimiento de voz

Una de las formas comerciales de reconocimiento de voz consiste en extraer ciertas características ("extracción de parámetros") de la voz del locutor (a partir de un entrenamiento del sistema en el que el locutor pronuncia un conjunto definido de frases). Estas características se guardan en una memoria.

Una vez efectuado el entrenamiento, cuando el sistema trabaja en modo de reconocimiento, las características almacenadas se van comparando con las que se van identificando de cada locutor a fin de determinar de qué persona se trata. El sistema decide quién es el locutor en función de los valores memorizados con que se adapten mejor sus patrones.

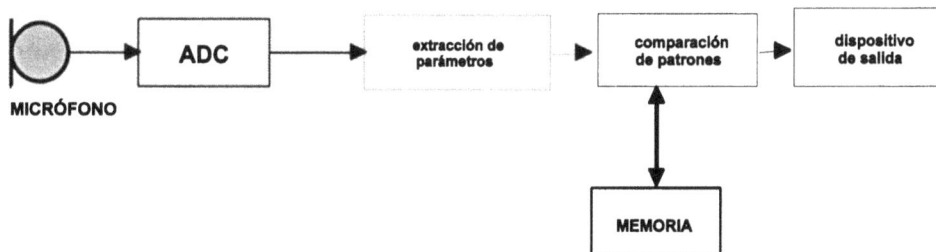

Fig. 2.22. Sistema de reconocimiento de voz

Con una estructura similar a la anterior, también pueden extraerse parámetros asociados a determinadas palabras, de forma que pueda reconocerse un conjunto de órdenes orales. Esta aplicación es conocida en servicios de atención telefónica y en ciertas máquinas capaces de seguir instrucciones verbales.

a.3) Procesado digital de imágenes

Otra aplicación importante del procesado digital es la mejora de la calidad de imágenes y el reconocimiento de piezas dentro de una imagen. Este campo de aplicaciones puede ir desde sencillos algoritmos para mejorar el contraste o detectar los bordes de una imagen sobre los que un robot puede aplicar su pinza, hasta algoritmos de recuperación de informaciones de la imagen parcialmente ocultas.

a.4) Cancelación de lóbulos con un *array* de sensores

En aplicaciones de radiocomunicaciones y de sónar, los diagramas de radiación o de recepción de los sensores (antenas, sensores de ultrasonidos...) pueden permitir que entren interferencias por alguno de sus lóbulos secundarios.

Mediante técnicas de procesado adaptativo, puede provocarse que se produzca un cero de recepción en la orientación espacial por la que llega la interferencia.

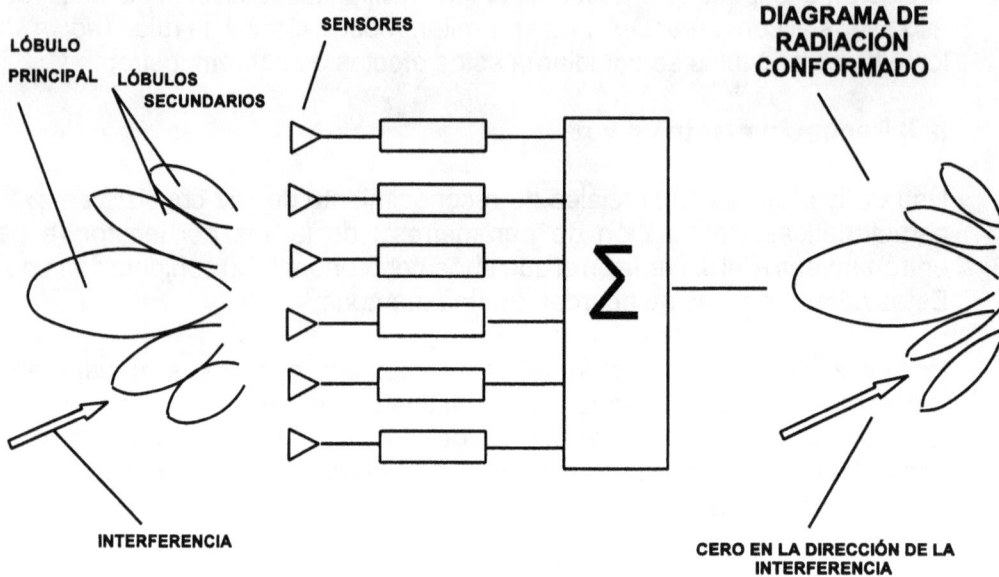

Fig. 2.23. Conformación de haz

a.5) Cancelación de ruidos, interferencias y ecos

Si se recibe una señal contaminada por alguna perturbación, y es posible medir o reconstruir otra señal relacionada con esta perturbación, pueden usarse estructuras adaptativas para descontaminar la señal. Así, el esquema general de la figura 2.24 corresponde a un cancelador de ruidos, donde s es la señal, n_1 es el ruido añadido a ella y n_2 es una señal relacionada con n_1 e introducida por una entrada auxiliar (por ejemplo, un micrófono de ruido ambiental). Si se cumplen determinadas condiciones, la señal recuperada a la salida del restador es s.

Fig. 2.24. Cancelador de ruidos

La figura 2.25 es una estructura similar a la anterior, en que la señal auxiliar no se capta directamente, sino que se reconstruye a partir de la entrada al sistema.

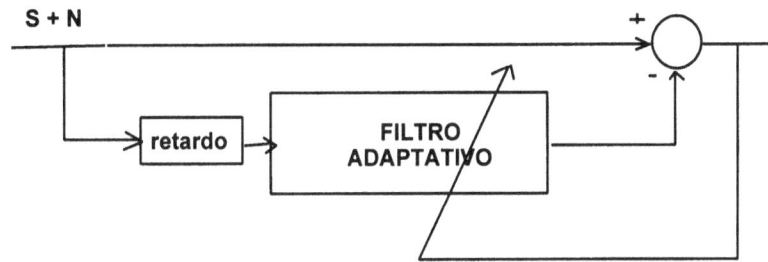

Fig. 2.25. Cancelador de ruidos sin referencia externa

b) Aplicaciones en control

b.1) Control digital

Para ilustrar con un ejemplo el control digital nos centraremos en el controlador del sistema de arrastre de una cinta, aplicación usual en todos los campos de la ingeniería eléctrica.

La señal captada por el codificador incremental (óptico) se compara con la referencia de velocidad deseada que se ha introducido desde el teclado, formándose así una señal de error que, procesada adecuadamente (bloque G_c), hará que el motor se comporte de modo que la velocidad coincida con la deseada, aunque varíe su carga mecánica.

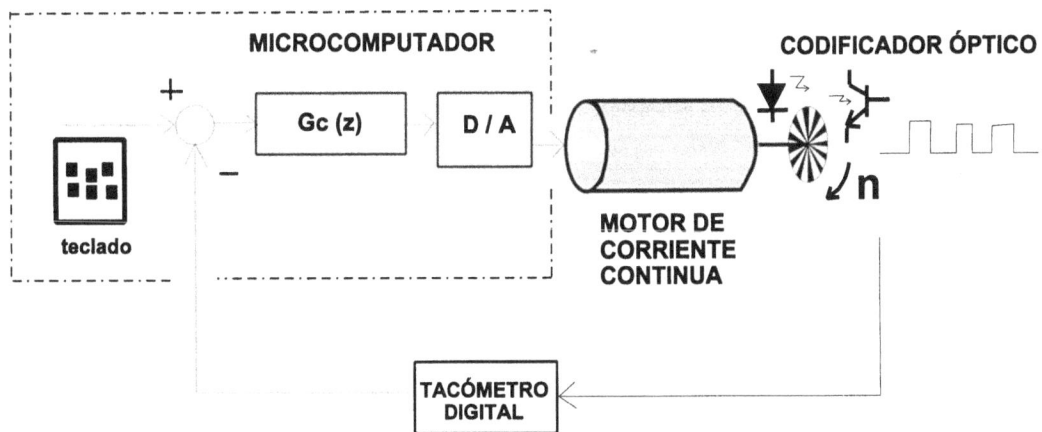

Fig. 2.26. Control digital de un motor de corriente continua

b.2) Control adaptativo

Si un sistema no lineal o t-variante (fig. 2.27) se conecta en paralelo a otro conocido (modelo de referencia), cuyo comportamiento es el que se desearía que tuviera el primero, basta con diseñar un controlador que asegure que el error (e(t)) entre ambos sistemas sea cero en todo instante para tener el sistema adaptado al modelo de referencia.

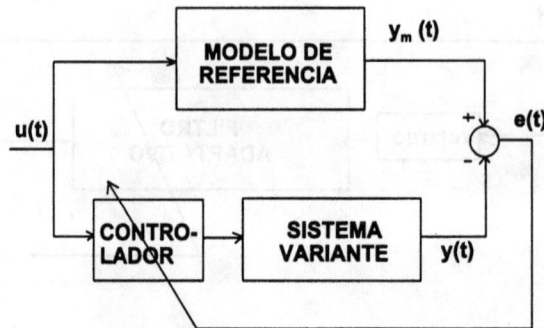

Fig. 2.27. Control adaptativo con modelo de referencia en paralelo

Hay otras estructuras de control adaptativo. Por ejemplo, en las denominadas *de control indirecto* se efectúa una tarea previa de identificación del sistema a controlar (denominado "planta" en la jerga de la ingeniería de control, nombre procedente de las planta industriales). Posteriormente a esta identificación, se recalculan los parámetros del controlador que, de esta forma, se va adaptando a una planta variante con el tiempo.

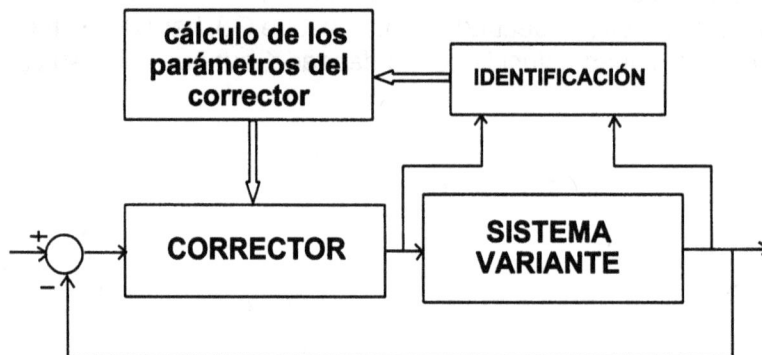

Fig. 2.28. Control adaptativo indirecto

b.3) Mantenimiento predictivo

En aplicaciones industriales, se suelen hacer controles periódicos del estado de máquinas a fin de prever posibles problemas. De esta forma, puede efectuarse el mantenimiento durante las paradas técnicas en la producción que, de esta forma, no se ve tan alterada por averías imprevistas. La aplicación más generalizada del control predictivo se basa en el análisis de vibraciones en máquinas: con unos transductores acelerométricos se registran las vibraciones, cuyo posterior procesado digital (transformadas de Fourier) refleja su espectro. Si los picos de la respuesta frecuencial se separan de un patrón, habrá que efectuar un mantenimiento preventivo que puede ir desde la fijación de la máquina hasta su reposición.

c) Aplicaciones en instrumentación electrónica

c.1) Generador digital de funciones (en este ejemplo no hay conversor A/D)

Mediante un reloj, se va incrementando el contador de direcciones de una memoria, cuya salida (bus de datos) se conecta a un conversor D/A. En función del contenido de la memoria se genera una forma de onda u otra, y dependiendo de la velocidad del reloj se selecciona la frecuencia de la forma de onda sintetizada.

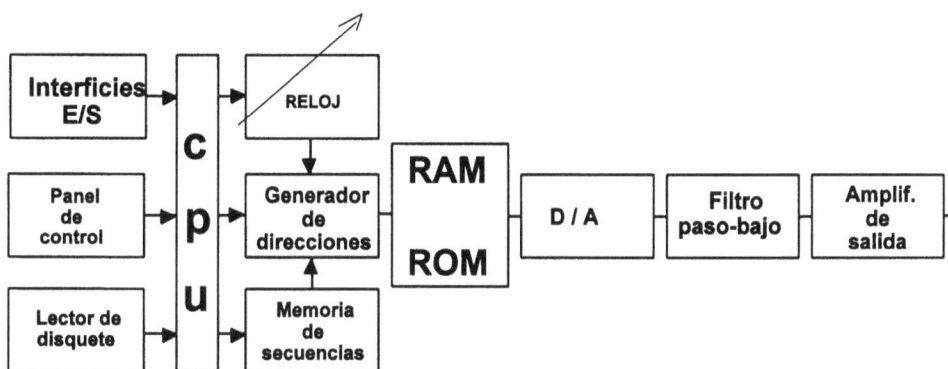

Fig. 2.29. Generador de formas de onda sintetizadas

c.2) Osciloscopio digital (de muestreo)

Gracias a la incorporación de elementos digitales, se puede memorizar la forma de onda y reproducirla mediante una exploración cíclica de la memoria. De este modo, se pueden visualizar transitorios o formas de onda no periódicas en una pantalla de osciloscopio. Adicionalmente, se pueden calcular ciertos parámetros de la señal, como su amplitud, frecuencia, período, etc.

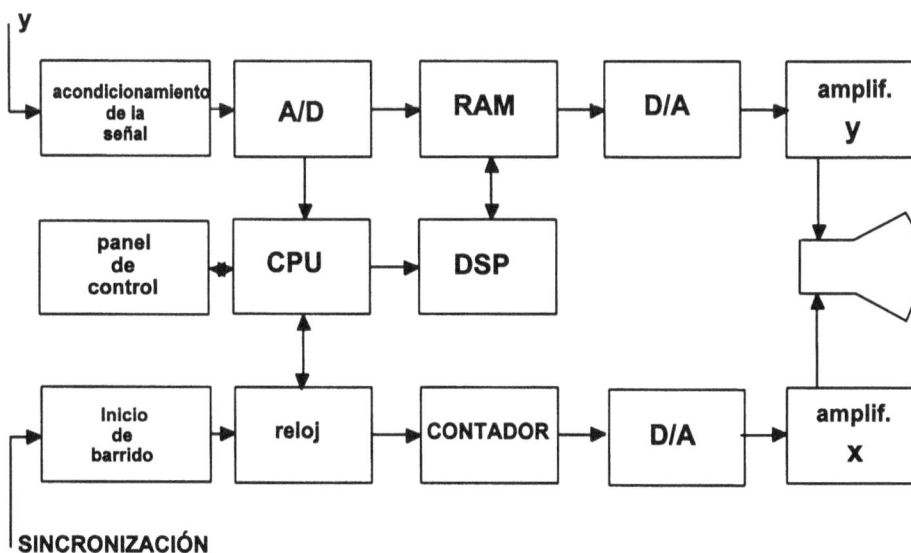

Fig. 2.30. Esquema general de un osciloscopio digital

2.4. Ejemplos introductorios

2.4.1. Realización digital de un filtro analógico. Primera aproximación

Bases: En este ejemplo introductorio a la problemática del procesado digital, se efectúa una aproximación "grosera" del operador derivativo (operador "s" de la transformada de Laplace). A pesar de ser una aproximación bastante sencilla, en el capítulo dedicado al diseño de filtros digitales se verá que es un método usado en la práctica (método de la primera diferencia de retorno), válido si la frecuencia de muestreo es elevada.

Si se intenta efectuar directamente la operación derivada:

$$\frac{d\ f(t)}{d\ t} = \lim_{T \to 0} \frac{f(t+T) - f(t)}{T}$$

con un procesador digital surgen dos problemas:

1. En el instante de tiempo t ("ahora") no se conoce el valor futuro de $f(t+T)$, adelantado T segundos al instante actual.

2. No se puede alcanzar el límite cuando T tiende a cero, pues T es, como mínimo, el tiempo transcurrido entre la captación de dos muestras consecutivas de la señal $f(t)$, operación que no se puede efectuar en tiempo cero con dispositivos físicos.

Estos problemas pueden reducirse usando la aproximación:

$$\frac{d\ f(t)}{d\ t} \sim \frac{f(t) - f(t-T)}{T}$$

que un procesador digital podría efectuar según el siguiente cronograma:

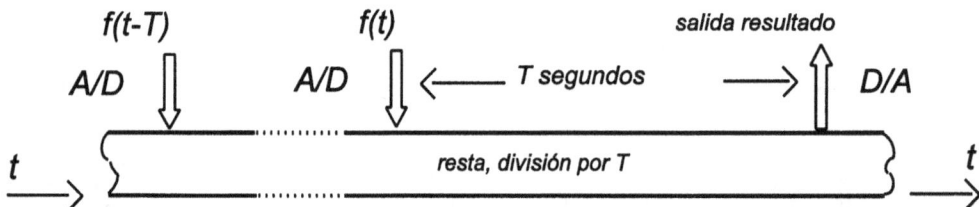

Si T es pequeño en términos relativos a la velocidad de variación de $f(t)$, el error cometido al usar la aproximación anterior no es muy importante (señal de variación lenta y/o procesador rápido):

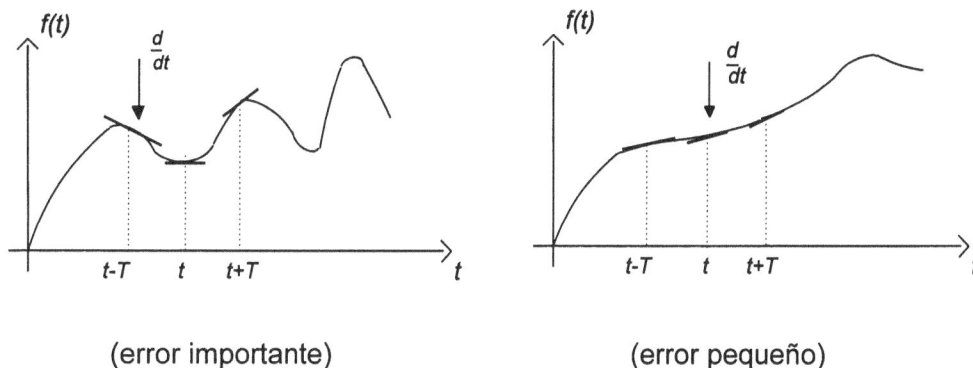

(error importante)   (error pequeño)

Indicando el retardo de T segundos como un operador D^{-1} (_Delay_), tal que :

D^0 = 1 (no retarda)
D^{-1} = un retardo de T segundos
D^{-2} = dos retardos de T segundos
D^{-n} = n retardos de T segundos

(El término negativo del exponente se ha incluido para facilitar posteriormente la nomenclatura cuando se aborde la resolución de ecuaciones en diferencias. En este punto, quizás quedaría más claro hablar de un operador de adelanto, A^{+1}.)

podemos aproximar la operación derivada (o en el dominio transformado de Laplace, a su equivalente, el operador s) como:

$$\frac{d}{dt} \rightarrow s \rightarrow \frac{1 - D^{-1}}{T}$$

Aplicación a la discretización de un filtro analógico paso-bajo de primer orden:

Sea el filtro:

$$H(s) = \frac{A}{s + \omega_0} = \frac{Y(s)}{X(s)} \rightarrow$$

$$A\,X(s) = s\,Y(s) + \omega_0\,Y(s) \Rightarrow$$

$$A\,x(t) = L^{-1}\{s\,Y(s)\} + \omega_0\,y(t)$$

Recordando la propiedad de la derivada en la transformación de Laplace y utilizando el operador D^{-1} anterior, se obtiene:

$$A \, x(t) = \frac{1 - D^{-1}}{T} \cdot y(t) + \omega_0 \, y(t) =$$

$$= \frac{y(t)}{T} - \frac{y(t-T)}{T} + \omega_0 \, y(t) \quad \Rightarrow$$

$$y(t) = \frac{y(t-T) + A \, T \, x(t)}{1 + \omega_0 \, T}$$

Para implementar de forma recursiva este filtro en un procesador digital, se hacen las equivalencias:

t : instante de la iteración en curso, que se denomina n
t-T : iteración anterior, n-1 (cada iteración dura T segundos)

$$y(n) = y(n-1) \, \frac{1}{1 + \omega_0 \, T} + \frac{A \, T}{1 + \omega_0 \, T} \, x(n)$$

Con lo que el algoritmo sería:

1. "Leer" la entrada actual $x(n)$.
2. Calcular $y(n)$ en función de w_0, T, $x(n)$ e $y(n$-1) -ecuación anterior.
3. "Extraer" el resultado $y(n)$.
4. Desplazar los contadores del vector de muestras $y(n) \leftarrow y(n$-1)
5. Repetir el paso 1.

En este ejemplo, no se ha profundizado en la siguiente problemática, que será objeto de estudio en capítulos posteriores:

- "Leer" y "extraer" son procedimientos asociados al muestreo y la cuantificación de señales analógicas, que deben efectuarse siguiendo ciertas reglas.

- Si T no es despreciable respecto a la velocidad de variación de las señales, tendrá que evaluarse la validez del filtro digital.

- No se sabe si el filtro digital resultante ha salido estable.

- No se conoce con exactitud la respuesta en frecuencia del filtro digital resultante.

2.4.2. Generación de un eco de una señal analógica

Supongamos que queremos retardar 2 segundos una señal analógica $x(t)$ para obtener un eco de la misma, $y(t)$, según el esquema:

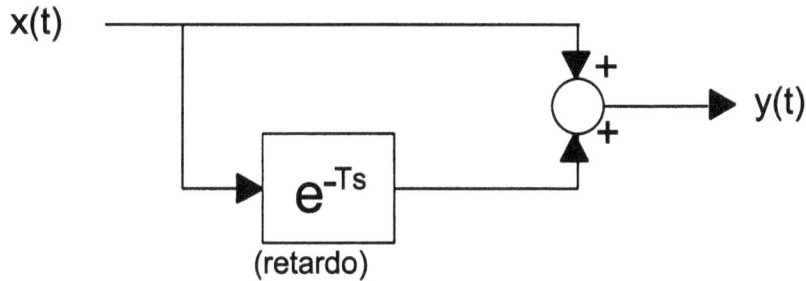

x(t) → e^{-Ts} (retardo) → y(t)

1.ª opción: Grabarla en un magnetófono (que desplaza la cinta a 4,75 m/s) y separar los cabezales de grabación y reproducción:

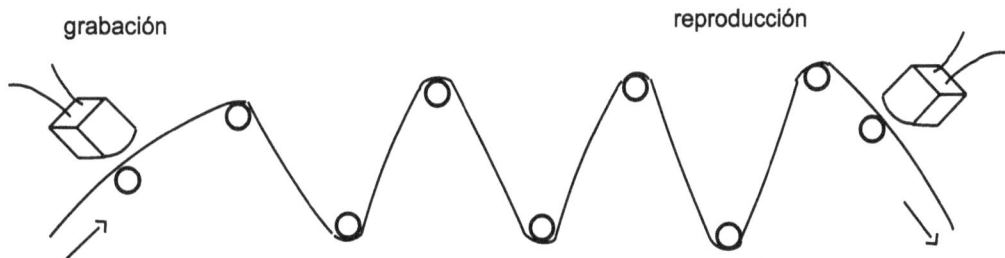

grabación   reproducción

Con esta solución, ¡deberían haber 2 s* (4,75 m/s) = 9,5 metros de cinta entre los dos cabezales! Sin embargo, soluciones de este tipo se usan en algunos estudios de grabación.

2.ª opción: Enviarla a un satélite que está a 30.000 km de distancia y esperar que éste la reenvíe.

En este caso, suponiendo que la onda viaje a la velocidad de la luz, tardaría 0,2 segundos en efectuar un viaje de ida y vuelta: ¡se necesitarían 10 viajes para conseguir un retardo de 2 segundos! No es una solución practicable.

3.ª opción: Utilizar un filtro analógico pasa-todo como los estudiados en cursos de diseño filtros analógicos.

Recordando que la respuesta en frecuencia de un retardador ideal (operador e^{-Ts} en el dominio de Laplace) es de módulo unitario y de fase lineal:

$$s = j\omega \quad \Rightarrow \quad e^{-j\omega T} = \cos(\omega T) + j\sin(\omega T)$$

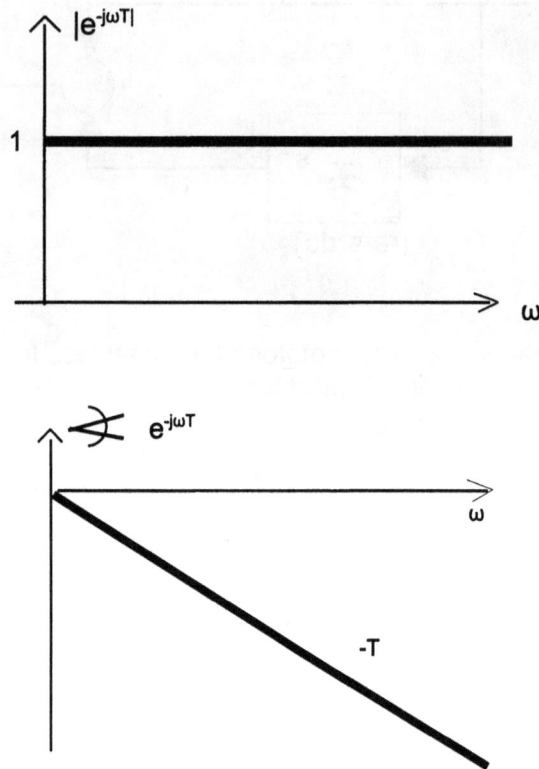

la cual puede aproximarse, a bajas frecuencias, por la del filtro pasa-todo:

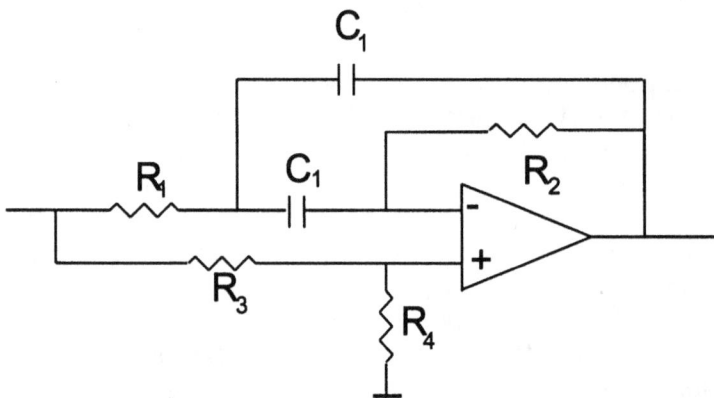

cuya respuesta en frecuencias es:

Diagrama de polos y
ceros en el plano S

$j\omega$

$|H(j\omega)|$

ω

$\not\!\angle \, H(j\omega)$

ω

zona de
retardo lineal

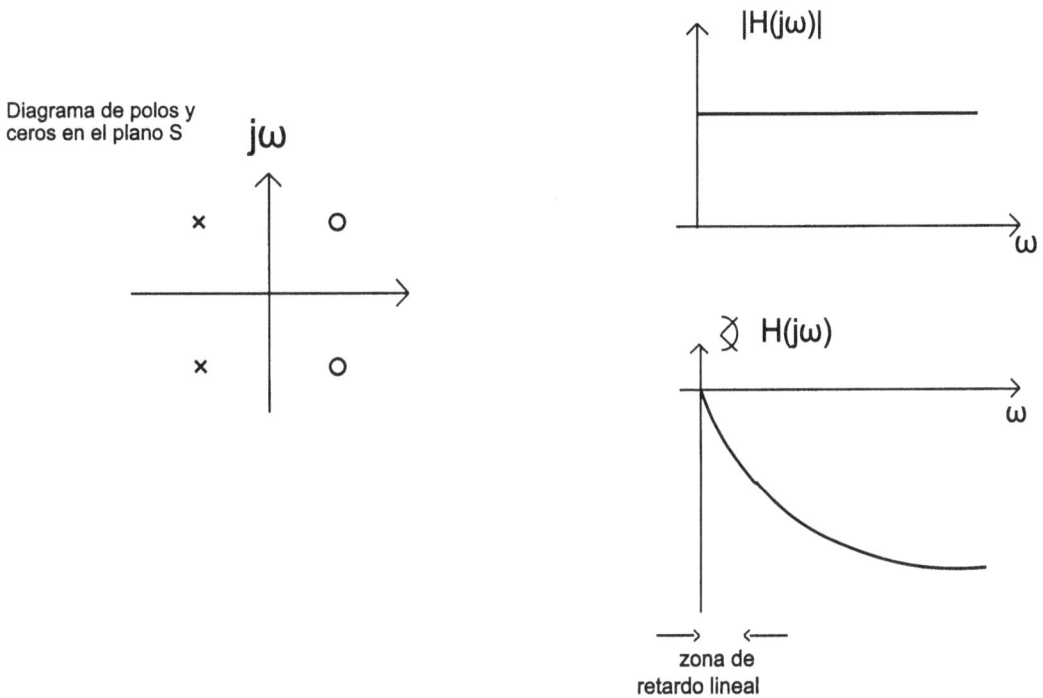

La parte de la respuesta de este filtro aproximable por una fase lineal (condición para que se comporte como un retardador) está limitada a una pequeña banda de bajas frecuencias. Así, por ejemplo, si la señal $x(t)$ estuviera limitada a unos 4 kHz (señal vocal), los condensadores ya saldrían de valores impracticables (se sugiere, como ejercicio recordatorio del diseño de filtros analógicos, que se obtengan los valores de las R y C del circuito anterior bajo las hipótesis siguientes:

$$\omega^2 \ll 1 / (R_1 \, R_2 \, C_1^2)$$

$$\text{arctang}(a) = a, \quad (\text{si } a < 0{,}3).$$

4.ª opción: Utilizar un sistema digital como el siguiente:

| bloque de conversión **A/D** | procesador + **MEMORIA** | bloque de conversión **D/A** |

Mientras no se estropee ningún componente, ¡se pueden efectuar desde retardos de microsegundos hasta retardos de varios años! Claramente, esta última opción es superior a las consideradas anteriormente.

EJERCICIOS (temas 1 y 2)

1.   Clasifique como ruido, interferencia o distorsión los siguientes sonidos audibles en el altavoz de un receptor de radio:

   a)   Sonido producido cuando la sintonía no está situada sobre ninguna emisora (parecido a una lluvia intensa).

   b)   Sonido cuando una segunda emisora se superpone a la sintonizada.

   c)   Sonido inteligible, pero con un ruido de fondo parecido al motor de una canoa (sonido de 100 Hz debido a la fuente de alimentación).

   d)   Sonido inteligible, pero con voz nasal.

2.   Dibuje, indicando el tiempo en el eje de abscisas y la amplitud en el de ordenadas, una señal:

   a)   Analógica.

   b)   Digital no binaria de tiempo continuo.

   c)   Binaria de tiempo discreto.

   d)   Digital no binaria de tiempo discreto.

   e)   Binaria de tiempo continuo.

   f)   No digital y de tiempo discreto.

3.   Indique, razonando las respuestas, qué tipo de procesado (analógico o digital) considera preferible para las aplicaciones siguientes:

   a)   Zoom de una imagen.

   b)   Autofoco de un cámara de vídeo.

   c)   Amplificador de antena de 400 MHz.

   d)   Autopiloto de un avión.

   e)   Reconocimiento de un locutor.

   f)   Amplificación de señales de electroencefalografía (muy débiles).

   g)   Actuación (excitación) de un motor eléctrico.

   h)   Ecualizador de audio.

i)   Generador de reverberaciones acústicas.

j)   Reducción del ruido de 50 Hz en un equipo de audio debido a la red eléctrica.

4.   Razone en qué situaciones no es aplicable la aproximación de la operación derivativa usada en el ejemplo 2.4.1 para obtener la ecuación en diferencias de un filtro digital a partir de la H(*s*) de un prototipo analógico:

$$\frac{d}{dt} \rightarrow s \rightarrow \frac{1 - D^{-1}}{T}$$

3

MODELOS DE SEÑALES DISCRETAS. CLASIFICACIÓN DE SEÑALES. OPERACIONES ELEMENTALES

3.1. Representación de señales discretas

En adelante se usarán corchetes para indicar las variables independientes de las funciones de tiempo discreto. Así, $x[n]$ indica una secuencia x, donde n es un número entero indicador del n-ésimo elemento de la secuencia. Los paréntesis () se reservan, como es habitual en otras disciplinas, para indicar las variables independientes de funciones de tiempo continuo.

A menudo, la secuencia $x[n]$ procede de un muestreo periódico de una función analógica $x_a(t)$. Si las muestras se adquieren a intervalos regulares de T segundos (T = tiempo de muestreo), se puede escribir:

$$x[n] = x_a(t)|_{t=nT} = x_a(nT)$$

El término nT indica el tiempo transcurrido hasta la n-ésima muestra, y se indica entre paréntesis () porque puede corresponder a un número real no entero. El símbolo [ ] puede interpretarse como un recordatorio de que la variable independiente contenida en su interior debe multiplicarse por T para su interpretación en tiempo continuo.

· **Representación tabular**

Los valores de $x[n]$ para cada valor de n (n = número de la muestra) se detallan en una tabla.

Ejemplo:

n :	-2	-1	0	1	2	3	4	5
$x[n]$:	0	2	1	2	0	-1	-2	2

· **Representación funcional**

En este caso, se da el término general de la expresión.

Ejemplo:

$$x[n] = 3n^2 - 5$$

· **Representación gráfica**

Para cada valor de *n* se dibuja una línea vertical de longitud proporcional al valor de *x*[*n*] que le corresponda.

Ejemplo: Se pueden representar las dos secuencias anteriores:

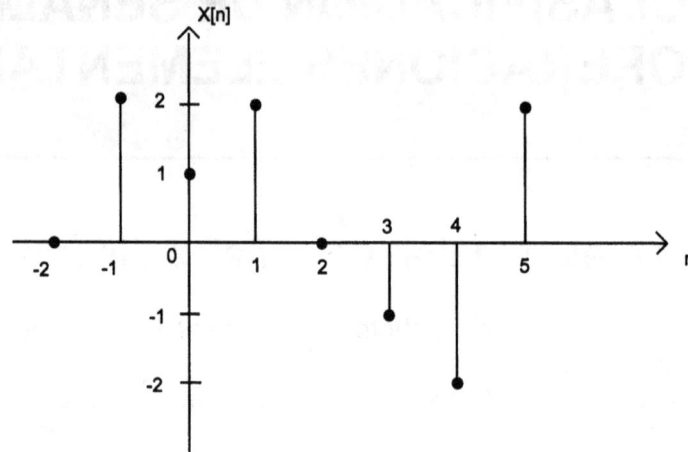

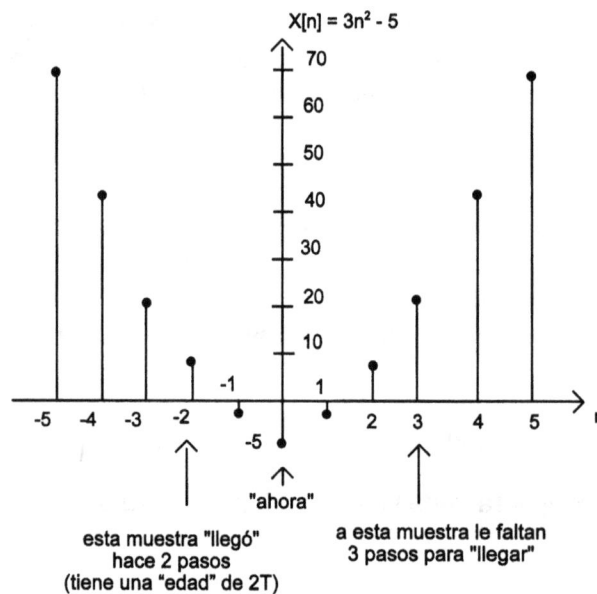

Fig. 3.1. Representación gráfica de secuencias

3.2. Señales básicas

Las señales que se presentan a continuación son las más elementales. Por un lado, su interés radica en su uso como señales de prueba para caracterizar sistemas discretos; por otro, en que, como se verá en posteriores capítulos, cualquier señal periódica puede descomponerse como una suma de algunas de las señales que se van a introducir.

· Impulso unidad δ[*n*]

Definición:

$$\delta[n] = \begin{cases} 1 & \text{para } n = 0 \\ 0 & \text{para } n \neq 0 \end{cases}$$

(3.1)

El índice *n* es el contador del número de la muestra. Si han transcurrido *T* segundos entre el instante *n* y el anterior, *n*-1, el producto *n·T* da como resultado el instante de tiempo en que aparece la muestra.

Ejemplos:

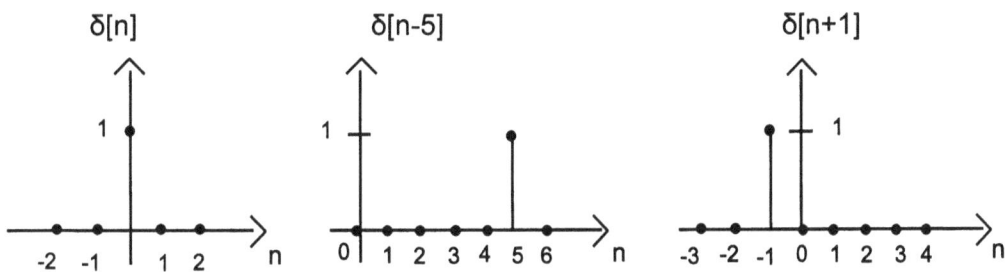

Fig. 3.2. Ejemplos de funciones impulso

· Escalón unidad *u*[*n*]

Definición:

$$u[n] = \begin{cases} 1 & \text{para } n \geq 0 \\ 0 & \text{para } n < 0 \end{cases}$$

(3.2)

Ejemplos:

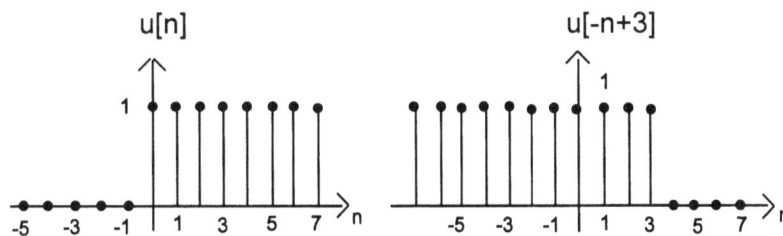

Fig. 3.3. Ejemplos de funciones escalón

Propiedades:

- $\delta[n] = u[n] - u[n-1]$

(3.3)

- $u[n] = \sum_{k=0}^{\infty} \delta[n-k]$ que, mediante un cambio de variable $k = n\text{-}m$,

  se puede denotar $u[n] = \sum_{m=-\infty}^{n} \delta[m]$ $\qquad\qquad$ (3.4)

- $x[n]\cdot\delta[n] = x[0]\cdot\delta[n]$ $\qquad\qquad$ (3.5)

- $x[n]\cdot\delta[n\text{-}m] = x[m]\cdot\delta[n\text{-}m]$ $\qquad\qquad$ (3.6)

· **Rampa unitaria $r[n]$**

Definición:

$$r[n] = \begin{cases} n & \text{para } n \geq 0 \\ 0 & \text{para } n < 0 \end{cases} \qquad\qquad (3.7)$$

· **Potencial (exponencial) real**

Viene descrita por la forma:

$$x[n] = C\cdot a^n \quad (C = \text{constante}) \qquad\qquad (3.8)$$

Según el valor del parámetro a pueden darse distintos casos:

$a > 1$ $\qquad$ Potencial creciente
$a = 1$ $\qquad$ Secuencia constante
$1 > a > 0$ $\qquad$ Potencial decreciente
$0 > a > -1$ $\qquad$ Potencial decreciente con signos alternados
$a = -1$ $\qquad$ Secuencia alternante de 1 y -1
$a < -1$ $\qquad$ Potencial creciente con signos alternados

Ejemplos:

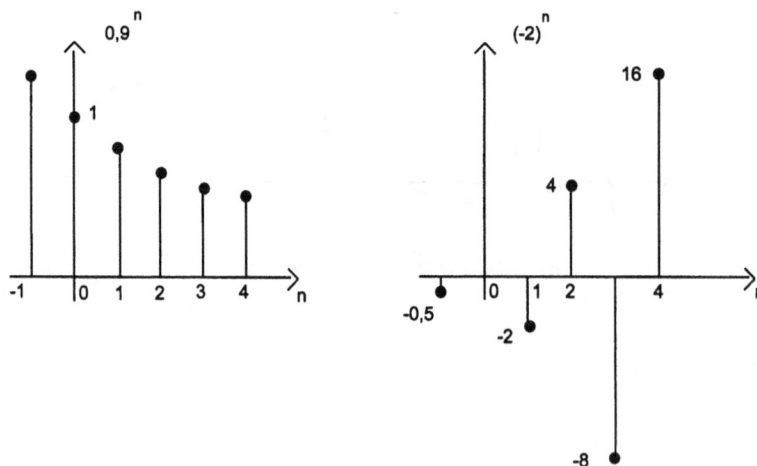

Fig. 3.4. Ejemplos de funciones potenciales

· Sinusoide

Descrita por la forma:

$$x[n] = \text{sen}\,(\Omega n + \theta) \tag{3.9}$$

para todo valor de n, siendo:

Ω = pulsación (discreta) de la sinusoide (radianes)
θ = fase de la sinusoide (radianes)
n = índice adimensional

Nota: La frecuencia discreta, en estos apuntes, se denominará Ω, reservándose el carácter ω para representar la frecuencia continua ($w = 2\pi f$, f en Hz) tal como es habitual en las asignaturas de procesado analógico. Sin embargo, esto no es siempre así en la bibliografía, en que pueden aparecer intercambiados los significados de Ω y de ω.

Ejemplos:

1) $x[n] = \cos\,(2\pi n\,/\,12) \quad \rightarrow \quad \Omega = 2\pi\,/\,12$

Comparando la secuencia $x[n]$ con una sinusoide analógica de frecuencia continua ω, $\omega = 2\pi\,/\,T_0$, siendo T_0 el período de la senoide, corresponderían 12 muestras por período de la señal analógica.

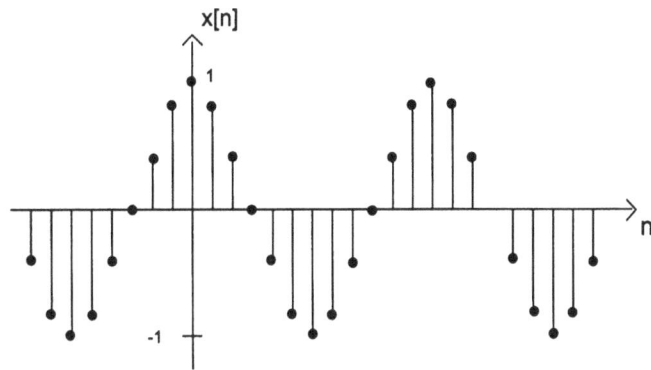

Fig. 3.5. Ejemplo de una sinusoide discreta

Si la señal que se acaba de representar procediera del muestreo de una senoide analógica, al ritmo de 12 muestras por período (T_0), la frecuencia de la senoide analógica original sería de:

$$\omega = \frac{2\pi}{T_0} = \frac{2\pi}{12\,T} = \frac{\Omega}{T}$$

siendo T el período con que se han ido adquiriendo las muestras de la señal analógica (período de muestreo). Nótese que este factor T es precisamente la relación entre la frecuencia continua (ω) y la discreta (Ω), pero ya se profundizará en este aspecto más adelante.

2) $x[n] = \cos(2\pi n / 6{,}5)$

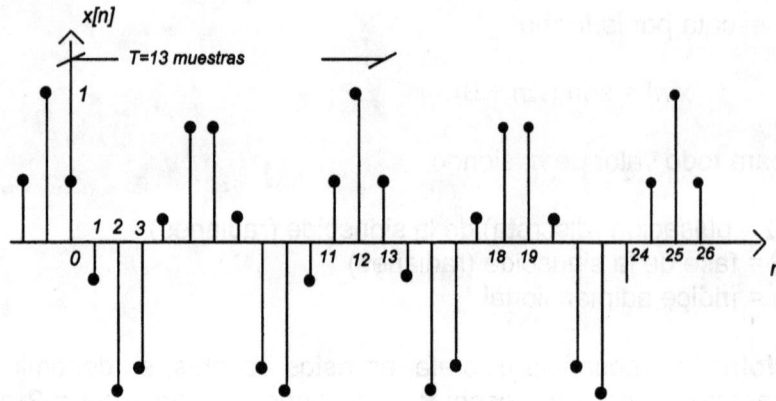

Fig. 3.6. Ejemplo de una sinusoide discreta en que la secuencia de las muestras no reproduce totalmente el perfil de una sinusoide continua (obsérvese la falta de detalle en los picos de la senoide)

Como se puede comprobar, en este ejemplo el período de repetición de la secuencia es de 13 muestras, mientras que por cada período de la señal analógica muestreada corresponden sólo 6,5 muestras. Este aspecto se estudia al final del presente apartado.

· **Exponencial compleja (representación fasorial)**

Dada por la forma exponencial cuando $a = e^{j\Omega}$:

$$x[n] = C\, e^{j\Omega n} = C \cos \Omega n + jC \operatorname{sen} \Omega n \tag{3.10}$$

que en el plano complejo puede representarse como un fasor:

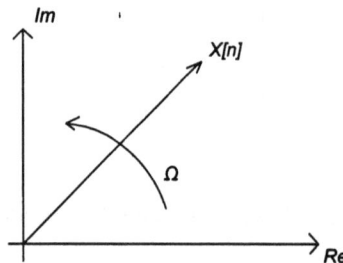

Fig. 3.7. Representación de un fasor (vector giratorio)

Con la incorporación de un término de fase inicial se puede representar cualquier señal sinusoidal:

$$x[n] = C\, e^{j(\Omega n + \Phi)} = C \cos (\Omega n + \Phi) + jC \operatorname{sen} (\Omega n + \Phi) \tag{3.11}$$

y si

$x[n] = C \cos (\Omega n + \Phi)$, se puede representar como:

$$x[n] = (C/2)\ e^{j\Omega n}\ e^{j\Phi} + (C/2)\ e^{-j\Omega n}\ e^{-j\Phi} \tag{3.12}$$

Periodicidad de la señal muestreada

El período de repetición de la señal muestreada, si existe, no tiene por qué ser el mismo que el de la señal analógica original sobre la que se tomaron las muestras.

Una señal exponencial compleja es periódica, con un período de N muestras si:

$$e^{j\Omega n} = e^{j\Omega\,(n+N)} \quad\Rightarrow\quad e^{j\Omega N} = 1 \quad\Rightarrow\quad \Omega N = 2\pi m \tag{3.13}$$

siendo m un número entero.

Condición de periodicidad: Una secuencia exponencial compleja es periódica si es posible encontrar un número entero m, tal que:

$$\frac{\Omega}{2\pi} = \frac{m}{N} \tag{3.14}$$

Ejemplo: Si se aplica esta última ecuación al ejemplo 2 de señales senoidales,

$$x[n] = \cos(2\pi n / 6{,}5)$$

$$\Omega = 2\pi / 6{,}5$$

$$\frac{\Omega}{2\pi} = \frac{2}{13} = \frac{m}{N}$$

se obtiene directamente $m = 2$ (valor más pequeño de m que cumple la ecuación), y el período de repetición es: $N = 13$.

3.3. Clasificación de las señales discretas

Hay diversas formas de clasificación de las señales discretas, según al criterio que se atienda para ello. Así, podemos clasificarlas en función del tipo de información que contengan, de su energía o de su forma temporal.

3.3.1. Según la cantidad de información de que se dispone

Señales deterministas: Son aquellas cuyo valor se puede determinar (predecir) en cualquier instante de tiempo. Se pueden describir por una relación entre la variable independiente y la dependiente.

Ejemplos: $y[n] = \mathrm{sen}(\Omega n)$; $y[n] = \delta[n]$.

La única información que aportan estas señales, si no van combinadas con otras, es sólo su presencia (instantes de aparición y desaparición), ya que su forma es conocida.

Señales aleatorias: ("caprichosas") Su comportamiento no puede predecirse de un modo totalmente cierto. Para su descripción se usan herramientas estadísticas. Ejemplo: los puntos que se esperan de un equipo de baloncesto a lo largo de la liga sólo pueden determinarse una vez concluida (realizada) ésta. A priori, no pueden determinarse los puntos de cada partido, pero sí pueden predecirse, con un margen de error, los puntos esperados a partir de estadísticas de temporadas anteriores.

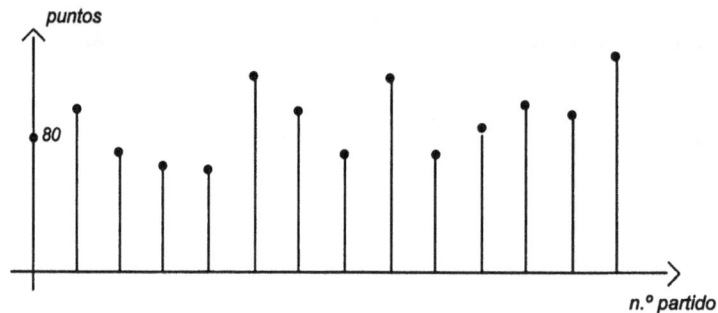

Fig. 3.8. Variable aleatoria discreta

Después de varios experimentos con la variable aleatoria, se puede caracterizar la función con parámetros estadísticos. Por ejemplo, con la función de densidad.

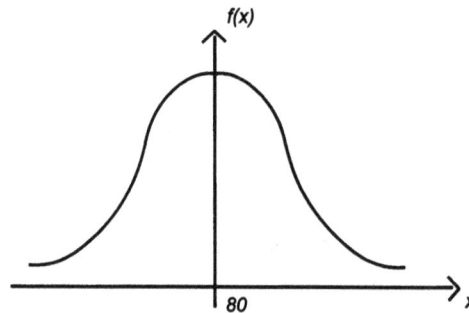

Fig. 3.9. Función de densidad

Ruido: Es un caso particular de variable aleatoria que, a diferencia de la señal, es indeseado (como se ha visto anteriormente, es un contaminante que enmascara la señal).

Ejemplo: En una conversación telefónica, la señal aleatoria es "lo que nos dicen", que, al ser inesperado, no podemos predecir. El ruido sería el "susurro" de fondo que degrada la calidad de la comunicación.

Durante la recepción de un programa radiofónico pueden aparecer interferencias que generen un sonido parecido al motor de una canoa, debidas a defectos en el diseño de la fuente de alimentación. Estas interferencias son señales deterministas que pueden predecirse como una combinación de senoides. Sin embargo, también tienen un cierto grado de aleatoriedad: el instante en que se producen, si es que llegan a producirse, y su intensidad sonora.

3.3.2. Según su contenido energético

La energía de una señal $x[n]$ se define como:

$$E_x = \sum_{n=-\infty}^{\infty} |x(n)|^2 \qquad (3.15)$$

pudiendo tomar este sumatorio un valor finito o infinito.

Ejemplos:

$x[n] = e^{-n}u[n]; \quad \rightarrow \quad E_x = 1/(1\text{-}e^{-2})$

$x[n] = u[n]; \quad \rightarrow \quad E_x = \text{infinita}$

(Ejercicio: Comprobar los valores anteriores de $E_{x..}$)

Las señales que tienen energía finita se denominan señales de *energía finita* (o, simplemente, *señales de energía*). Para las señales que tienen energía infinita se puede definir una potencia media de la forma siguiente:

$$P_x = \lim_{N \to \infty} E_N = \lim_{N \to \infty} \frac{1}{2N+1} \sum_{n=-N}^{N} |x[n]|^2 \qquad (3.16)$$

siendo E_N la energía en el intervalo $(-N, N)$.

Ejemplo:

$x[n] = u[n] \quad \rightarrow \quad P_x = 1/2$

(Ejercicio: Comprobar este resultado.)

A estas señales se las denomina señales de *potencia media finita*.

Puede demostrarse que una señal de energía finita tiene potencia media 0, mientras que una señal de potencia media finita tiene energía infinita.

3.3.3. Según su periodicidad

- Señales periódicas

Son aquellas que se repiten cada N muestras:

$$x[n+N] = x[n] \qquad (3.17)$$

siendo N el período. Son señales de potencia media finita.

- Señales aperiódicas

Si no existe un valor entero *N* que cumpla la condición (3.17), se dice que las señales son aperiódicas.

3.3.4. Según su simetría

- Señales simétricas (o de simetría par)

$$x[n] = x[-n] \tag{3.18}$$

- Señales antisimétricas (o de simetría impar)

$$x[n] = -x[-n] \tag{3.19}$$

- Señales sin simetría

Si no cumplen ninguna de las dos relaciones anteriores.

3.3.5. Según el número de variables independientes

Las *señales unidimensionales*, que son las únicas que se tratan en cursos básicos de circuitos y sistemas lineales, son aquellas que sólo dependen de una variable independiente (normalmente el tiempo o la frecuencia). Por ejemplo, $y[n] = \text{sinc}(\Omega n)$.

Si dependen de varias (*M*) variables independientes, son *señales multidimensionales* (o *M*-dimensionales). Por ejemplo, una imagen en que la luminancia (*I*) depende del punto de la pantalla definido por sus coordenadas *x,y*, tal que $I = f(x,y)$, es una señal bidimensional.

3.4. Operaciones elementales con señales discretas

Las operaciones que se presentan a continuación son básicas para comprender posteriores operaciones más complejas, como por ejemplo la operación de convolución, que se tratará más adelante. Por ello, es importante ejercitarse en ellas y no pasar al tema siguiente hasta que se haya conseguido este objetivo.

3.4.1. Transformaciones de la variable independiente n

- Decalado en el tiempo

Resulta al reemplazar *n* por *n-k* y equivale a retardar la señal *k* unidades de tiempo (o a adelantarla, si *k* es negativo)

Ejemplos:

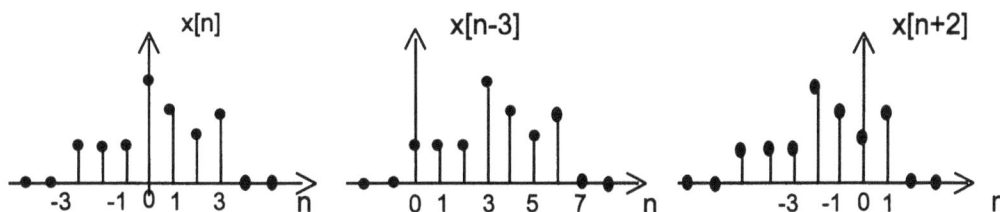

Fig. 3.10. Ejemplos de decalado temporal

Nótese que en $x[n\text{-}3]$ hay que "esperar" (retardo) tres muestras para que esta función haga lo mismo que $x[n]$. No hay que confundir la *función* $x[n\text{-}k]$, que evoluciona con la variable independiente n, con el *valor concreto* $x[k]$ que toma la función particularizada en $n = k$ (siendo el parámetro k un número entero determinado). Es decir, $x[n\text{-}3]$ es la función $x[n]$ con el origen desplazado 3 muestras, mientras que $x[3]$ es un valor de $x[n]$ para $n = 3$.

- Inversión del eje de tiempo (reflexión o *folding*)

Resulta al reemplazar n por $\text{-}n$ (resulta una secuencia simétrica respecto al origen de tiempos)

Ejemplos:

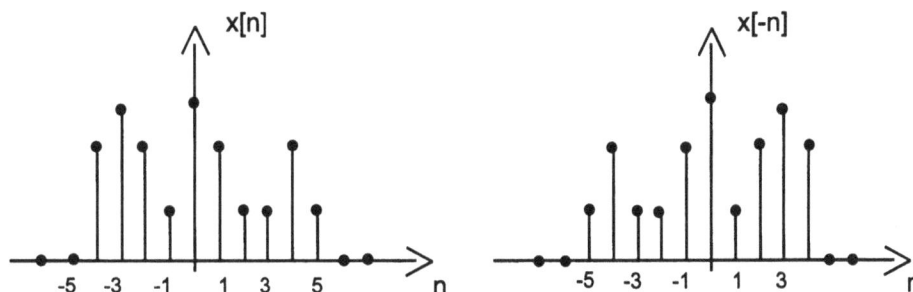

Fig. 3.11. Reflexión temporal

- Escalado temporal

Resulta al reemplazar n por kn. Si $k > 1$, siendo k un número natural, se efectúa una operación de compresión temporal de la secuencia (*downsampling*), en la que se pierden muestras; en este caso se dice que k es un *compresor*.

Si $k < 1$ ($k = 1/m$, siendo m un número natural), el efecto es una expansión de la secuencia (*upsampling*), y k es un *expansor*.

El escalado temporal tiene un efecto similar al de cambiar la velocidad de muestreo que ha generado la secuencia objeto del escalado.

Ejemplos:

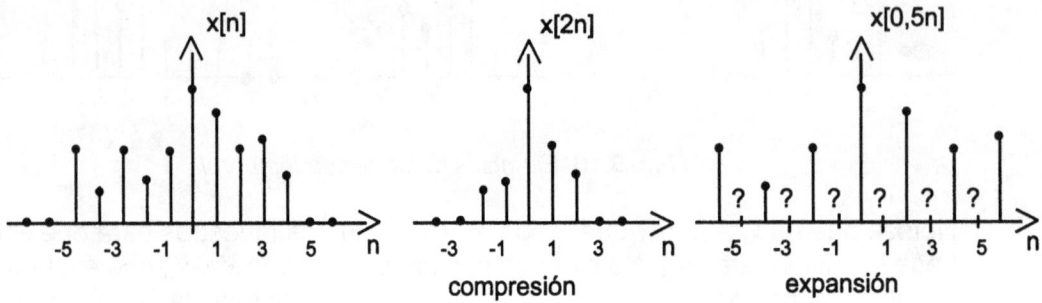

Fig. 3.12. Compresión y expansión de un secuencia

En el caso de *k* < 1 (expansión), aparece un problema de definición del valor de la secuencia en los nuevos instantes de muestreo para los que ésta no estaba definida. Como primera aproximación, se puede optar por soluciones elementales como:

a) Que el valor de las nuevas muestras sea cero.

b) Que en cada indeterminación se repita el valor de la muestra anterior.

c) Que el valor sea una interpolación lineal de las dos muestras vecinas.

Ejemplo:

En la figura f.1 se muestra una imagen de 128 x 128 píxels (elementos de imagen), y se quiere hacer un zoom de la zona interior del recuadro, que es de 64 x 64 píxels. Para ello, habrá que añadir un nuevo píxel a continuación de cada uno de los ya existentes, a fin de que la imagen quede ampliada a un tamaño de 128 x 128 píxels. Según la decisión que se tome para decidir el valor de luminancia de los nuevos píxels, se obtienen los resultados de las figuras f.2, f.3 o f.4.

(Nota: Un valor de 0 corresponde al nivel más negro de la imagen).

f.1

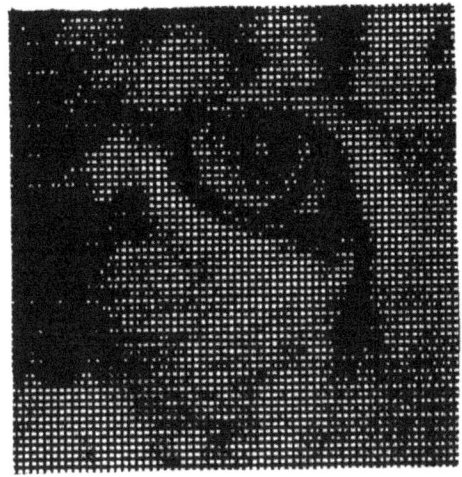
f.2

f.3

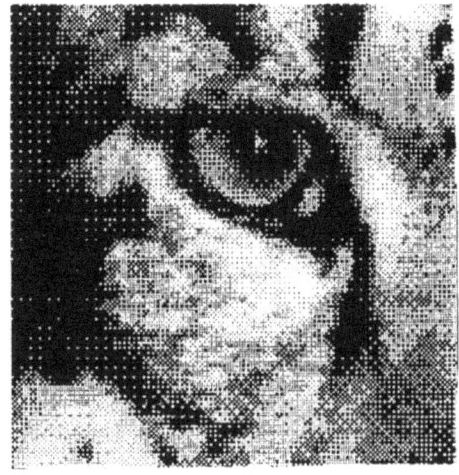
f.4

Fig. 3.13. Imagen interpolada:

Figura f.1: Imagen original
Figura f.2: Zoom obtenido con la opción a: interpolación de ceros
Figura f.3: Zoom obtenido con la opción b: repetición de la muestra anterior
Figura f.4: Zoom obtenido con la opción c: interpolación lineal

3.4.2. Operaciones muestra a muestra

Son operaciones que se efectúan en un determinado instante (muestra), sin memoria de las muestras pasadas ni observación de las futuras.

- **Escalado**

$$y[n] = A\, x[n] \qquad -\infty < n < \infty \qquad\qquad (3.20)$$

- **Suma**

$$y[n] = x_1[n] + x_2[n] \qquad -\infty < n < \infty \qquad\qquad (3.21)$$

- **Producto**

$$y[n] = x_1[n]\, x_2[n] \qquad -\infty < n < \infty \qquad\qquad (3.22)$$

3.5. Modelado de sistemas discretos

Un sistema puede describirse por diferentes métodos, según la finalidad de la representación. Si ésta pretende indicar sólo la función que efectúa cada subsistema, la representación más idónea es la de bloques funcionales (*diagramas funcionales*), donde se indica la interconexión entre bloques y, cualitativamente, la misión de cada uno de ellos. Ejemplo de esta forma de representación son las aplicaciones mostradas en el apartado 2.3.2 del capítulo anterior.

Por otro lado, la representación puede efectuarse en el dominio temporal o transformado (*función de transferencia*). Se dice que la representación es de forma externa cuando lo que interesa son relaciones entre la entrada y la salida, y que es interna si además interesa el detalle de la evolución de las variables internas del sistema. La representación interna puede, a su vez, efectuarse de distintas formas. Una de ellas es la representación mediante *variables de estado*, de gran interés en tópicos más avanzados donde interese analizar o diseñar sistemas complejos, como pueden ser sistemas con varias entradas y salidas, variantes en el tiempo, no lineales o cuyo diseño se haga en relación con un determinado criterio de comportamiento a optimizar.

Algunas herramientas para la representación, como las *relaciones entrada-salida*, los *diagramas de bloques* o los de *flujo*, pueden usarse tanto en el dominio temporal como en el transformado. Por el momento, se presentan únicamente algunas de las formas de descripción de sistemas discretos, centrándonos en el dominio temporal, y se deja para el capítulo 5 la ampliación de los modelos de sistemas en los dominios transformados.

3.5.1. Representación de un sistema discreto en el dominio temporal

3.5.1.1. Representación analítica

- Relación entrada-salida

Es una representación descrita por una aplicación T, que puede representar una función lineal o no lineal, de la forma:

- $y[n] = T\{x[n],n\}$ para sistemas que sólo dependan de la entrada $x[n]$ en el instante actual (sistemas estáticos o sin memoria).

Ejemplos:

$$y[n] = 4 \cdot x[n]$$
$$y[n] = n \cdot x[n]$$
$$y[n] = 5 \cdot x^2[n]$$

- $y[n] = T\{x[n], x[n\text{-}1], x[n\text{-}2],..., y[n\text{-}1], y[n\text{-}2],..., n\}$ para sistemas cuya salida tenga memoria de la evolución en el pasado (sistemas dinámicos).

Ejemplos:

$$y[n] = \text{máx} \{ x[n\text{-}1], x[n], x[n+1] \}$$
$$y[n] = x[n] - 3\, x[n\text{-}2] - 5\, y[n\text{-}1]$$

Este último ejemplo corresponde a una *ecuación en diferencias* (equivalente a las ecuaciones diferenciales para sistemas de tiempo continuo), cuya resolución (paralela a la de las ecuaciones diferenciales en sistemas de tiempo continuo) se introducirá más adelante.

3.5.1.2. Representaciones gráficas

Pueden derivarse de una representación gráfica de las relaciones analíticas o, directamente, de una interpretación de la realidad física. Tienen la ventaja de facilitar la visualización de variables intermedias y sugerir formas de programación de los algoritmos digitales.

- Diagrama de bloques:

   - Sumador

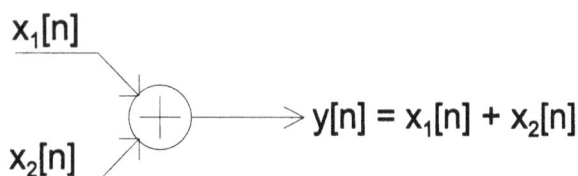

- Multiplicador por una constante

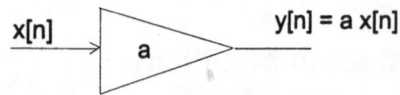

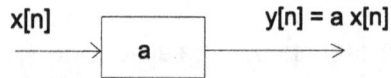

- Multiplicador de secuencias

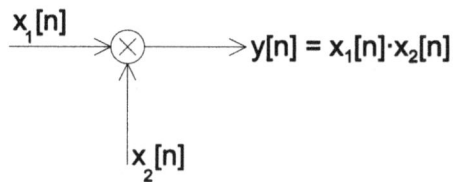

- Retardo

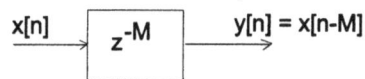

- Adelanto

En los bloques de retardo y de adelanto se ha usado un operador z que se estudiará en posteriores capítulos. Por el momento, sólo ha de interpretarse como un símbolo para indicar desplazamientos en el tiempo, de igual forma que se habría podido optar por denominarlo operador D (inicial de *delay*, en inglés).

Ejemplo:

$$y[n] = x[n-2] + 2x[n-1] + x[n]$$

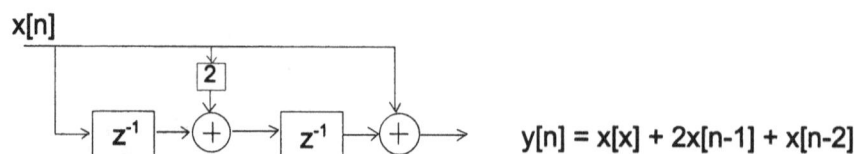

- Flujograma (diagrama de flujo):

Aporta la misma información que los diagramas de bloques anteriores, pero es más sencillo de representar al requerir menos esfuerzo de dibujo (no aparecen las circunferencias de los sumadores y multiplicadores ni los rectángulos de las operaciones).

Los elementos básicos del flujograma son:

- **Nodo:** Representa una variable del sistema. Si confluyen dos o más ramas, es el punto donde se suman las variables que fluyen por cada rama.

- **Rama:** Representa una operación sobre la variable del nodo origen que la transforma en la variable del nodo destino.

Ejemplo: Representación del ejemplo anterior en forma de flujograma:

$y[n] = x[n\text{-}2] + 2x[n\text{-}1] + x[n]$

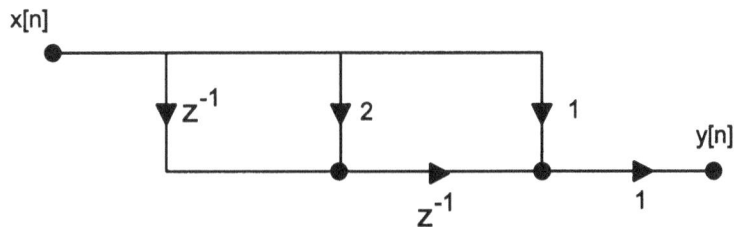

3.6. Clasificación de sistemas

3.6.1. Lineales / no lineales

Un sistema es lineal si se verifica el principio de superposición:

$$T\{a_1 x_1[n] + a_2 x_2[n]\} = a_1 T\{x_1[n]\} + a_2 T\{x_2[n]\} \tag{3.23}$$

Ejemplo: $y[n] = 5x[n]$

Contraejemplo: $y[n] = x^2[n]$

Ejercicio: Discuta la linealidad del sistema descrito por $y[n] = nx[n]$.

3.6.2. Invariantes en el tiempo / variantes en el tiempo

Un sistema es invariante en el tiempo si, al desplazar la entrada, el único efecto que se produce es un desplazamiento de igual duración de la salida.

$$x[n] \longrightarrow \boxed{T} \longrightarrow y[n]$$

$$x[n-n_o] \longrightarrow \boxed{T} \longrightarrow y[n-n_o]$$

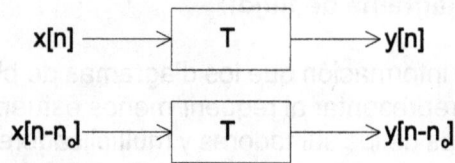

Fig. 3.14. Invarianza temporal

Ejemplo:

- $y[n] = k \cdot x[n]$

- $y[n] = x[n] + x[n-1]$

$$x[n] \longrightarrow \oplus \longrightarrow y[n]=x[n]+x[n-1]$$
$$\boxed{Z^{-1}}$$

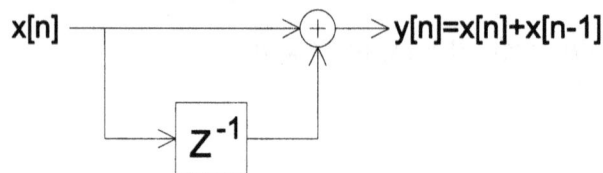

Contraejemplo (sistema t-variante):

$$y[n] = n\, x[n]$$

El curso se centrará especialmente en los sistemas lineales e invariantes con el tiempo, que se denominan sistemas LTI (abreviatura de *linear and time-invariance*).

3.6.3. Estáticos (sin memoria) / dinámicos (con memoria)

Un sistema es estático si su salida en n depende sólo de la entrada en ese mismo instante y no en instantes anteriores o posteriores. En caso contrario, se dice que el sistema es dinámico.

- Estáticos

$$y[n] = T\{x[n],n\} \tag{3.24}$$

Ejemplos:

$$y[n] = a\, x[n]$$
$$y[n] = x^2[n]$$

- Dinámicos

$$y[n] = T\{x[n], x[n-1], x[n+1], x[n-2],..., y[n-1], y[n+1], y[n-2],..., n\} \tag{3.25}$$

Ejemplos:

$$y[n] = x[n] + x[n-1]$$
$$y[n] = x[n-2] \, x[2n]$$
$$y[n] = x[n] - 5 \, y[n-3]$$

3.6.4. Causales / no causales

Un sistema es causal si su salida (efecto) no se anticipa a la excitación (causa) que la produce. En un instante n_0 depende sólo de muestras de la entrada $x[n]$ en instantes $n \le n_0$ y de la salida en instantes $n < n_0$ (no depende de las muestras futuras.) En caso contrario, el sistema es no causal (o anticausal).

Los sistemas de tiempo discreto no causales adquieren un interés que no tenían los de t-continuo, pues es fácil guardar un vector de muestras en la memoria de un ordenador para su posterior procesado, de forma que durante el procesado de la muestra n_0 se pueda conocer su valor futuro en el instante n_0+k.

Ejemplos:

$$y[n] = x[n] - x[n-1] \qquad : \text{Causal}$$
$$y[n] = x[2n+5] \qquad : \text{No causal (la salida se adelanta)}$$
$$y[n] = x[n-1] + 3x[n+2] : \text{No causal}$$

3.6.5. De respuesta impulsional finita (FIR) / de respuesta impulsional infinita (IIR)

Es una subclasificación de los sistemas LTI causales y con memoria que se centra en la "cantidad" de memoria que tienen.

- Sistemas FIR *(Finite Impulse Response)*:

La salida $y[n]$ de estos sistemas sólo "recuerda" un número finito de muestras anteriores de la entrada, y *no tiene memoria* de sí misma en instantes anteriores $y[n-1]$, $y[n-2]$,..., $y[n-m]$.

Si la entrada $x[n]$ es el impulso unitario $\delta[n]$, la respuesta de estos sistemas se hace cero (es finita) al cabo de M muestras:

$$y[n] = \sum_{k=0}^{M-1} a_k \, x[n-k] \qquad (3.26)$$

siendo a_k el coeficiente que pondera cada muestra de la entrada al sistema para conformar la salida.

Ejemplo:

$$y[n] = x[n] + x[n\text{-}1]$$

Puede comprobarse que, si $x[n] = \delta[n]$, la salida $y[n]$ es nula a partir de $n = 2$.

- Sistemas IIR *(Infinite Impulse Response)*:

Se diferencian de los sistemas FIR en que la salida *sí tiene memoria* de si misma en instantes anteriores $y[n\text{-}1]$, $y[n\text{-}2]$,..., $y[n\text{-}m]$.

La respuesta de estos sistemas al impulso unitario sólo se anula en el infinito.

Ejemplo:

$y[n] = x[n] + y[n\text{-}1]$. Puede comprobarse que, si $x[n] = \delta[n]$, la salida $y[n]$ es de duración infinita.

Si el sistema fuera $y[n] = x[n] + 0{,}5\, y[n\text{-}1]$, la respuesta a $\delta[n]$ sería cada vez de mayor amplitud, pero hasta el instante $n = \infty$ no se anularía.

3.6.6. Estables / inestables

Un sistema es estable en sentido BIBO (*Bounded Input - Bounded Output*) si, para toda entrada acotada, su salida está acotada. Nótese que esta definición se puede aplicar tanto a los sistemas lineales como a los no lineales (para los sistemas lineales, ya se verán otras definiciones de estabilidad más adelante).

$$|x[n]| \leq M_x < \infty \;\; \Rightarrow \;\; |y[n]| \leq M_y < \infty \tag{3.27}$$

Ejemplo:

$y[n] = a\, x[n]$: Estable.
$y[n] = 1\, /\, x[n]$: Inestable (BIBO).

3.6.7. Inversibles / no inversibles

Un sistema T es inversible si, a partir de observaciones de la salida $y[n]$, se puede hallar, sin ambigüedad, la entrada $x[n]$. Para ello, tiene que ser posible hallar un sistema inverso T^{-1} tal que $T^{-1}[T[x[n]]] = x[n]$

Ejemplo:

$y[n] = a\, x[n]$ sistema inverso: $z[n] = x[n] = (1/a)\, y[n]$

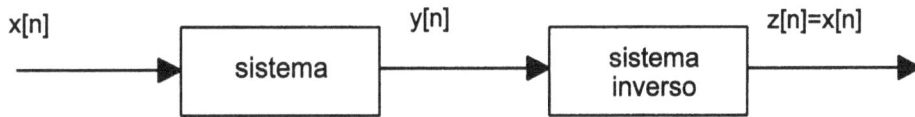

Contraejemplos:

$$- y[n] = x^2 [n]$$
$$- y[n] = |x[n]|$$

Ejercicio: Determine la inversibilidad del sistema $y[n] = nx[n]$

3.6.8. Observables. Controlables (alcanzables)

La clasificación de sistemas como observables o como controlables está íntimamente relacionada con su descripción mediante variables de estado, y sirve para diagnosticar la capacidad de acceder a variables internas (observabilidad) o para modificar su salida mediante una secuencia adecuada a la entrada (controlable).

Como ya hemos avanzado, no es un objetivo de este texto el tratamiento de sistemas en el espacio de estado; sin embargo, se introducen estos conceptos a nivel de lenguaje.

- Sistema observable:

Un sistema es observable si se puede determinar el estado de la entrada en $x[n_0]$ a partir de un número finito de muestras de la salida $y[n]$ tomadas en instantes posteriores $n > n_0$. Como puede notarse, es un concepto muy parecido al de sistema inversible.

Normalmente, en aplicaciones de procesado de la señal se habla se sistemas inversibles, y en el campo de la teoría de control, de los observables.

- Sistema controlable (alcanzable):

Un sistema es controlable si es posible pasar de una salida $y[n_0]$ a otra $y[n_1]$, siendo $n_1 > n_0$, mediante una cierta secuencia finita de entrada $x[n]$. Aunque hay ligeros matices que diferencian los conceptos de controlabilidad y alcanzabilidad de sistemas, suelen interpretarse del mismo modo.

En la figura 3.15 se muestran los cuatro posibles subsistemas en que puede descomponerse un sistema lineal (según la descomposición de Kalman).

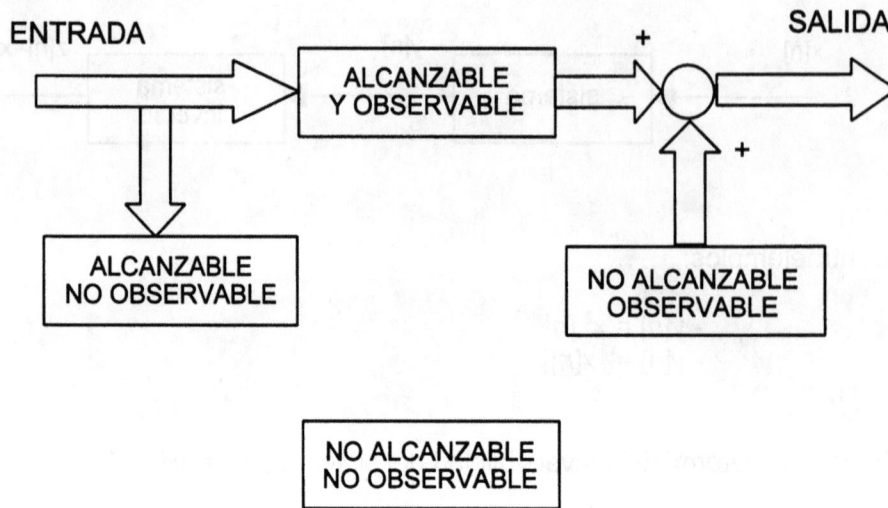

Fig. 3.15. Sistemas observables y alcanzables

3.6.9. Sistemas MA, AR, ARMA, ARX y ARMAX

Esta última clasificación es una forma alternativa de clasificación de los sistemas FIR e IIR. En algunas aplicaciones del procesado digital es la clasificación más utilizada:

- Sistemas MA (*Moving Average*)

Vienen descritos por la ecuación (sistema FIR):

$$y[n] = \frac{1}{M_1 + M_2 + 1} \sum_{k=-M_1}^{M_2} x[n-k] \qquad (3.28)$$

y pueden interpretarse como el promedio de $M_1 + M_2 + 1$ muestras (*average*) que se van desplazando (*moving*) al variar *n*.

Esta definición puede relajarse si no se divide por el número de muestras, de forma que coincida con la anterior de sistemas FIR:

$$y[n] = \sum_{k=0}^{N-1} a_k \, x[n-k] \qquad (3.29)$$

- Sistemas AR (*Auto-Regressive*)

Son sistemas IIR sin entrada (pueden suponerse excitados por una condición inicial, $y[0]$), descritos por:

$$y[n] = \sum_{r=1}^{M} b_r\, y[n-r] \tag{3.30}$$

o bien pueden tener una entrada $x[n]$, pero sin que la salida $y[n]$ "recuerde" valores de la entrada anteriores a n:

$$y[n] = \sum_{r=1}^{M} b_r\, y[n-r] + a\, x[n] \tag{3.31}$$

- Sistemas ARMA (*Auto Regressive Moving Average*)

Son sistemas que cumplen a la vez las condiciones AR y MA:

$$y[n] = \sum_{r=1}^{M} b_r\, y[n-r] + \sum_{k=0}^{N-1} a_k\, x[n-k] \tag{3.32}$$

- Sistemas ARX

Son sistemas AR en los que está presente una excitación adicional provocada por una perturbación externa (eXógena), $w[n]$. Su salida viene descrita por:

$$y[n] = \sum_{r=1}^{M} b_r\, y[n-r] + x[n] + \sum_{s=0}^{P-1} c_s\, w[n-s] \tag{3.33}$$

- Sistemas ARMAX (ARMA + entrada eXógena)

Son sistemas ARMA con dos entradas: $x[n]$, que es la entrada habitual, y $w[n]$, que es una entrada exógena que puede representar las perturbaciones (ruido, interferencias, etc.) al sistema (ARMAX), o bien puede ser una entrada auxiliar para modificar su funcionamiento (CARMA: ARMA + entrada de Control adicional):

$$y[n] = \sum_{r=1}^{M} b_k\, y[n-r] + \sum_{k=0}^{N-1} a_k\, x[n-k] + \sum_{s=0}^{P-1} c_s\, w[n-s] \tag{3.34}$$

EJERCICIOS

3.1.   Represente gráficamente las funciones siguientes:

a) $x[n]$:   -5   -3   -2   -1   0   -3   4   2   1   3   0

         n :   -3   -2   -1   0   1   2   3   4   5   6   7

b) $x[n] = 5n - 3$

c) $x(nT) = n^2$, siendo $T = 2$ s

3.2.   Represente las señales elementales siguientes:

a) $\delta[n-3]$ b) $\delta[n] + \delta[n-2] - \delta[n+4]$

c) $u[n-4]$ d) $u[-n]$

e) $u[2-n]$ f) $u[n-5] - u[n-6]$

g) $u[n] - r[n]$ h) $3 \cdot a^n$,   siendo $a = 2$

i) $3 \cdot a^n$, siendo $a = 0,5$ j) $3 \cdot a^n \delta[n-5]$, siendo $a = -2$

($r[n]$:   función rampa)

3.3.   Represente la función:

$$x[n] = \sin \left[\frac{2\pi n}{7} \right]$$

indicando el período de repetición de las muestras y el de la envolvente de la función seno. (Nota: Use un tiempo de muestreo $T = 1$ si necesita este parámetro.)

3.4.   Exprese la función senoidal del ejercicio anterior en forma fasorial.

3.5.   Las relaciones que se tratan en este ejercicio serán de gran utilidad en temas posteriores.

a)   Pruebe la validez de la expresión siguiente:

$$\sum_{n=0}^{N-1} \alpha^n = \begin{cases} N & , \alpha = 1 \\ \dfrac{1 - \alpha^N}{1 - \alpha} & , \alpha \neq 1 \end{cases}$$

b) Demuestre que si $|\alpha|<1$, entonces:

$$\sum_{n=0}^{\infty} \alpha^n = \frac{1}{1-\alpha}$$

c) Demuestre también que si $|\alpha|<1$:

$$\sum_{n=0}^{\infty} n\,\alpha^n = \frac{\alpha}{(1-\alpha)^2}$$

d) Evalúe:

$$\sum_{n=k}^{\infty} \alpha^n$$

3.6.   Obtenga la energía y la potencia media de las señales:

    a) $e^{-n}\,u[n]$ *b*) $u[n]$ *c*) sen $(2\pi n/3,5)$

3.7.   Dada la señal $x[n]$ indicada en la figura siguiente:

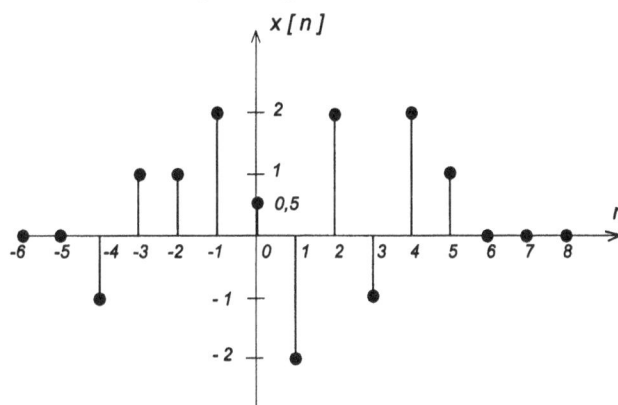

represente:

    a) $x[-n]$ *b*) $x[2n]$ *c*) $x[0,5n]$

    d) $x[2n+1]$ *e*) $x[n^2]$ *f*) $x[n]\,u[n-1]$

    g) $x[n+1]\,\delta[n-2]$ *h*) $x[-n+3]$

3.8.   La salida $y[n]$ de un sistema discreto a un entrada $x[n]$, $y[n] = T\{x[n]\}$, viene dada por la siguiente ecuación en diferencias:

$$y[n] = 2\,x[n] - 3\,x[n-1] + x[n-3]$$

Represéntela en forma de diagrama de bloques y de flujograma.

3.9.   Repita el ejercicio anterior para:

$$y[n] = x[n] + 2\,x[n\text{-}1] - y[n\text{-}1]$$

3.10.   Indique si los sistemas de los ejercicios 3.8 y 3.9 son MA, AR o ARMA.

          Añada a la ecuación en diferencias del sistema del ejercicio 3.9 el término que estime conveniente, indicando su significado físico, para que sea un sistema ARMAX.

3.11.   Del sistema T de la figura se sabe que es invariante con el tiempo. En la figura se indican las salidas $y_1[n]$, $y_2[n]$ e $y_3[n]$, correspondientes a las entradas $x_1[n]$, $x_2[n]$ y $x_3[n]$, respectivamente.

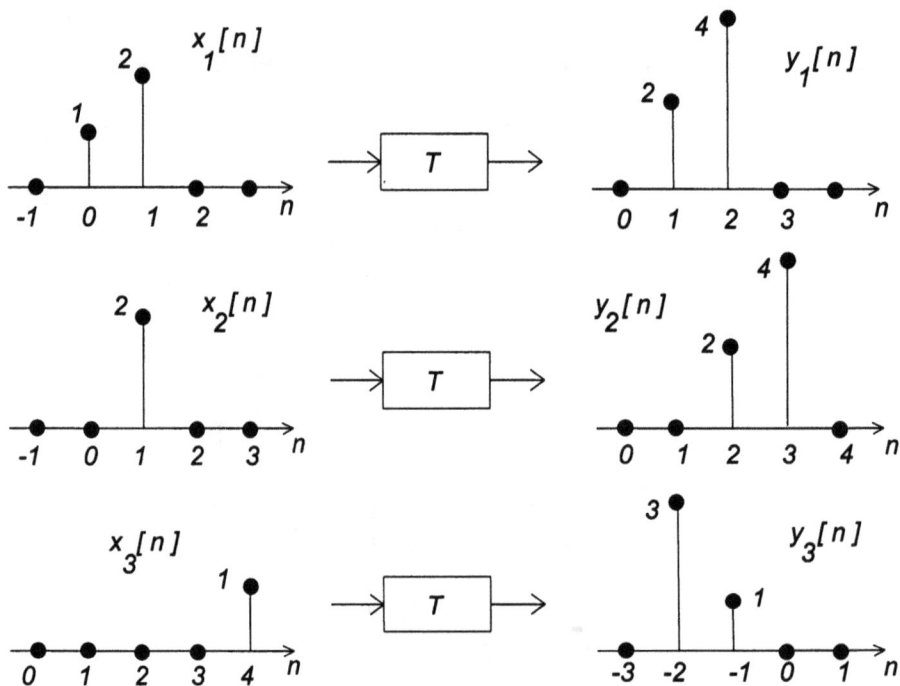

a) Determine si el sistema T puede ser lineal.

b) ¿Cuál es la respuesta del sistema a una entrada $x[n]=\delta[n]$?

3.12.   Se sabe que el sistema de la figura es lineal y se indican las salidas $y_1[n]$, $y_2[n]$ e $y_3[n]$, correspondientes a unas entradas $x_1[n]$, $x_2[n]$ y $x_3[n]$, respectivamente.

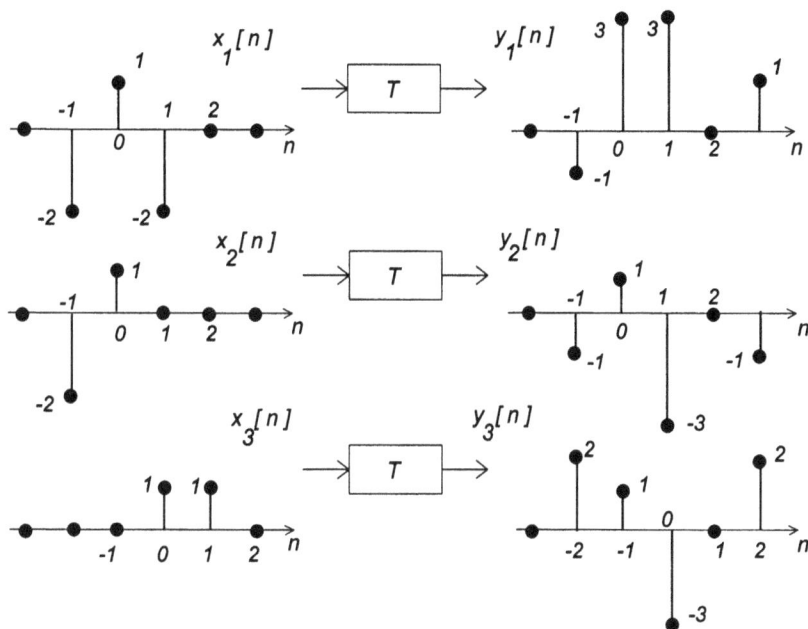

a) Determine si el sistema *T* puede ser invariante en el tiempo.

b) Si la entrada al sistema *T* es δ[*n*], ¿cuál es la respuesta del sistema?

3.13.   *a*) Demuestre que cualquier señal puede ser descompuesta como suma de una señal par (señal con simetría par) y de una señal impar (simetría impar). (Sugerencia: Empiece sumando a la señal su propia reflexión.)

   b) Descomponga la señal siguiente como la suma de una señal par y otra impar.

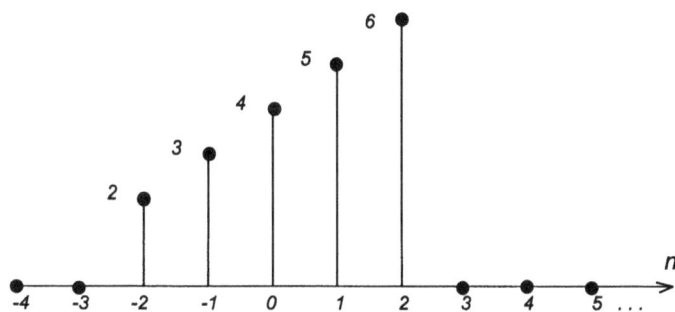

3.14.   Demuestre que la energía de una señal real es igual a la suma de las energías de sus partes par e impar.

3.15.   Discuta si los sistemas descritos por las siguientes relaciones de entrada-salida son estables, lineales, causales, invariantes y si tienen o no memoria.

a) $y[n] = \displaystyle\sum_{k=n_0}^{n} x[k]$ *b*) $y[n] = x[-n]$ *c*) $y[n] = e^{x[n]}$

d) $y[n] = \text{sign}(x[n])$ *e*) $y[n] = 2x[n] + \dfrac{1}{1+x[n-1]}$

4

MUESTREO Y CUANTIFICACIÓN

4.1. Introducción

En este capítulo se estudian las principales formas de muestrear y de reconstruir señales analógicas, se analizan las limitaciones de los diferentes métodos y se presentan soluciones para reducir los efectos indeseados de estas limitaciones.

Los procesos de muestreo y la posterior reconstrucción de señales analógicas son capitales en los sistemas de procesado digital, y la calidad del sistema global está muy condicionada por el diseño correcto de las etapas interficie entre el computador y las entradas y salidas analógicas. En el presente capítulo su estudio se va a realizar independientemente del algoritmo digital que deba soportar el computador.

También, se estudiará el proceso de cuantificación de señales, inevitable al trabajar con procesadores de aritmética finita (y, por tanto, incapaces de trabajar con valores continuos en amplitud), y se evaluarán los errores y los ruidos que este proceso puede conllevar.

Antes de entrar en los aspectos matemáticos del análisis, se hace una introducción a la tecnología que soporta las funciones de muestreo y cuantificación, de forma que el lector pueda ir relacionado aspectos circuitales con otros más formales. Los ingenieros que vayan a diseñar sistemas de muestreo y de reconstrucción (módulos de entradas y salidas analógicas) han de tener una cierta formación interdisciplinaria, que incluya conocimientos de programación, especialmente de lenguaje ensamblador y de lenguaje C, de funciones electrónicas y de aspectos matemáticos del procesado digital de señales. En el apéndice C, se ofrece información complementaria sobre los principales aspectos tecnológicos a considerar a la hora de seleccionar conversores A/D y D/A.

4.2. Introducción a los conversores A/D

Como ya se ha avanzado en el capítulo anterior, el objetivo de los conversores A/D (también denominados en ocasiones conversores C/D, continuo-discreto, o conversores ADC, *Analog to Digital Converters*) es adquirir muestras de la señal analógica presente a su entrada y convertirlas en códigos digitales inteligibles por los restantes elementos de la cadena digital.

Hay muchos tipos de conversores A/D, que se diferencian por el grado de idealidad de su funcionamiento, la velocidad de conversión, la inmunidad al ruido o el precio. El objetivo del presente apartado es proporcionar una visión tecnológica, previa a otros temas más formales sobre teorías del muestreo de señales, que permita al estudiante relacionar ciertas funciones matemáticas con algunos circuitos capaces de soportarlas, pero sin pretensiones de ser un curso de subsistemas electrónicos. Para lograr este objetivo, se ha escogido el conversor A/D paralelo (tipo "flash"), basado en una batería de amplificadores operacionales que trabajan como comparadores, y que se caracteriza por ser rápido de funcionamiento, relativamente costoso y muy sensible a tolerancias en sus componentes (es fácil localizar conversores que puedan adquirir señales analógicas de frecuencias hasta las decenas de MHz, aunque en el mercado también se hallan conversores capaces a operar a centenares de MHz, y empresas como Agilent o Tektronix han desarrollado placas de conversores a velocidades de hasta decenas de giga-muestras/s – un giga = mil millones – para sus osciloscopios de muestreo). Su esquema general de funcionamiento es el que se indica en la figura 4.1 (si bien, por facilidad de representación, se ha indicado un conversor de 4 niveles, los conversores habituales son de más bits: de 8, 12, y 14 bits). Como es fácil verificar en la figura 4.1, a medida que el valor de la tensión de entrada V_{in} va superando los niveles fijos de referencia V_1, V_2, V_3 y V_4, las salidas D, C, B y A, respectivamente, van cambiando de nivel.

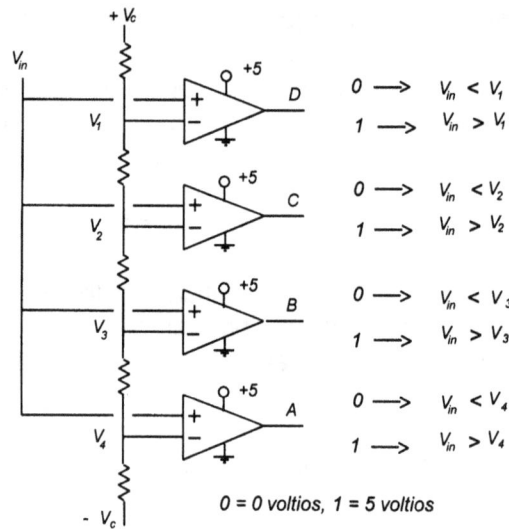

Fig. 4.1. Conversor paralelo elemental

En la figura 4.2 se ilustran los valores que van adquiriendo las salidas A,B,C y D para una determinada evolución de la tensión de entrada V_{in}.

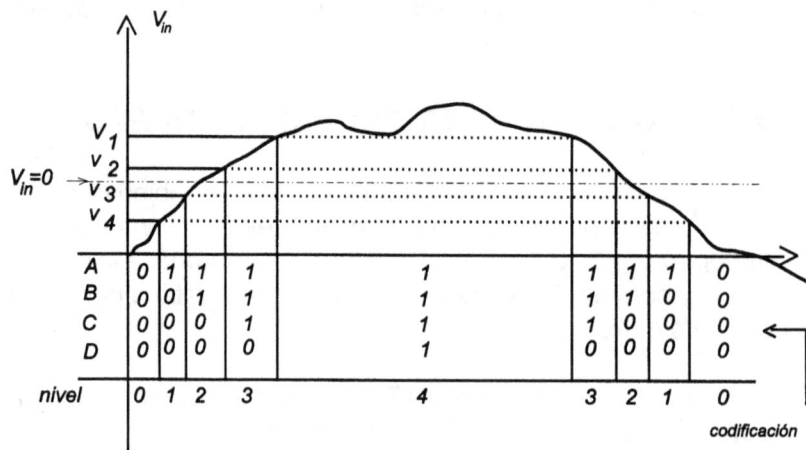

Fig. 4.2. Codificación. Los niveles de tensión v_1, v_2, v_3 y v_4 son los de la figura 4.1

Los μP suelen leer los datos en código hexadecimal, por lo que después de los comparadores hay un circuito codificador que proporciona un código fácil de leer por el μP.

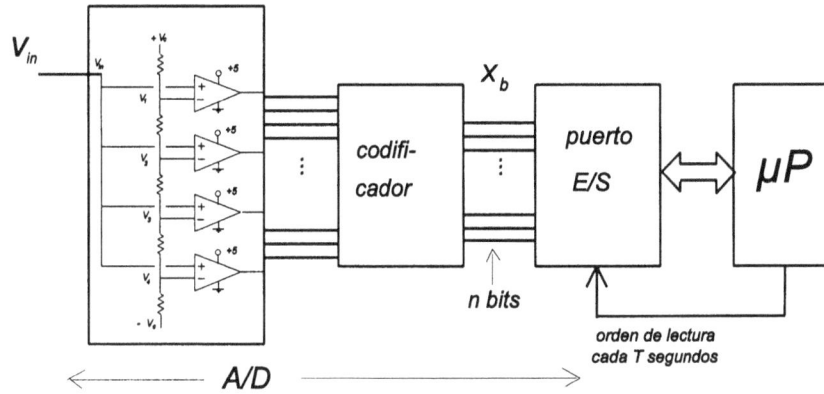

Fig. 4.3. Conexión a un microprocesador

Las dos funciones de conversión A/D y de codificación se efectúan en el mismo circuito integrado.

Como con n bits pueden cuantificarse 2^n niveles, cada uno de valor $\Delta = x_m/2^n$, siendo x_m el margen dinámico de la cuantificación, la señal x_b de la figura anterior puede interpretarse como un conjunto de muestras cuantificadas en 2^n niveles (si $n = 8$ bits, hay 256 niveles cuánticos).

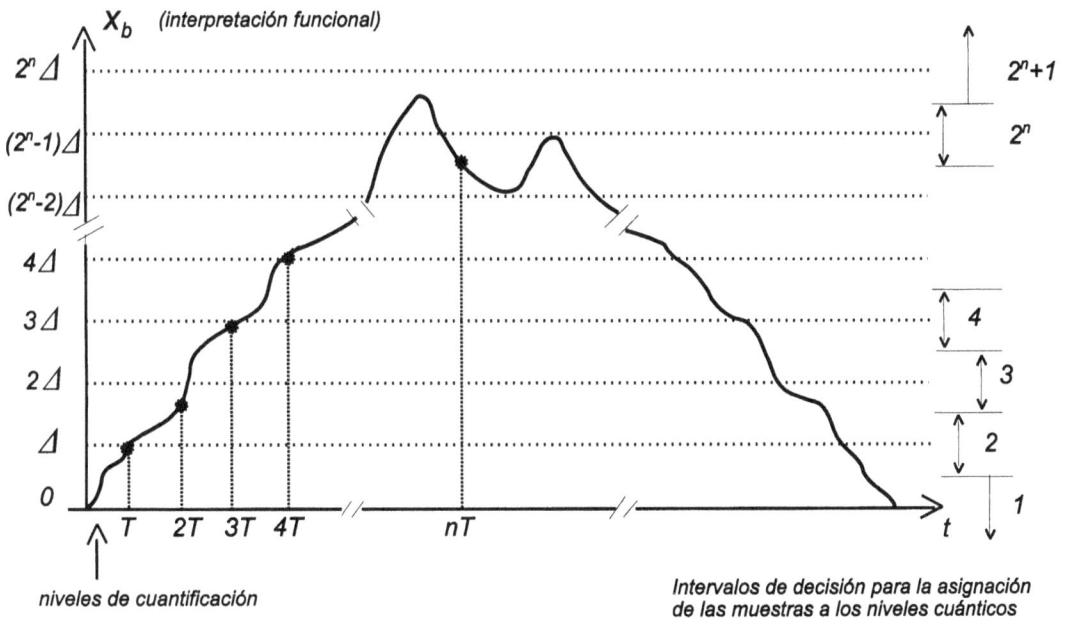

Fig. 4.4. Muestreo de una señal unipolar de valores comprendidos entre 0 y x_m
(con indicación de los niveles de cuantificación)

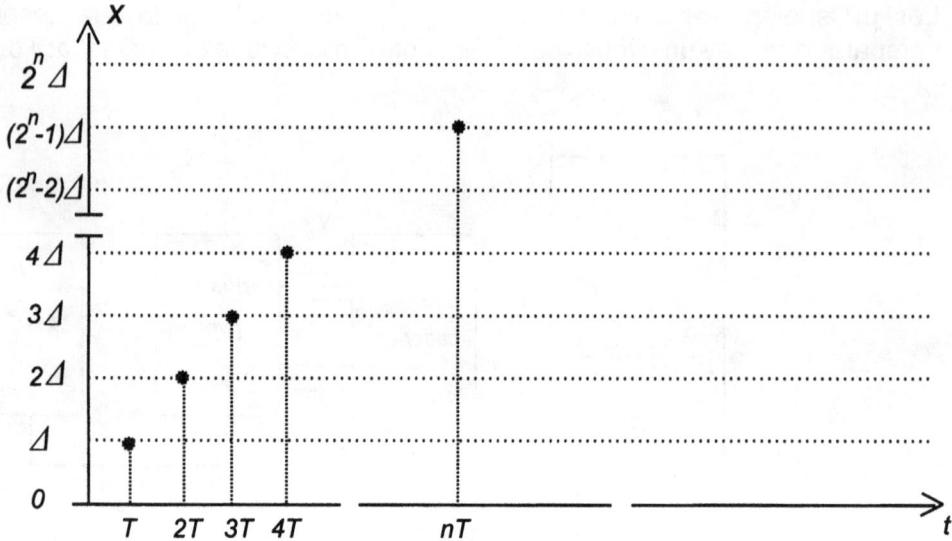

Fig. 4.5. Cuantificación de la señal muestreada de la figura anterior

Los niveles funcionales de la figura 4.5 representan el valor matemático de la salida del conversor A/D. Pero, insistimos, son niveles funcionales, no eléctricos. No se verían así en un osciloscopio. Ello es debido a que en el circuito integrado del conversor hay, además, un codificador que proporciona directamente al µP unos códigos digitales (tensiones) cuyo contenido (palabra digital) es la descripción digital de la amplitud de las muestras. Es decir, funcionalmente el conversor muestrea la señal de entrada y asigna las muestras a unos valores cuantificados (figura 4.6-B). Eléctricamente, es un dispositivo que a su salida entrega tensiones relacionadas con estos valores codificados (palabras digitales) para que sean interpretables por el µP (figura 4.6-A).

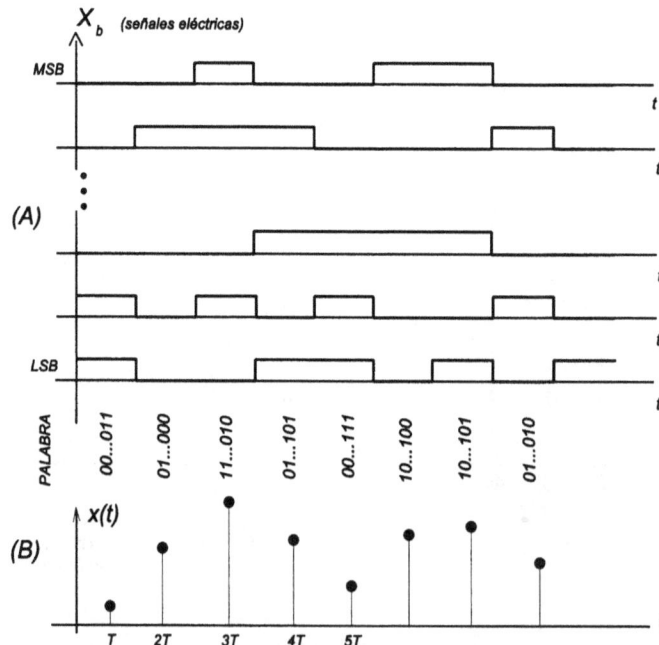

Fig. 4.6. (A) Lectura de la señal codificada por el bus de datos de un microcomputador (LSB: Least Significant Bit; MSB: Most Significant Bit'). (B) Secuencia equivalente interpretada por el software dentro del microcomputador

Por ejemplo, si en un conversor de 8 bits (256 niveles), cuya entrada V_{in} puede variar de 0 a 10 voltios, se ha leído en un determinado instante la palabra C5h (h: en hexadecimal),

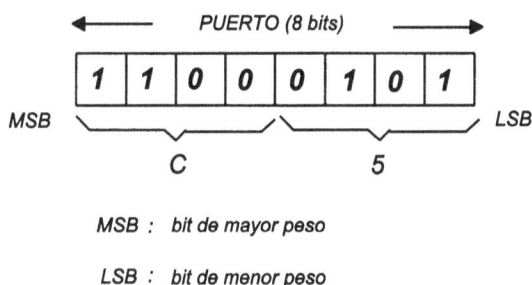

que, en decimal, corresponde al número:

$$2^7 + 2^6 + 0 + 0 + 0 + 2^2 + 0 + 2^0 = 197$$

quiere decir que el valor de la entrada analógica en este momento es de:

$$resolución\ de\ cada\ nivel\ cuántico = \frac{fondo\ de\ escala}{numero\ total\ de\ niveles} = \frac{10}{256}\ V = 39mV$$

39 mV · 197 = 7.695 voltios en la entrada analógica.

En este ejemplo, se ha supuesto una entrada unipolar entre 0 y 10 voltios. Si la entrada fuera bipolar, de forma que pudiera variar entre -5 y +5 voltios, el código 00h (en binario: 00000000) correspondería a una entrada de -5 V, el código 80h (binario: 1000000) a una entrada de 0 V y el FFh (binario: 11111111) a una de +5 V.

Hay otros tipos de conversores que no son tan rápidos como los de tipo "flash", con los que puede aparecer un problema adicional si la señal analógica varía rápidamente con relación al tiempo de conversión.

Este problema consiste en la indeterminación del valor muestreado si la conversión A/D se inicia cuando la señal de entrada tiene un determinado valor V_1 y se termina cuando la entrada ha evolucionado hasta un nuevo valor V_2, diferente de V_1 en, al menos, un nivel de cuantificación del conversor A/D. En este caso, el valor de la muestra queda indeterminado (no ha sido un muestreo instantáneo).

La solución a este problema pasa por mantener el valor de la entrada V_{in} constante durante todo el tiempo en que se efectúa la conversión A/D. Esta operación la efectúan módulos llamados de muestreo y mantenimiento (S/H, *Sample and Hold*), basados en un interruptor (MOS) que controla la carga de un condensador, proporcional al valor de V_{in}, y separadores de impedancias. Su esquema, simplificado, es el de la figura 4.7:

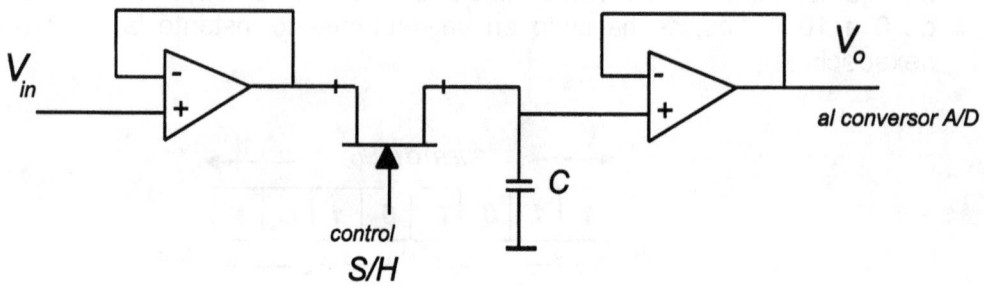

Fig. 4.7. Esquema básico de un módulo de muestreo y mantenimiento

Las principales limitaciones electrónicas del módulo S/H derivan de la presencia del condensador C: por un lado, es una carga capacitativa que limita el tiempo de subida del primer amplificador operacional, lo que limita el tiempo mínimo para adquirir una muestra. Por otro lado, tiene pérdidas en el dieléctrico, lo que puede traducirse en una deriva de la tensión almacenada durante el estado de mantenimiento.

Además del módulo S/H y del propio conversor A/D, en la cadena de adquisición de muestras puede haber otros elementos, como el multiplexor analógico (MUX), que permite seleccionar un canal analógico de entrada de entre todos los posibles (normalmente 8 o 16), un PGA (amplificador de ganancia programable) para adecuar el nivel del canal seleccionado al del fondo de escala del conversor A/D, lógica digital para el secuenciamiento de las órdenes entre los subsistemas o estabilizadores de la tensión de referencia en los conversores A/D (un rizado en la alimentación se traduciría en una fluctuación de los niveles cuánticos del conversor). Estos módulos pueden verse en la figura 4.8, donde también aparecen un conjunto de filtros en las entradas analógicas (filtros *antialiasing*) cuya finalidad se verá en los apartados siguientes.

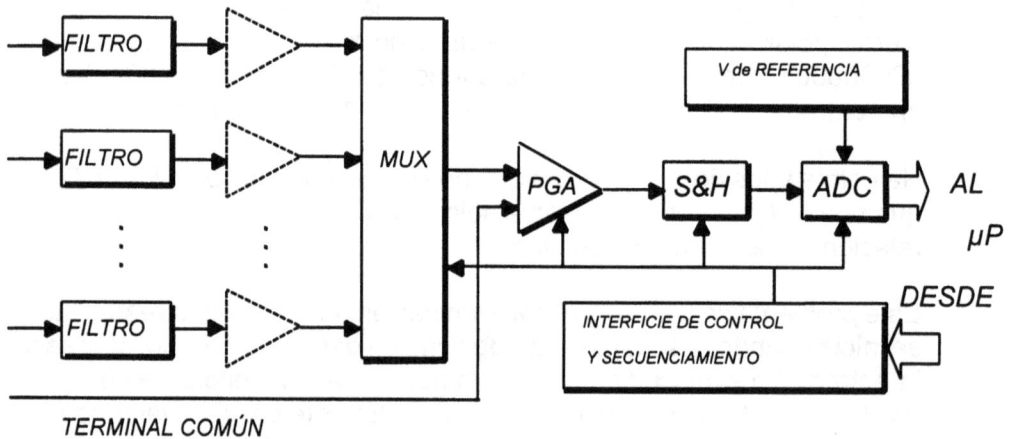

μP :   Paso 1: selección del canal (MUX)

      Paso 2: selección de amplificación programable (PGA)

      Paso 3: orden de sample

      Paso 4: orden de inicio ADC, esperar y leer el resultado

Fig. 4.8. Sistema de adquisición

El esquema de la figura 4.8 incorpora un filtro paso bajo para cada entrada analógica. De este modo, se puede acotar independientemente el ancho de banda de cada canal de entrada (como se verá, esto permitirá respetar el criterio de Nyquist, que se estudiará en este capítulo, cuando las señales de entrada tengan un ancho de banda excesivo para su muestreo).

Si, en lugar de poner un filtro para cada entrada, todas compartieran el mismo filtro a la salida del multiplexor analógico (MUX en la figura), éste debería tener la frecuencia de corte programable para poder tratar particularmente cada señal de entrada. Los primeros esquemas que se utilizaron con un sólo filtro programable se basaban en redes de resistencias conmutables digitalmente: de este modo, el computador podía seleccionar en todo momento la frecuencia de corte del filtro analógico. Actualmente, se está imponiendo el uso de filtros de capacidades conmutadas (*switched capacitor*, SC) que permiten modificar su frecuencia de corte según el período de una señal cuadrada que entra en una de sus patillas. La generación en el computador de esta señal cuadrada es fácil.

4.3. Conversores D/A

En apartados posteriores, trataremos los conversores D/A como bloques que permiten reconstruir la señal analógica a partir de muestras facilitadas por el µP, y se comparará la calidad de esta reconstrucción con otras alternativas. Los principales tipos de conversores D/A se basan en una red de resistencias cuya conexión y desconexión regula la ganancia de un amplificador operacional. Las conexiones de las resistencias se efectúan mediante interruptores MOS. En la figura 4.9 se presenta el esquema circuital de un conversor de resistencias ponderadas, más sencillo de analizar que de construir de forma fiable pues, como se puede comprobar en la figura, para un conversor de N bits hay una dispersión en los valores de las resistencias que va de $R/2$ ohmios a $2^{N-1} R$ ohmios, con los consiguientes problemas de errores debidos a sus tolerancias. En contrapartida, sólo necesita una resistencia para cada bit.

Los interruptores son controlados por la palabra digital correspondiente al código de la muestra que se quiere extraer de forma analógica. La tensión V_{ref} de referencia, que ha de ser muy estable, se verá amplificada a la salida por una valor dependiente del resultado de la agrupación en paralelo de las resistencias que hayan quedado conectadas a la entrada del amplificador operacional. Si los interruptores toman los valores $b_i = 1$ cuando la resistencia i está conectada a la entrada inversora del amplificador operacional, y $b_i = 0$ si el interruptor está puesto a masa, la tensión de salida V_0 es:

$$V_0 = - V_{ref} \left(\frac{b_1}{2} + \frac{b_2}{2^2} + ... + \frac{b_N}{2^N} \right)$$

Una alternativa a la red de resistencias ponderadas es la red R-$2R$ (*ladder* ADC), que requiere un mayor número de resistencias pero, en contrapartida, su tolerancia no es tan crítica (apéndice C).

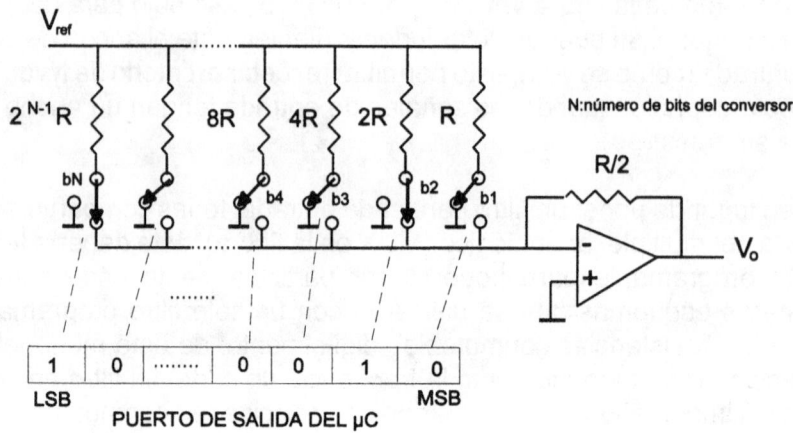

Fig. 4.9. Conversor D/A de resistencias escaladas. Cada bit del puerto de salida controla un interruptor (CMOS)

Estos conversores usan la denominada técnica de multiplicación (*multiplying technique*) ya que su salida analógica procede de la multiplicación de una tensión (o corriente) constante por un código digital. Se consiguen tiempos de conversión inferiores a los 100ns.

Aparte de los conversores D/A mencionados, hay otros tipos, como el que se basa en la conversión frecuencia-tensión. Este conversor es útil cuando el microcontrolador no dispone de los suficientes puertos de entrada-salida: una sola patilla es suficiente para generar una señal cuadrada de frecuencia programable que, por un proceso de integración analógica, se convierte en una tensión a la salida del conversor D/A (en un integrador la amplitud de la tensión de salida es inversamente proporcional a la frecuencia). Los conversores delta-sigma (apartado 4.14) también ofrecen la ventaja de necesitar sólo una patilla.

4.4. Muestreo de señales analógicas

El muestreo de señales analógicas es una operación básica en la cadena de procesado digital de señales y puede introducirse independiente del tipo de manipulación posterior que se quiera efectuar con las muestras adquiridas. Por ello, de momento nuestro estudio se va a centrar en el muestreo de una señal, y en el de su reconstrucción, suponiendo que el procesador que hay entre el bloque de adquisición (A/D) y el de extracción (D/A) no efectúa ninguna función. O, dicho de otra forma, el procesador se limita a "leer" la salida del conversor A/D, para inmediatamente "escribirla" a la entrada del conversor D/A.

Según la forma en que se efectúe el muestreo de una señal analógica, éste puede ser ideal, natural o real.

4.4.1. Muestreo ideal de señales analógicas

El muestreo ideal (teórico) es aquel en que las muestras se adquieren en tiempo cero (la función muestreadora es un tren de deltas de Dirac, también denominado "función peine", en lenguaje de argot) y, si se pudiera generar físicamente este tren de deltas, su esquema sería el de la figura 4.10. El transistor BJT sólo indica la necesidad de un interruptor que vaya dejando pasar las muestras a la salida, y también podría optarse por un FET, MOS, relé REED, o cualquier otro dispositivo que actuara como conmutador (no todos ellos serían igualmente válidos, en función de sus no idealidades: resistencia en conducción y en aislamiento, transitorios de conmutación, etc.)

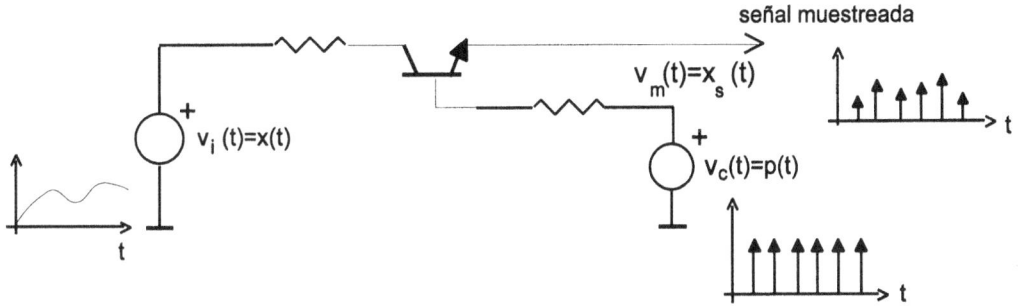

Fig. 4.10. Muestreador ideal. La señal p(t) es un tren de deltas de Dirac

Para obtener la señal muestreada de $x(t)$, basta con multiplicarla por un tren de deltas, separadas un período de tiempo T, que es el período de muestreo.

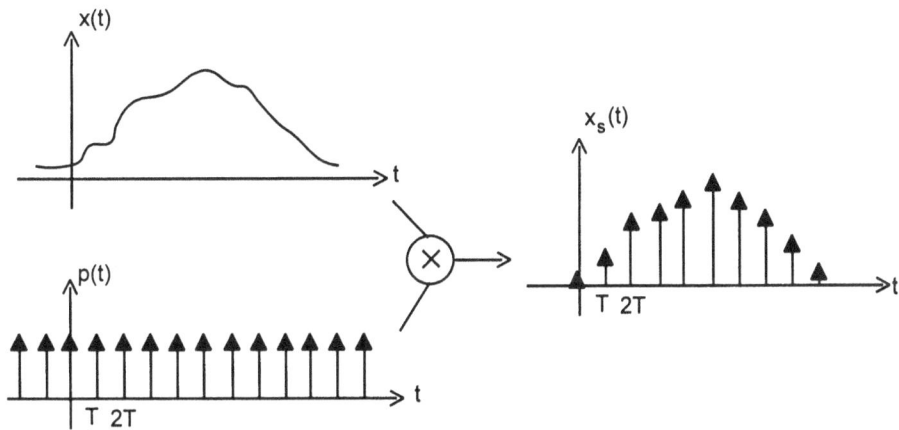

Fig. 4.11. Muestreo ideal de una señal analógica

De forma analítica, se tiene:

$$p(t) = \sum_{n=-\infty}^{\infty} \delta(t-nT) \quad \rightarrow \quad x_s(t) = x(t)\, p(t) = x(t) \sum_{n=-\infty}^{\infty} \delta(t-nT)$$

$$x_s(t) = \sum_{n=-\infty}^{\infty} x(nT)\, \delta(t-nT)$$

(4.1)

Para evaluar el comportamiento frecuencial de la señal muestreada, se aplica la propiedad de convolución de la transformada de Fourier de señales de tiempo continuo:

$$x_s(t) = x(t)\, p(t) \quad \rightarrow \quad X_s(w) = \frac{1}{2\pi}\, [\, X(w) * P(w)\,]$$

(4.2)

Como $p(t)$ es una señal periódica (con el período de la frecuencia de muestreo), puede desarrollarse mediante una serie compleja de Fourier. Calculando los coeficientes C_n de la serie:

$$p(t) = \sum_{n=-\infty}^{\infty} C_n e^{jnw_s t}, \qquad (w_s = \frac{2\pi}{T}) \qquad (4.3)$$

$$C_n = \frac{1}{T} \int_{-\frac{T}{2}}^{\frac{T}{2}} \sum_{n=-\infty}^{\infty} \delta(t-nT) \ e^{-jnw_s t} dt = \frac{1}{T} \int_{-\frac{T}{2}}^{\frac{T}{2}} \delta(t) dt = \frac{1}{T} \qquad (4.4)$$

se obtiene:

$$p(t) = \frac{1}{T} \sum_{n=-\infty}^{\infty} e^{jnw_s t} \qquad (4.5)$$

Así, la transformada de Fourier de $p(t)$ viene dada por:

$$P(w) = \frac{1}{T} F \left(\sum_{n=-\infty}^{\infty} e^{jnw_s t} \right) = \frac{2\pi}{T} \sum_{n=-\infty}^{\infty} \delta(w-nw_s) \qquad (4.6)$$

En el paso anterior se ha utilizado la relación:

$$F \left(e^{jnw_s t} \right) = \int_{-\infty}^{\infty} 1 \ e^{-j(w-nw_s)t} dt = F(1)_{|w_p = w - nw_s} = 2\pi\delta(w-nw_s) \qquad (4.7)$$

donde se ha aplicado la propiedad de simetría de la transformada de Fourier para determinar el valor de $F(1)$:

$$f(t) \leftrightarrow F(w) \qquad \rightarrow \qquad \delta(t) \leftrightarrow 1 = F(w)$$
$$F(t) \leftrightarrow 2\pi f(-w) \qquad \rightarrow \qquad F(t) = 1 \quad \leftrightarrow \quad 2\pi\delta(-w) = 2\pi\delta(w) \qquad (4.8)$$

Finalmente, se obtiene el espectro de la señal muestreada:

$$X_s(w) = \frac{1}{2\pi}[X(w) * \frac{2\pi}{T} \sum_{-\infty}^{\infty} \delta(w-nw_s)] = \frac{1}{T} \sum_{n=-\infty}^{\infty} X(w-nw_s) \qquad (4.9)$$

Se puede observar que el espectro de la señal muestreada no es más que la repetición del espectro de la señal original, en las frecuencias que son múltiplos enteros de la frecuencia de muestreo (figura 4.12). A estos espectros que se van repitiendo en frecuencias múltiplos se les denomina *alias*[1] del espectro de la señal original.

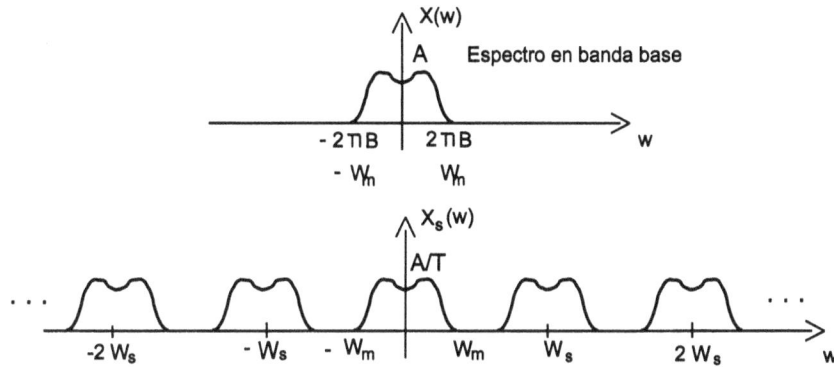

Fig. 4.12. Espectro de la señal muestreada $X_s(w)$

El espectro de la señal muestreada también puede interpretarse gráficamente sobre un eje circular de frecuencias. El aspecto repetitivo de la información (alias) en el dominio frecuencial puede ilustrarse sobre un cilindro (figura 4.12 bis), en el que, por cada vuelta, se recorre una frecuencia $w = w_s$.

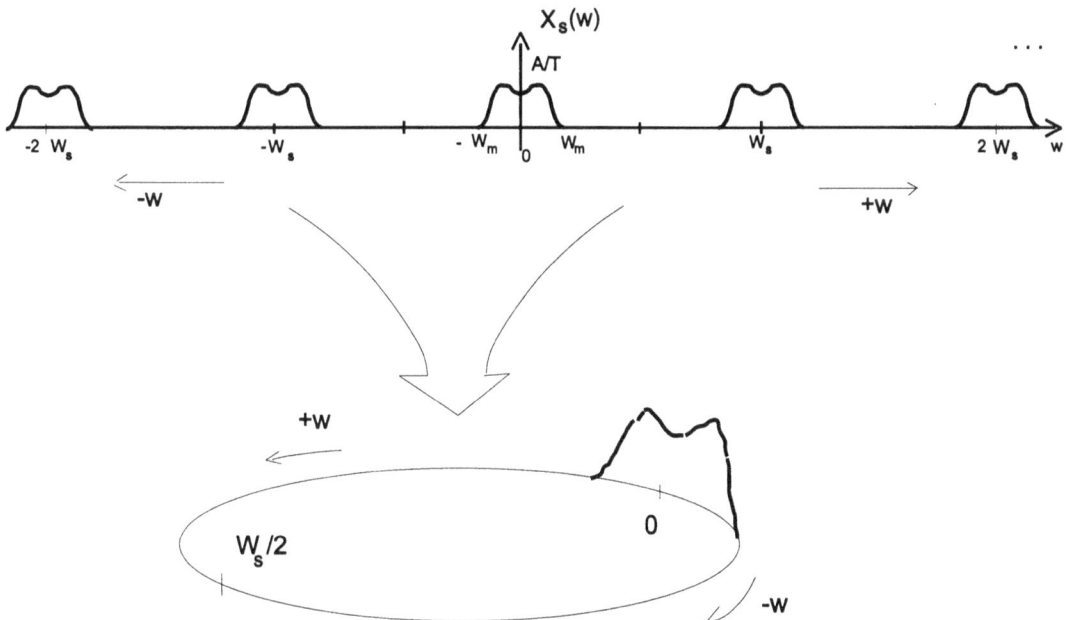

Fig. 4.12 bis. Espectro de la señal muestreada $X_s(w)$: interpretación circular

Del espectro anterior se puede ver que es suficiente un filtro paso bajo con amplificación *T* para recuperar la señal original.

---

[1] En el lenguaje cotidiano, un alias es un nombre alternativo de la misma persona; en este caso, un alias es otra localización en frecuencias del espectro en banda base.

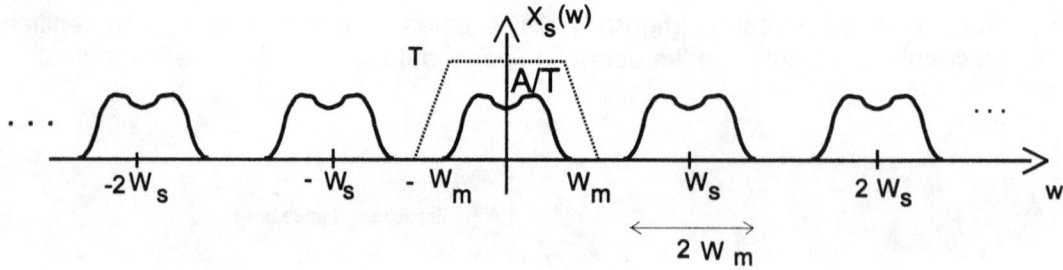

Fig. 4.13. Recuperación de X(w) por filtrado paso bajo de $X_s(w)$

Cuanto menor sea la frecuencia de muestreo, más juntos se encuentran los espectros y mayor pendiente (idealidad) ha de tener el filtro para poder discriminarlos. El caso límite ($w_s = 2\ w_m$) es el de aquella frecuencia para la cual los espectros se tocan, pero sin llegar a superponerse:

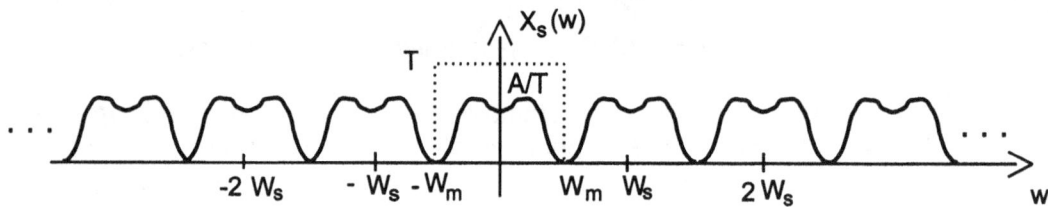

Fig. 4.14. Filtrado ideal para la recuperación de una señal muestreada al límite de la condición de Nyquist

Para valores de frecuencia de muestreo (w_s) menores que los anteriores se produce el solapamiento (*aliasing*) de los espectros, lo que produce una distorsión cuando se quiere recuperar la señal:

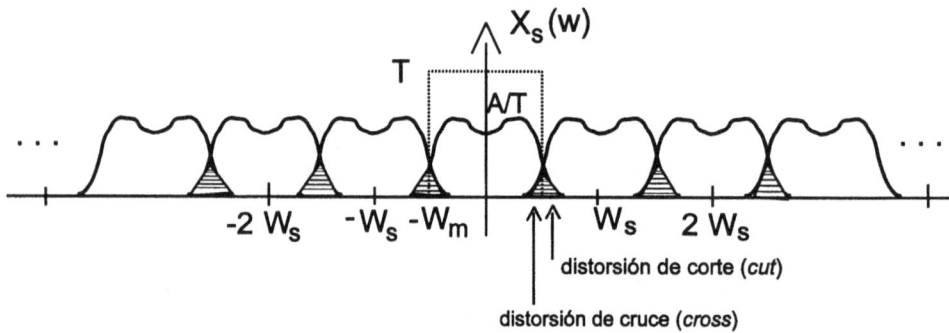

Fig. 4.15. Solapamiento de espectros: distorsiones de cruce y de corte

Por lo tanto, para que no se produzca *aliasing* se debe cumplir la condición de Nyquist:[2] la frecuencia de muestreo ha de ser mayor o igual que dos veces el espectro máximo de la señal a muestrear.

$$f_s \geq 2\ f_{max} = f_N \tag{4.10}$$

(f_N : frecuencia de Nyquist)

---

[2] El teorema de muestreo de la ecuación (4.10) fue postulado por Nyquist en 1928 y demostrado matemáticamente por Shannon en 1949. Por esto, en algunos textos se presenta como el *teorema de muestreo de Shannon*.

Es importante notar que un muestreo efectuado exactamente a la frecuencia de Nyquist conlleva el uso de filtros ideales (con una pendiente infinita entre la banda de paso y la de transición, y no realizables de forma analógica) para poder recuperar la señal original. Por ello, un criterio práctico de muestreo es hacerlo a frecuencias superiores a las de Nyquist (*oversampling*).

Si la señal a muestrear no es de banda limitada (ocupa un amplio espectro de frecuencias), o bien, siendo de banda limitada, la tecnología no permite trabajar con tiempos de muestreo capaces de respetar la condición de Nyquist, ha de recurrirse a su filtrado paso-bajo antes del muestreo. El objetivo de este filtrado es reducir su ancho de banda original (con la consiguiente pérdida de información) de forma que, a pesar de las limitaciones tecnológicas, se pueda evitar el fenómeno del *aliasing*. De ahí que estos filtros se denominen *filtros antialiasing*.

Paradójicamente, es preferible la pérdida de información que pueden producir los filtros *antialiasing* que permitir que se produzca el solapamiento. Así, por ejemplo, si se desea muestrear una señal cuyo ancho de banda llega hasta los 100 kHz, pero la máxima frecuencia de muestreo permisible es de 180 kHz, la banda de frecuencias superior a los 80 kHz ya estaría solapada por el primer alias, con lo que sólo sería útil la información entre 0 y 80 kHz. Puede comprobarse fácilmente que, con un filtro *antialiasing* que corte la señal a 90 kHz, pueden recuperarse (con filtros ideales) hasta los 90 kHz.

Muestreo de sinusoides:

Si la senoide $x(t) = A \cos(2\pi f_o t)$, con transformada de Fourier:

$X(w) = A \pi (\delta(w-w_o) + \delta(w+w_o))$,

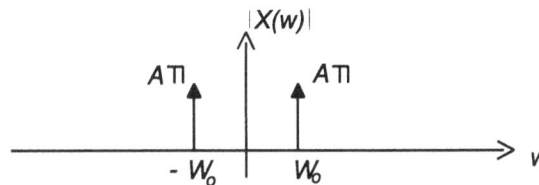

Fig. 4.16. Espectro del módulo de $x(t) = A \cos (2 \pi f_0 t)$

se muestrea a una frecuencia $w_s > 2w_0$:

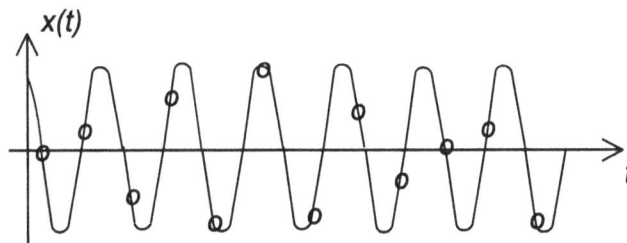

Fig. 4.17. Muestreo de una sinusoide

se obtiene la secuencia:

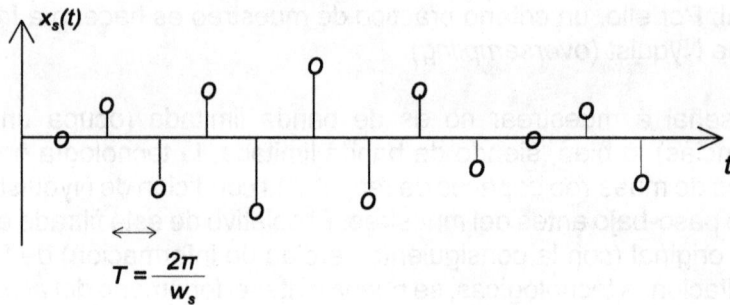

Fig. 4.18. Señal muestreada

que, representada en el dominio frecuencial, resulta:

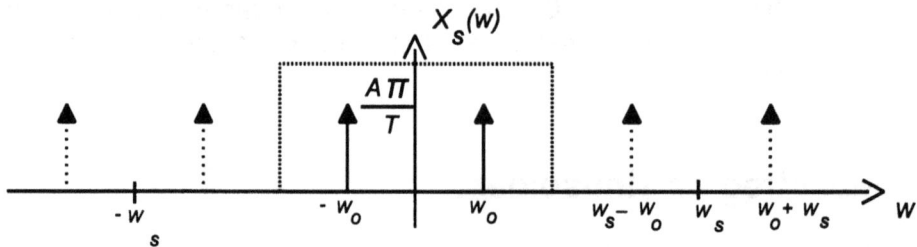

Fig. 4.19. Espectro de la señal muestreada

Muestreando a una frecuencia mayor que dos veces la frecuencia de pulsación de la senoide (condición de Nyquist), ésta podrá ser recuperada con un filtro paso bajo.

Si, por el contrario, se muestrea a una frecuencia $w_s < 2w_0$, la secuencia de las muestras reproduce una senoide de menor frecuencia.

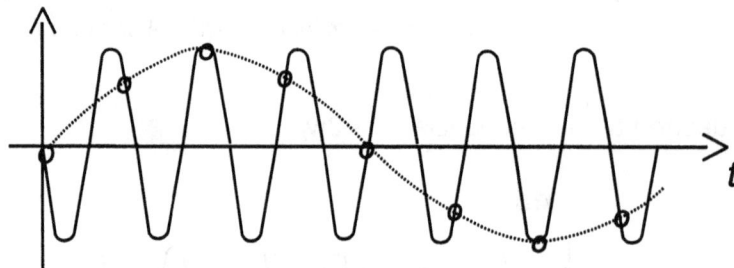

Fig. 4.20. Señal muestreada sin cumplir la condición de Nyquist

En el dominio espectral se puede comprobar la aparición de una senoide a frecuencia $w_s - w_0$, inexistente en la señal original:

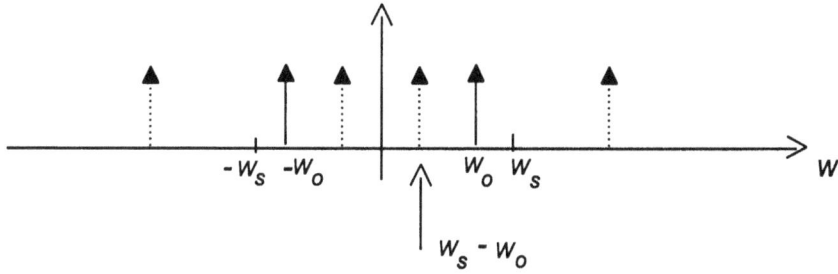

Fig. 4.21. Espectro de la señal muestreada de la figura 4.20

Si se intenta recuperar la senoide con un filtro paso bajo con frecuencia de corte w_c, tal que $w_s\text{-}w_0 < w_c < w_0$, se recupera la senoide de menor frecuencia en lugar de la senoide original de frecuencia w_0.

Efectos similares se producen en situaciones cotidianas debidas a un muestreo incorrecto. Tal es el caso de algunos muestreos de imágenes, como las ruedas de las diligencias en las películas del oeste norteamericano, en que debido a la baja velocidad de captación de los fotogramas respecto a la velocidad de giro de sus radios, éstos aparentan rodar en sentido inverso. Otras veces se utiliza el muestreo a frecuencias inferiores a la de Nyquist en sentido positivo: tal es el caso del efecto estroboscópico usado para ajustar el punto de explosión en motores de automóvil: si se toma exactamente una muestra (destello de una luz) por cada revolución de un disco (una muestra por ciclo de rotación), éste aparenta estar quieto (frecuencia cero).

4.4.2. Muestreo natural (*chopper*)

El muestreo natural, que en comunicaciones moduladas en amplitud (AM) da lugar al modulador *chopper*, es una adecuación práctica del ideal considerando que lo "natural" es que la función muestreadora sea un tren de pulsos de duración finita (y no funciones delta de Dirac). Su esquema funcional es el de la figura 4.22.

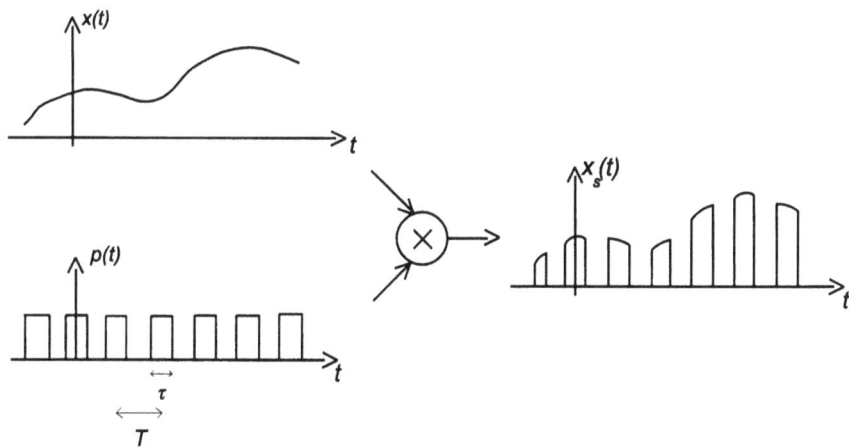

Fig. 4.22. Muestreador natural (chopper)

Se puede interpretar a la salida como pequeñas ventanas en el tiempo, de duración τ, durante las cuales la señal a muestrear $v_i(t)$ atraviesa el muestreador.

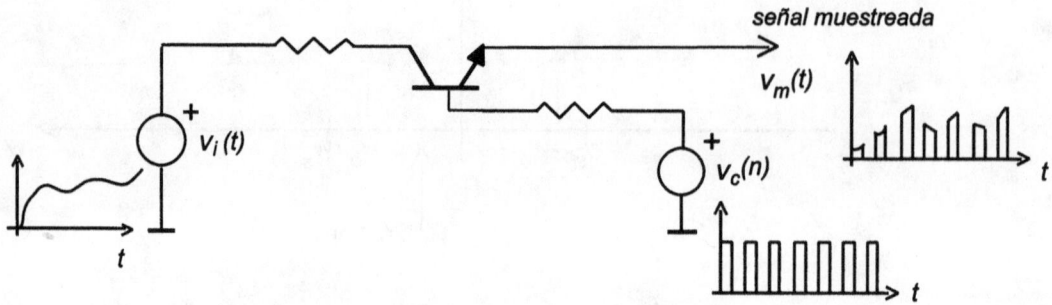

Fig. 4.23. Muestreo natural de una señal analógica

Operativamente, el circuito de la figura 4.22 equivale a multiplicar $x(t)$ por un tren de pulsos $p(t)$.

Como la señal muestreadora $p(t)$ es un tren de pulsos de duración τ separados un tiempo T (período de muestreo), puede representarse, al ser periódica y real, como una serie de Fourier:

$$p(t) = C_o + \sum_{n=1}^{\infty} C_n \cos(nw_s t) \tag{4.11}$$

donde el valor de los coeficientes C_i depende de la relación entre T y τ. Con ello la señal muestreada es:

$$x_s(t) = x(t)\,p(t) = C_o\,x(t) + \sum_{n=1}^{\infty} C_n\,x(t)\,\cos(nw_s t) \tag{4.12}$$

La relación entre $X(w)$ y $X_s(w)$, transformadas de $x(t)$ y $x_s(t)$, respectivamente, viene dada por:

$$F(x_s(t)) = X_s(w) = C_o\,X(w) + \sum_{n=1}^{\infty} C_n\,F(x(t)\cos(nw_s t)) \tag{4.13}$$

El término $F[x(t)\cos(nw_s t)]$ corresponde a una modulación en AM de la señal $x(t)$.

$$F[x(t)\cos(nw_s t)] = \frac{1}{2\pi}\,[X(w) * \int_{-\infty}^{\infty} \frac{(e^{jnw_s t} + e^{-jnw_s t})}{2}\,e^{-jwt}\,dt] =$$

$$= \frac{1}{2\pi}\,[X(w) * \pi\,(\delta(w - nw_s) + \delta(w + nw_s))] = \frac{1}{2}\,[X(w - nw_s) + X(w + nw_s)] \tag{4.14}$$

Su transformada de Fourier es:

$$X_s(w) = C_o\, X(w) + \sum_{\substack{n=-\infty \\ n \neq 0}}^{\infty} \frac{1}{2}\, C_n\, X(w - nw_s)$$

$$(4.15)$$

Con ello, el espectro de la señal muestreada es:

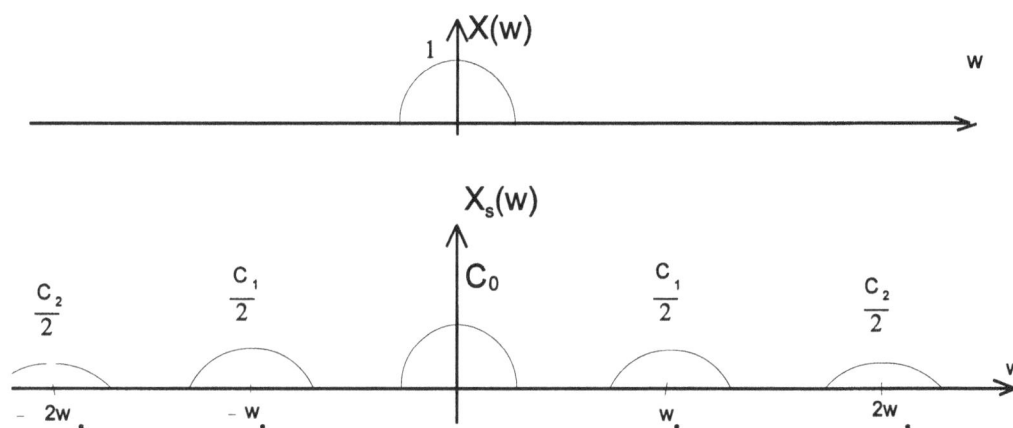

Fig. 4.24. Espectro de la señal muestreada

A diferencia del muestreo ideal, los alias quedan afectados en amplitud por el valor de los coeficientes C_i, que tienden a ir disminuyendo a medida que aumenta la frecuencia. Nótese que, si $\tau \to 0$ (figura 4.23), el muestreo natural tiende a ser el ideal, donde $C_0 = C_1/2 = C_2/2 = \ldots = C_n/2 = 1/T$.

La modulación en AM se logra filtrando alguno de los alias mediante un filtro paso banda. Si éste fuera ideal, de amplificación unitaria, la salida del filtro centrado en el alias i-ésimo sería:

$$(1/2)\, C_i\, [X(w - iw_s) + X(w + iw_s)],$$

con transformada inversa: $C_i\, x(t)\, \cos(i\, w_s t)$.

Es decir, la salida del filtro es una señal modulada en amplitud, con una señal moduladora $C_i x(t)$ y una portadora a frecuencia iw_s.

4.4.3. Muestreo real (con ZOH)

En realidad, el muestreo real no es un nuevo tipo de muestreo, sino que puede entenderse como un caso particular del muestreo ideal cuando a la salida del muestreador hay un conversor D/A. Es decir, el muestreo real se produce cuando hay un operador capaz de mantener constante el valor de cada muestra de salida hasta que, en el siguiente instante de muestreo, aparezca un nuevo valor. Quizás sería más correcto hablar de reconstrucción mediante el conversor D/A que de otro tipo de muestreo.

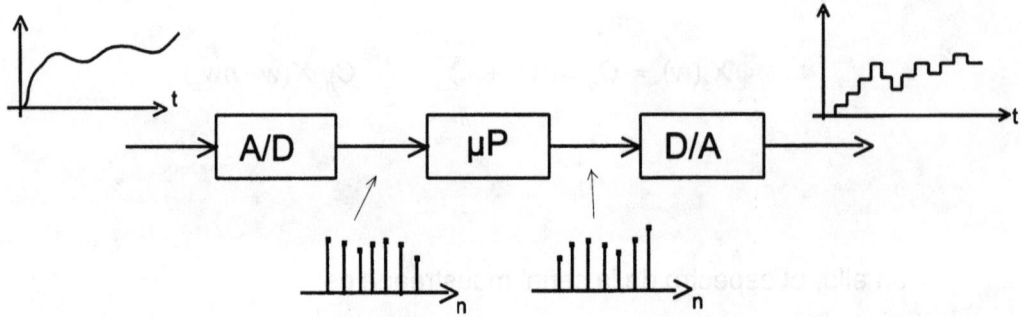

Fig. 4.25. Conversión A/D y D/A: muestreo real

El análisis de este método puede dividirse en dos partes: una de muestreo ideal y la otra de retención de la muestra durante un cierto tiempo T (período de muestreo). Este efecto de la retención se puede interpretar como el resultado de aplicar $x_m(t)$ (salida de un muestreador ideal) a un sistema, cuya respuesta a un impulso unitario es un pulso de duración T.

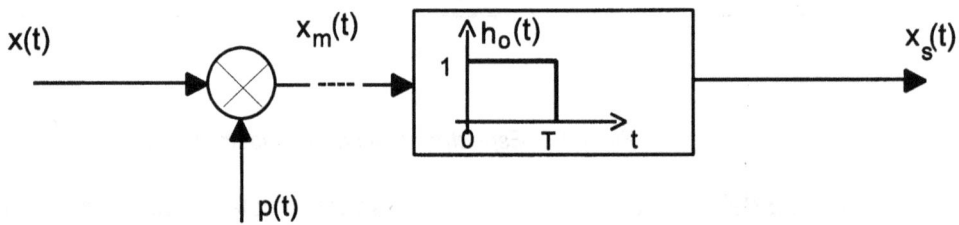

Fig. 4.26. Modelo del muestreador real

En la figura 4.26 la señal $x_m(t)$ es la salida del muestreador ideal, y $x_s(t)$ es la señal obtenida después de mantener constante, durante T segundos, cada una de las muestras de $x_m(t)$. El bloque con respuesta impulsional $h_o(t)$, que efectúa la operación de mantenimiento, es un operador de retención (mantenimiento) de orden cero (*zero order hold*, ZOH). La salida $x_s(t)$ puede calcularse, ya que se trata de un sistema lineal, como una convolución: $x_s(t) = x_m(t) \cdot h_o(t)$. Dado que cada muestra de $x_m(t)$ es una delta con su correspondiente factor de escalado, es inmediato comprobar que la convolución de estas deltas con $h_o(t)$ es un pulso de T segundos y de amplitud igual a la altura de la muestra.

En el dominio temporal, el operador de retención se puede modelar como una resta de dos funciones escalón decaladas en el tiempo: $h_o(t) = u(t) - u(t-T)$

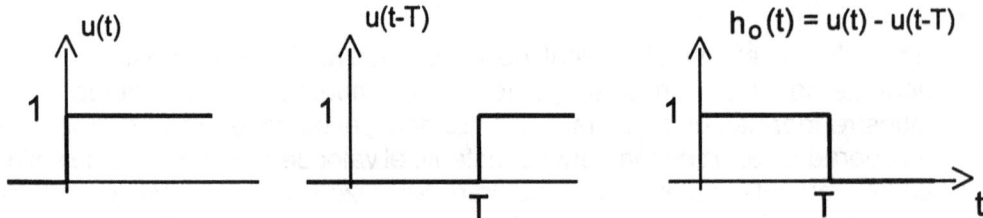

Fig. 4.27. Generación de $h_0(t)$ como la diferencia de dos escalones unitarios

De este modo, es fácil obtener la función de transferencia del ZOH en el dominio transformado de Laplace:

$$h_0(t) = u(t) - u(t-T) \rightarrow H_0(s) = \frac{1}{s} - \frac{e^{-Ts}}{s} = \frac{1-e^{-Ts}}{s} \qquad (4.16)$$

En cuanto al dominio frecuencial, se puede obtener $H(jw)$ haciendo simplemente la transformación de régimen permanente senoidal $s \rightarrow jw$, o bien calculando directamente la transformada de Fourier de $h_0(t)$. De este modo, se tiene:

$$H_o(w) = \int_{-\infty}^{\infty} h_o(t) e^{-jwt} dt = \int_0^T e^{-jwt} dt = \frac{1}{-jw} e^{-jwt} \Big|_0^T = \frac{1-e^{-jwT}}{jw} =$$

$$= e^{-jw\frac{T}{2}} \frac{(e^{jw\frac{T}{2}} - e^{-jw\frac{T}{2}})}{jw} = e^{-jw\frac{T}{2}} \frac{2}{w} sen(w\frac{T}{2}) = e^{-jw\frac{T}{2}} T \frac{sen(wT/2)}{wT/2} = e^{-jw\frac{T}{2}} T\, sinc(\frac{wT}{2\pi}) \qquad (4.17)$$

cuyo módulo es el de una función[3] sinc con amplificación T en $w = 0$.

La señal que resulta del muestreo viene dada por:

$$x_s(t) = x_m(t) * h_o(t) = [\sum_{-\infty}^{\infty} x(nT)\delta(t-nT)] * h_o(t) = \sum_{-\infty}^{\infty} x(nT)h_o(t-nT) \qquad (4.18)$$

y, en el dominio frecuencial:

$$X_s(w) = F(h_o(t)) F(x_m(t)) = H_o(w) \frac{1}{T} \sum_{-\infty}^{\infty} X(w-nw_s) =$$

$$= e^{-jw\frac{T}{2}} T\, sinc(\frac{wT}{2\pi}) \frac{1}{T} \sum_{n=-\infty}^{\infty} X(w-nw_s) = e^{-jw\frac{T}{2}} sinc(\frac{wT}{2\pi}) \sum_{n=-\infty}^{\infty} X(w-nw_s) \qquad (4.19)$$

El espectro es el representado en la figura 4.28.

Nótese que la amplificación por el factor T en $w = 0$, debido a $H_0(w)$, compensa la atenuación $1/T$ que se había producido en el muestreo, con lo que la señal recuperada $x_s(t)$ tiene el mismo valor en contínua ($w = 0$) que la señal original $x(t)$.

---

[3] $sinc(x)= (sen\ \pi x)/\pi x$. Aplicando la regla de l'Hôpital, puede verse que $sinc(0)=1$. La función sinc se anula para los valores $x = \pm 1, \pm 2,...$

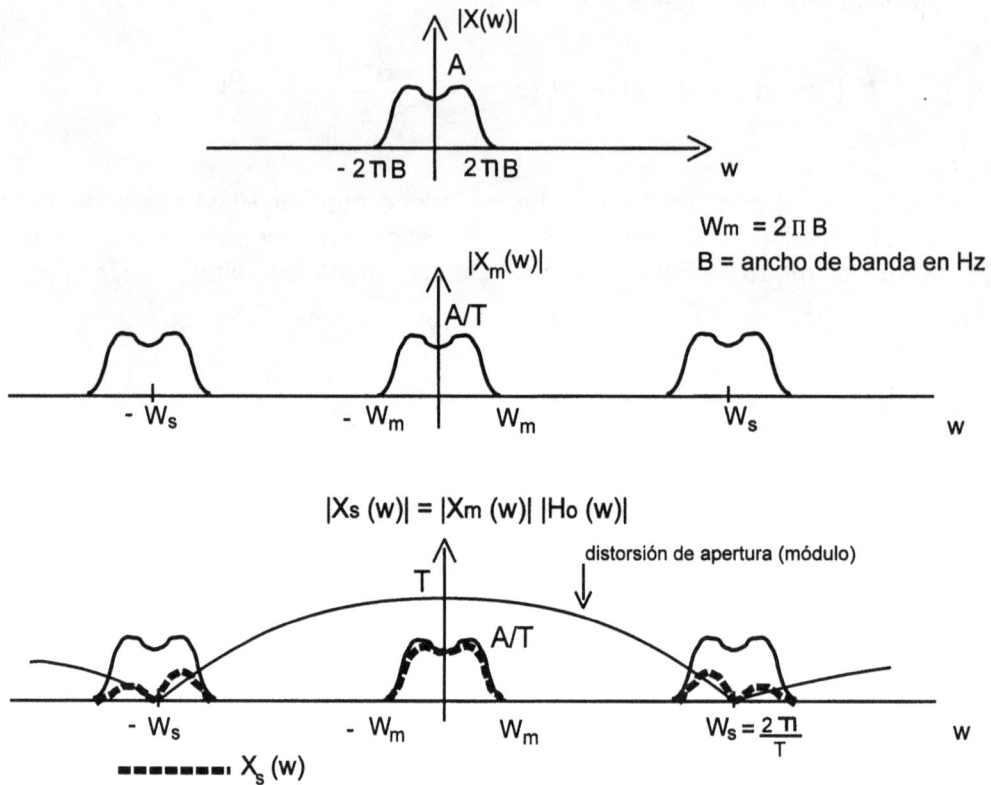

Fig. 4.28. Espectro de las señales X(w), X_m (w) y X_s(w)

El espectro de $x_m(t)$ queda modificado por una función sinc y, en particular, también el lóbulo en banda base, que es el que se considera para la recuperación de la señal original $X(w)$ con un filtro paso-bajo. Esta modificación es tanto más pequeña cuanto menor sea el período de muestreo T (se suaviza el lóbulo principal de la función sinc).

Esta distorsión que introduce el ZOH (función sinc) se denomina *distorsión de apertura*. Cuando su efecto en banda base ($-w_m, +w_m$) es apreciable, hay que ecualizarla mediante filtros posteriores al ZOH que compensen sus efectos en la zona de interés. Si no, se produciría, por efecto de la función sinc, una atenuación de la banda de frecuencias más altas dentro del espectro en banda base (las cercanas a w_m.)

La forma exacta de ecualizar la distorsión de apertura es poner un filtro en cascada con el conversor D/A que implemente el inverso de la función sinc de la ecuación (4.17). Dada la complejidad de este filtro, su realización hay que hacerla mediante filtrado digital en el procesador, sacando la salida de este procesado hacia el conversor D/A (conexión en cascada del filtro digital con el conversor).

Una alternativa, menos exacta pero que permite una realización analógica, es el uso de filtros paso-bajo con un reducido coeficiente de amortiguamiento (es decir, con resonancia), conectados a continuación del conversor D/A (figura 4.29).

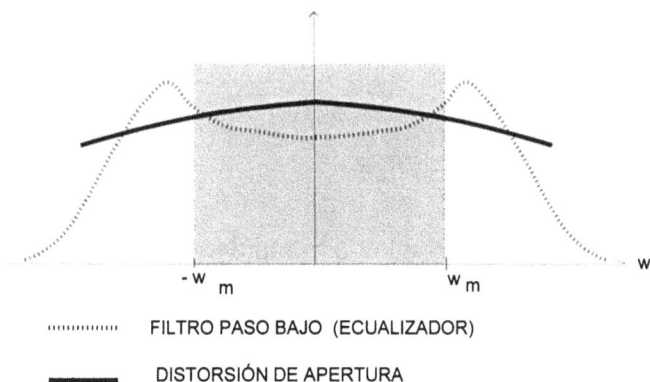

Fig. 4.29. Ecualización de la distorsión de apertura

4.5. Reconstrucción de la señal muestreada

4.5.1. Filtrado ideal

Como ya se ha visto en el apartado 4.4.1, si no hay *aliasing* la recuperación de la señal se podría hacer mediante un filtro paso-bajo ideal con amplificación T:

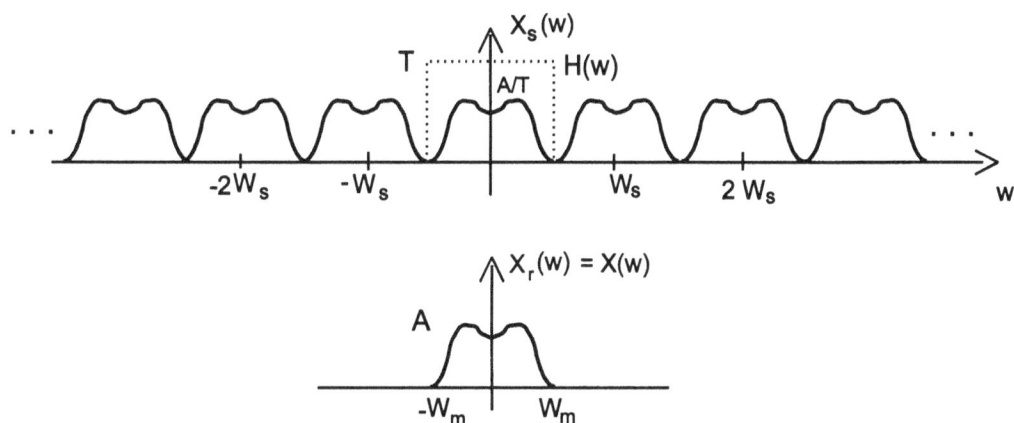

Fig. 4.30. Reconstrucción de la señal por filtrado paso-bajo ideal

En el dominio frecuencial, esta operación equivale a multiplicar el espectro de la señal muestreada por un pulso (filtro ideal) de amplitud T y duración $2w_c$, con frecuencia de corte $w_c = w_m$. Así pues, la función de transferencia de este filtro ideal es $H(w) = T \cdot \Pi(w/2w_c)$, siendo Π la función pulso:

$$X_r(w) = X_s(w)H(w) = \frac{1}{T}\sum_{n=-\infty}^{\infty} X(w-nw_s)\ T\ \Pi\left(\frac{w}{2w_c}\right) \qquad (4.20)$$

En el dominio temporal, la señal recuperada viene dada por:

$$x_r(t) = x_s(t) * h(t) = \sum_{n=-\infty}^{\infty} x(nT)\delta(t-nT) * h(t) = \sum_{n=-\infty}^{\infty} x(nT)h(t-nT) \qquad (4.21)$$

Para determinar la respuesta impulsional $h(t)$ del filtro ideal, basta con recordar que la transformada inversa de una función pulso es una función sinc:

$$H(w) = T \, \Pi(\frac{w}{2w_c}) \quad \rightarrow \quad h(t) = T\frac{w_c}{\pi} sinc(\frac{w_c t}{\pi}) \tag{4.22}$$

con lo que se obtiene la fórmula de interpolación de Nyquist-Shannon:

$$x_r(t) = \sum_{n=-\infty}^{\infty} x(nT)\,T\frac{w_c}{\pi}\,sinc(\frac{w_c(t-nT)}{\pi}) \tag{4.23}$$

es decir, la señal $x_r(t)$ puede interpretarse como la suma de infinitas funciones sinc (figura 4.31).

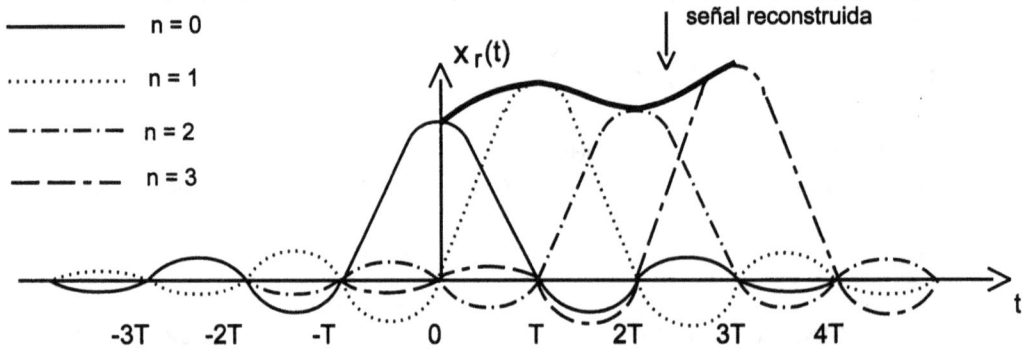

Fig. 4.31. Reconstrucción de $x_r(t)$ como suma de funciones sinc decaladas

Nótese que la ecuación anterior (4.23) no es causal, ya que hace falta esperar a tener todas las muestras de $x_r(t)$ para empezar a calcularla. Sin embargo, si el número total de muestras es finito y la potencia de cálculo suficiente, puede calcularse la expresión exacta de $x_r(t)$ en un tiempo pequeño. Con ello, puede darse al usuario de ciertas aplicaciones una sensación de operación en tiempo real. Por ejemplo, piénsese en una cámara digital de vídeo que mejorara la resolución de la imagen interpolando los píxels captados mediante la ecuación anterior; un retardo del orden de pocos de milisegundos no sería apreciable por el operador de la cámara.

En ciertos casos, esta ecuación es una alternativa al uso de conversores A/D más rápidos, lo que reduce el coste del hardware al casi despreciable precio de aumentar el software con la programación de la ecuación anterior de reconstrucción (obviamente, no podremos bajar la velocidad de adquisición por debajo de la condición de Nyquist, lo que es es prerrequisito para la reconstrucción). El resultado es similar: disponer de más muestras de la señal de entrada, simulando un muestreo con una w_s mayor que la real, lo que separa más los alias del espectro y - como se verá a continuación- permite el uso de filtros reconstructores menos electivos (y, por tanto, más baratos) para la recuperación analógica de la señal. Piénsese como ejemplo en un CD de música. La grabación (y por tanto la aplicación de la ecuación de reconstrucción) es cosa de la compañía musical, mientras que la reproducción se efectúa en los equipos de usuario, más baratos si se relajan las especificaciones de los filtros reconstructores.

4.5.2. Filtrado práctico (cuando $w_s > 2w_m$)

Los filtros ideales, caracterizados por tener una amplificación constante en la banda de paso y una pendiente infinita entre la banda de paso y la banda atenuada, no presentan una respuesta impulsional causal (como se ha visto en el apartado anterior, su $h(t)$ es una función sinc, definida desde $t = -\infty$, por lo que la respuesta se anticipa a la excitación centrada en $t = 0$). Por ello, no pueden utilizarse en la práctica si se desea recuperar la señal analógica en tiempo real.

Los filtros analógicos realizables presentan siempre una pendiente finita y, por tanto, una amplificación no constante dentro de la banda. Para recuperar la señal muestreada, se utilizará un filtro paso bajo cuya pendiente se elegirá en función de la frecuencia de muestreo w_s.

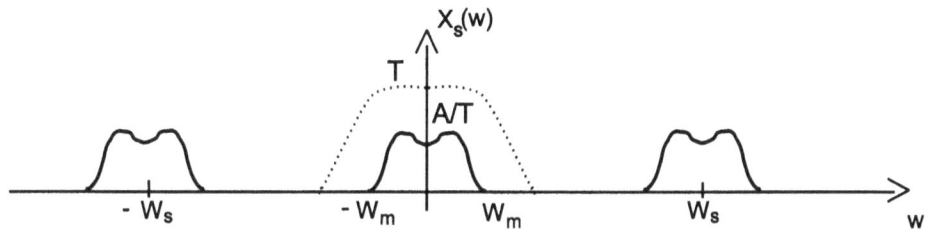

Fig. 4.32. Filtrado no ideal

La condición indispensable para poder aplicar filtros reales es que $w_s > 2w_m$. Así, cuanto mayor sea w_s con respecto a w_m, mayor será la banda de guarda y, por tanto, menor podrá ser la pendiente del filtro, lo que facilitará y abaratará su diseño.

4.5.3. Aprovechando el ZOH de salida (conversor D/A)

Cualquier sistema digital con un conversor D/A de los más habituales (resistencias ponderadas o R-2R) actúa como un ZOH.

Anteriormente se había visto que el espectro del operador de retención de orden cero (ZOH) en un muestreador real venía dado por:

$$H_o(w) = \frac{1 - e^{-jwT}}{jw} = \frac{j - je^{-jwT}}{-w} = (-\frac{1}{w})\,(j - j\cos(wT) + sen(wT)) =$$

$$= \frac{-sen(wT)}{w} + \frac{j}{w}(\cos(wT) - 1) \tag{4.24}$$

Desarrollando su módulo se obtiene:

$$|H_o(w)| = \frac{1}{|w|}\sqrt{sen^2(wT) + \cos^2(wT) - 2\cos(wT) + 1} = \frac{\sqrt{2}}{|w|}\sqrt{1 - \cos(wT)} \tag{4.25}$$

En la figura 4.33 puede comprobarse que el ZOH produce un efecto dominante de filtrado paso-bajo, si bien las altas frecuencias, aunque atenuadas por los lóbulos secundarios, también aparecen a la salida del reconstructor (figura 4.34).

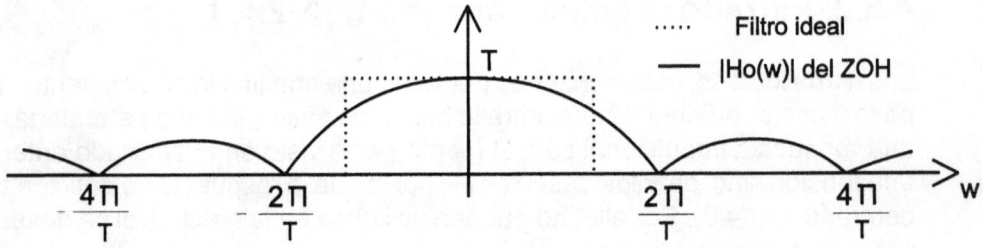

Fig. 4.33. Efecto de filtrado del ZOH (conversor D/A)

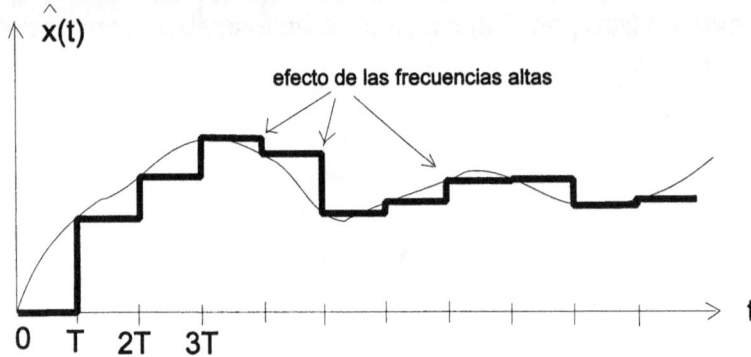

Fig. 4.34. Forma temporal de la salida del conversor D/A (línea gruesa)

Si bien el ZOH es un reconstructor peor que un filtro paso bajo diseñado para reconstruir la señal, su calidad es válida en gran cantidad de aplicaciones. Si no es así, siempre puede añadirse un filtro paso bajo a la salida del ZOH (conversor D/A) para mejorar la forma de la señal reconstruida.

En la figura 4.35 puede apreciarse la reconstrucción de una señal triangular con un ZOH para diversos valores del período de muestreo T_s.

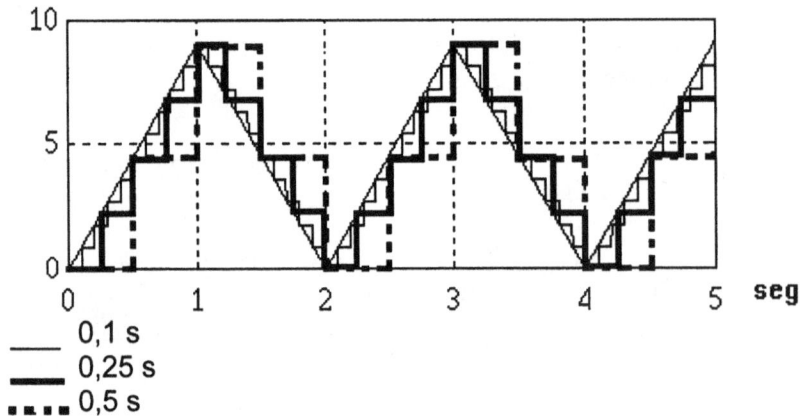

Fig. 4.35. Reconstrucción con un ZOH para diversos valores de Ts

Si a la salida del ZOH se añade un filtro paso bajo, los resultados anteriores quedan mejorados al eliminarse las altas frecuencias. En la figura 4.36 puede verse el efecto de filtros de primer orden (20 dB/década) y de segundo orden (40 dB/década) sobre la señal triangular muestreada a 0,1 segundos.

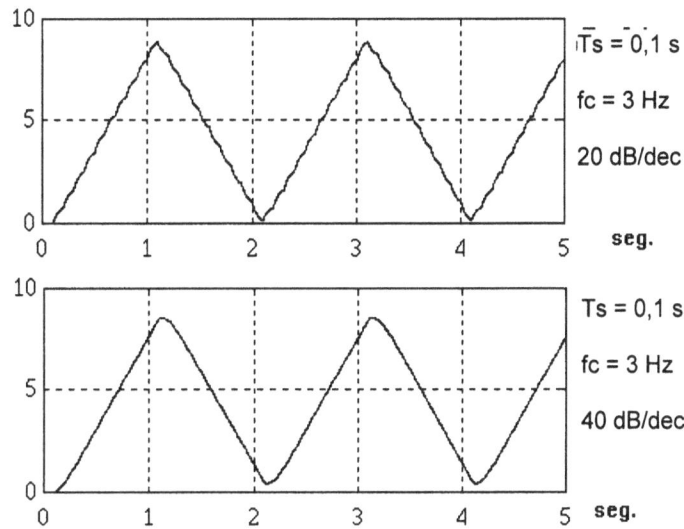

Fig. 4.36. Filtrado paso bajo de la salida del ZOH. Filtros de primer y segundo orden

También puede apreciarse la influencia del período de muestreo sobre el orden del filtro necesario al comparar la salida de un filtro de segundo orden para la señal muestreada a 0,1 s. (figura 4.36) y la muestreada a 0,25 s. (figura 4.37)

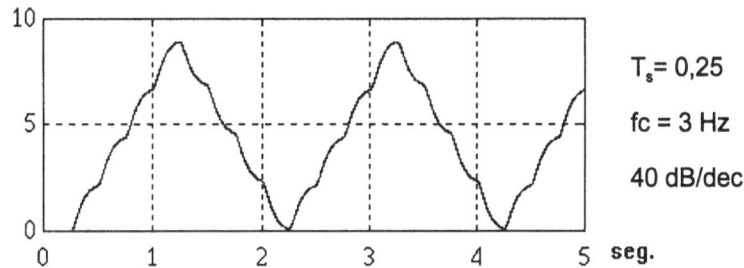

Fig. 4.37. Reconstrucción de la señal anterior con el mismo filtro de segundo orden, pero modificando Ts

Este compromiso entre la pendiente del filtro paso bajo y el período de muestreo puede resolverse por ambos lados, según cual sea la solución más económica. En caso de no poder optar por filtros de mayor pendiente (coste, superficie en el circuito impreso,...) y de no poder recurrir a muestreadores más rápidos, queda una solución muy utilizada en equipos de audio digital y ya presentada en el apartado 4.5.1: el sobremuestreo (*oversampling*). Como se ha visto, el sobremuestreo consiste en adquirir las muestras a una cierta cadencia *T*, para después, utilizando la fórmula de interpolación,

$$x_r(t) = \sum_{-\infty}^{\infty} x(nT)\,T\frac{w_c}{\pi}\;sinc(\frac{w_c\,(t-nT)}{\pi}) \tag{4.26}$$

inferir el valor de muestras en instantes de tiempo en que no se ha efectuado un muestreo físico. Así se simula el efecto de haber muestreado más rápido, separándose más los espectros (*alias*), y el filtro reconstructor a la salida no tiene que ser tan selectivo en frecuencia. Aunque ya se ha dicho que la ecuación (4.26) no puede aplicarse en tiempo real, pues conlleva operaciones no causales: habrá que esperar la llegada de muestras futuras, almacenarlas en la memoria y posteriormente aplicar la ecuación.

4.5.4. Cambiando el ZOH por un operador de orden 1 (*First Order Hold*, FOH)

Si, en vez de mantener la muestra $x(nT)$ hasta el instante de muestreo siguiente $(n+1)T$, se aproxima el tramo entre nT y $(n+1)T$ por una recta, se tiene el operador de orden uno. Esta operación puede efectuarse de dos formas: con y sin retardo.

Si la pendiente de la recta se obtiene extrapolando la pendiente del tramo $(n-1)T$ a nT al tramo siguiente, que va de nT a $(n+1)T$, de la forma:

$$\hat{x}(t) = x(nT) + \frac{x(nT) - x[(n-1)T]}{T}(t - nT), \qquad nT \le t < (n+1)T \qquad (4.27)$$

Se está trabajando con un operador *hold* de orden uno sin retardo (figura 4.38)

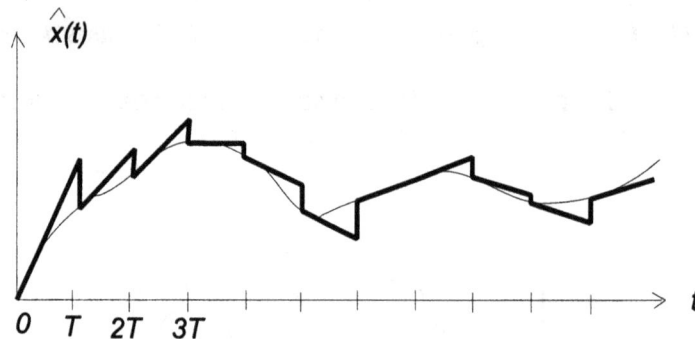

Fig. 4.38. Forma temporal de un reconstructor de orden uno sin retardo

Si, por el contrario, se espera T segundos en calcular el valor de la pendiente de la recta, de forma que el sistema de recuperación espere hasta el instante nT para interpolar el intervalo anterior que va de $(n-1)T$ a nT, se conseguirá una reconstrucción más precisa, aunque al precio de un retardo en la extracción de la señal (figura 4.39).

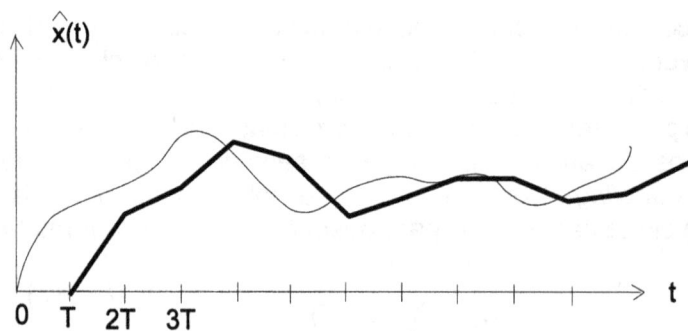

Fig. 4.39. Forma temporal de un reconstructor de orden uno con retardo

El operador de primer orden con retardo puede modelarse como indica la figura 4.40, donde $x_r(t)$ es la señal reconstruida. Como puede observarse, la respuesta impulsional del FOH, $h_1(t)$, se adelanta T segundos; de ahí que sea necesario un retardo para su implementación.

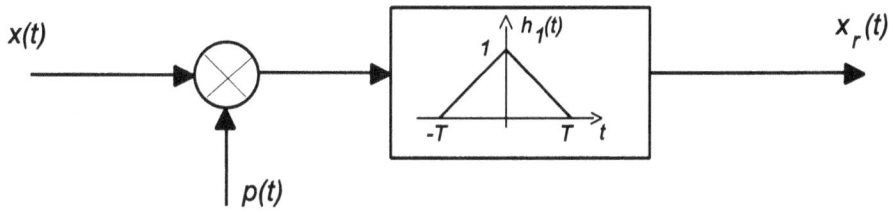

Fig. 4.40. Reconstructor de orden uno con retardo

En la figura 4.41 puede verse el filtrado que presentan los operadores *hold* de orden cero y de orden uno, comparados con el filtro paso bajo ideal.

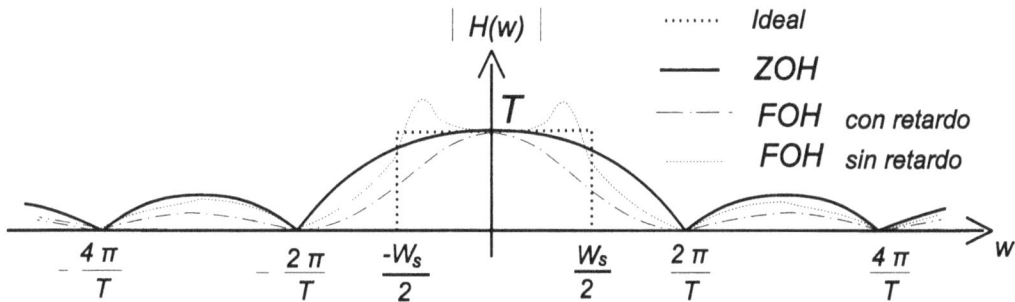

Fig. 4.41. Efecto frecuencial de los operadores de mantenimiento (hold)

4.6. Efectos del muestreo en sistemas de lazo abierto y de lazo cerrado

El efecto del muestreo es diferente en sistemas de lazo abierto (habituales en aplicaciones de comunicaciones) que en sistemas de lazo cerrado (habituales en aplicaciones de control). Ello es debido a la propia dinámica del operador de mantenimiento (ZOH), cuya función de transferencia es, como se ha visto en la ecuación (4.16) del apartado 4.4.3:

$$H_0(s) = \frac{1 - e^{-Ts}}{s}$$

En sistemas en lazo abierto (sin realimentación), su efecto es la distorsión de apertura, fácilmente ecualizable.

En el caso de sistemas realimentados, hay que considerar la dinámica del ZOH como un elemento más del lazo. Como ejemplo, partimos de la figura 4.42 *(a)* en que puede verse el esquema general de un sistema realimentado en tiempo continuo.

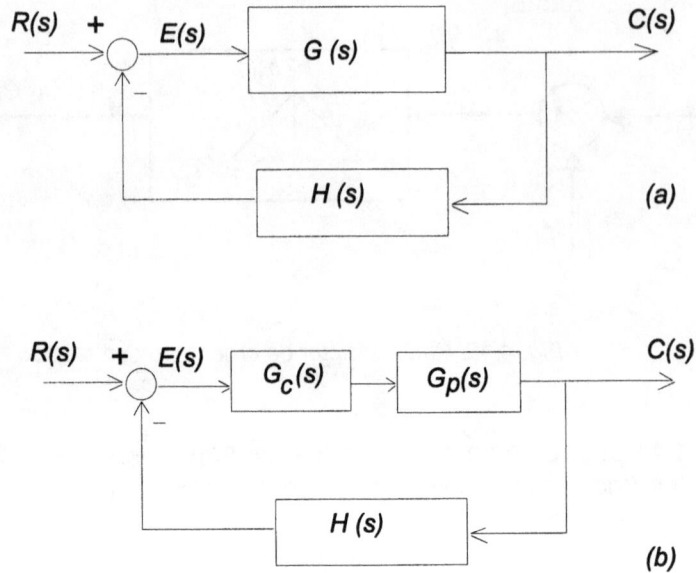

Fig. 4.42. Esquema general de un sistema de control realimentado

Su función de transferencia, $T(s) = C(s) / R(s)$, viene dada por:

$$E(s) = R(s) - C(s) H(s)$$

$$C(s) = E(s) G(s)$$

$$T(s) = \frac{G(s)}{1 + G(s) H(s)}$$

(4.28)

En el caso de un sistema de control de una planta (sistema a controlar) $G_p(s)$ con un controlador $G_c(s)$ en la cadena directa, tal como se indica en la figura 4.42 *(b)*, la función de transferencia es:

$$T(s) = \frac{G_c(s) G_p(s)}{1 + G_c(s) G_p(s) H(s)}$$

(4.29)

Como ejemplo, supónganse las funciones:

$$G_p(s) = \frac{1}{s \, (s+2) \, (s+10)}$$

$$G_c(s) = 50$$

$$H(s) = 1$$

con lo que la función de transferencia global sería:

$$T(s) = \frac{50}{s^3 + 12 s^2 + 20 s + 50}$$

Si ahora se considera que el controlador G_c se implementa digitalmente, según se indica en la figura 4.43, donde el interruptor indica la adquisición de una muestra cada T segundos:

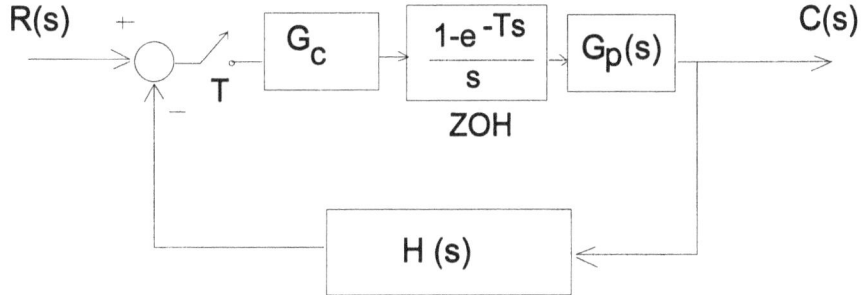

Fig. 4.43. Esquema elemental de control digital

la nueva función de transferencia será:

$$T(s) = \cfrac{\dfrac{50}{T}(1 - e^{-Ts})}{s^4 + 12\,s^3 + 20\,s^2 + (1 - e^{-Ts})\,\dfrac{50}{T}}$$

El término $50/T$ procede del modelado del factor de amplitud $1/T$ debido al proceso de muestreo.

Haciendo el desarrollo en serie del término e^{Ts} para pequeños valores de T, se tiene que $e^{Ts} \approx 1 + Ts$, y su inverso es $e^{-Ts} \approx 1/(1+Ts)$. Sustituyendo esta aproximación del retardo en la función de transferencia anterior, se obtiene:

$$T(s) = \frac{50}{(s^3 + 12\,s^2 + 20\,s)\,(1+Ts) + 50}$$

Como puede comprobarse, para valores muy pequeños de T ($T \to 0$) se obtiene la función de transferencia del sistema analógico. Sin embargo, a medida que crece el valor de T, aun cumpliendo el criterio de Nyquist, la dinámica del sistema en lazo cerrado queda modificada por efecto del operador *hold* (ZOH).

En la figura 4.44 puede apreciarse el cambio de dinámica del sistema del ejemplo anterior al implementarse la amplificación de 50 de forma digital.

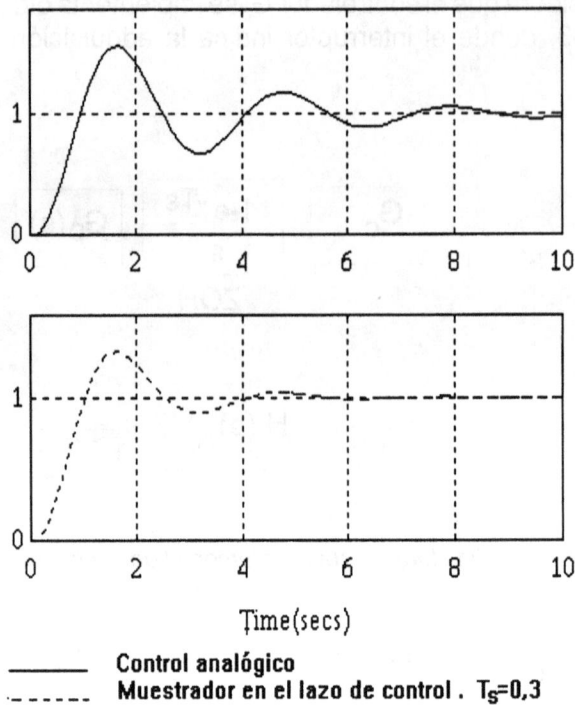

Time(secs)

_____ Control analógico

._ _ _ _ _ Muestrador en el lazo de control . $T_s=0,3$

Fig. 4.44. Modificación de la respuesta al escalón al digitalizar el controlador

4.7. Selección práctica de la frecuencia de muestreo

El criterio de muestreo de Nyquist obliga a seleccionar una frecuencia de muestreo igual o superior al doble de la frecuencia máxima a muestrear. Ya se ha visto que, si se muestrea exactamente a frecuencia doble, sólo es posible reconstruir la señal muestreada con filtros ideales, por lo que un criterio práctico es trabajar con frecuencias de muestreo que, al menos, sean unas 5 o 10 veces superiores a la máxima frecuencia de entrada. Sin embargo, este criterio es totalmente empírico y cada cual lo aplica según su experiencia. Si la tecnología y el presupuesto lo permiten, parece plausible muestrear lo más rápidamente posible. Sin embargo, abusar de ello, como se verá más adelante, puede ser peligroso en sistemas ruidosos.

En sistemas de lazo abierto, un diagnóstico para elegir la frecuencia de muestro es el que se basa en el concepto de *fidelidad de respuesta* introducido por U. Peled (1978). Este concepto tiene su origen en la relación r entre la amplitud del armónico secundario de mayor amplitud a la salida del conversor D/A y la del primer armónico de la señal de entrada al muestreador. Así, se define la fidelidad f_r como:

$$f_r = \frac{1}{1+r} \tag{4.30}$$

Si se hace el experimento de conectar en cascada el conversor A/D con el conversor D/A, y se pone a la entrada una señal senoidal de frecuencia w_i, la función f_r toma la forma de la gráfica siguiente al ir variando la frecuencia de muestreo w_s:

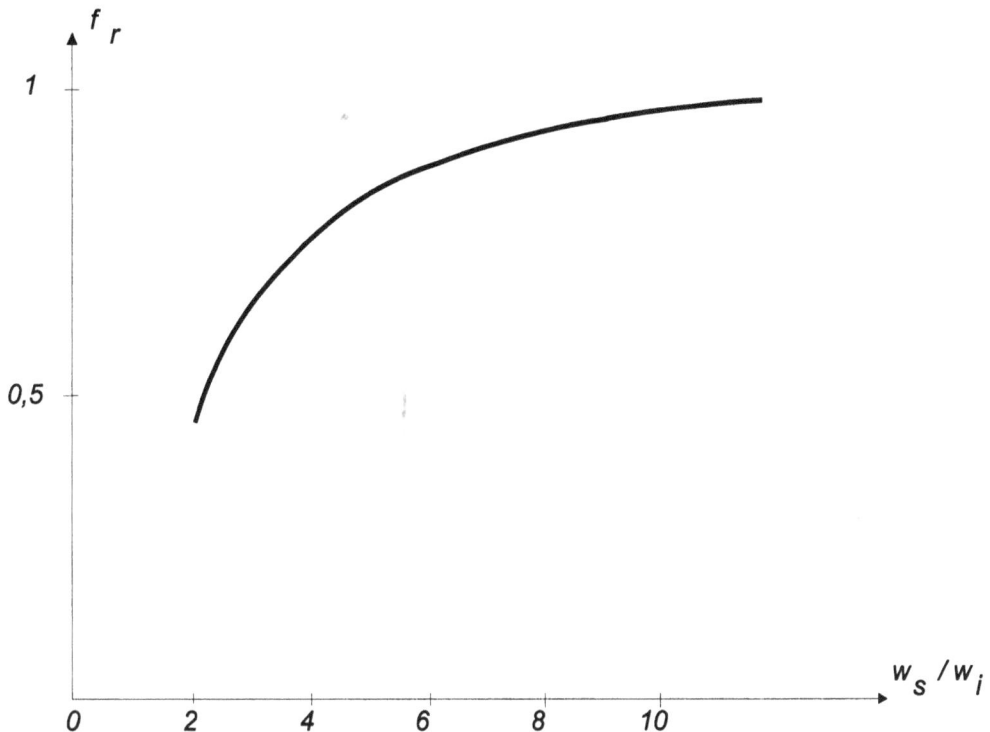

Fig. 4.45. Variación de f_r en función de la frecuencia de muestreo

En un sistema de control en lazo cerrado, el problema de la selección de la frecuencia de muestreo se aborda de un modo algo distinto. Volviendo a la figura 4.43, cabría la posibilidad de elegir la frecuencia de muestreo según la máxima frecuencia del sistema a controlar $G_p(s)$ -denominado "planta" en el argot de control de procesos. Sin embargo, el objetivo de cerrar el lazo (realimentar) es modificar el comportamiento de todo el sistema, de modo que su ancho de banda será diferente al de la planta aislada. Por ello, la frecuencia de muestreo se elige a partir de la máxima frecuencia de $T(s)$, la función de transferencia total del sistema en lazo cerrado.

Sin embargo, no puede obviarse totalmente a $G_p(s)$ en la selección del muestreo si su ancho de banda es mayor que el de $T(s)$. Supóngase que un ruido de origen externo entra en un punto entre el ZOH y $G_p(s)$ -figura 4.43. En este caso, el ruido puede provocar términos a la salida de $G_p(s)$ no muestreables a la frecuencia de muestreo seleccionada, y aparecer en la salida $C(s)$ -que es de tiempo continuo porque lo es $G_c(s)$- dinámicas imprevistas entre los instantes de muestreo.

Por otro lado, tampoco es aconsejable sobredimensionar la frecuencia de muestreo, especialmente si alguno de los bloques efectúa operaciones de derivada.

Tal como se ha introducido en el ejemplo del apartado 2.4.1, una aproximación del operador derivativo consiste en restar la muestra $x[n]$ "actual" de la $x[n-1]$ "anterior" (adquirida T segundos antes), y dividir el resultado por el período de muestreo T. Si se supone que la entrada a un bloque derivativo es constante ($x[n] = x[n-1]$), su derivada debe ser cero. Pero si a esta entrada constante se le añade un inevitable ruido, entonces $x[n] \neq x[n-1]$. Como la diferencia entre $x[n]$ y $x[n-1]$ se divide por el período de muestreo T para calcular la derivada, el efecto del ruido queda, paradójicamente, tanto más magnificado cuanto menor sea el período de muestreo.

En la figura 4.46 se muestra el error cuadrático medio que se obtiene, según la frecuencia de muestreo escogida, al diseñar un sistema como el de la figura 4.43 de modo que la función de trasferencia global $T(s)$ sea más o menos selectiva en frecuencia.

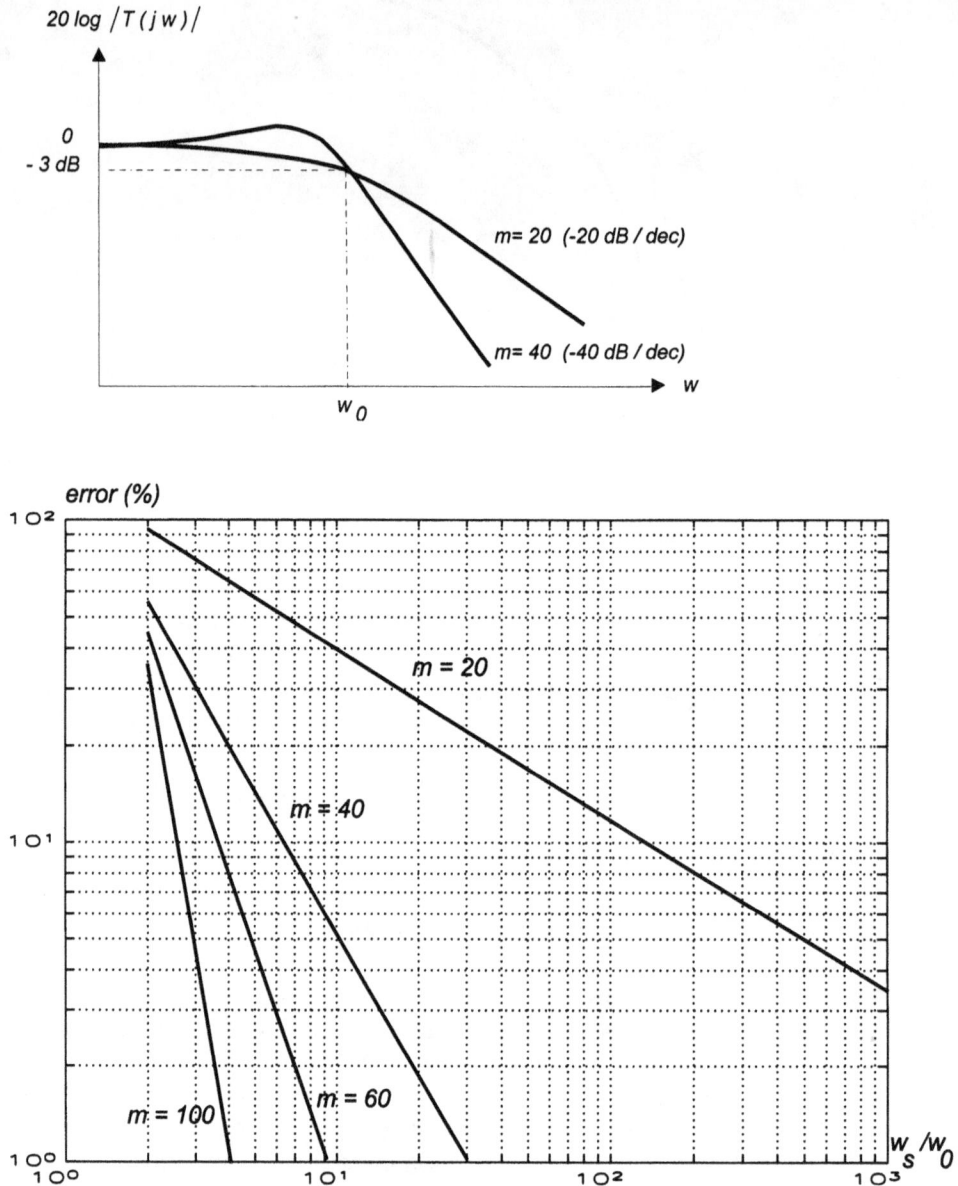

Fig. 4.46. Error de muestreo en función de la pendiente de la respuesta frecuencial

Por último, existe otro criterio para elegir la frecuencia de muestreo, muy utilizado cuando el objetivo del muestreo es la visualización de espectros mediante la transformada discreta de Fourier (DFT), que se estudiará más adelante. Consiste en elegir una frecuencia de muestreo 2,56 veces mayor que la máxima frecuencia a analizar con la DFT.

De momento no se profundizará más sobre él, pues ya se revisará al tratar la DFT.

4.8. Muestreo de señales paso banda

4.8.1. Señales paso banda

Una señal paso banda es la que responde a la expresión general de una señal modulada

$$x_b(t) = A(t)\cos(w_c t + \Phi(t)) \tag{4.31}$$

donde $A(t)$ es la amplitud (o la envolvente) de la señal, w_c es la frecuencia portadora y $\Phi(t)$ es la fase. Es decir, corresponde a una señal cuyo espectro está centrado alrededor de w_c y tiene una ancho de banda condicionado por $A(t)$ y $\Phi(t)$. Nótese que esta señal modulada puede transportar información tanto en su amplitud como en su fase. Desarrollando el coseno con fórmulas trigonométricas elementales, se obtiene la expresión:

$$x_b(t) = A(t)\cos\Phi(t)\cos w_c t - A(t)\,sen\,\Phi(t)\,sen\,w_c t =$$
$$= u_c(t)\cos w_c t - u_s(t)\,sen\,w_c t \tag{4.32}$$

donde

$$u_c(t) = A(t)\cos\Phi(t), \qquad u_s(t) = A(t)\,sen\,\Phi(t)$$

Como las dos componentes de $x_b(t)$ son dos señales senoidales de frecuencia w_c, con una diferencia de fase relativa de 90° (términos seno y coseno), pueden representarse como dos fasores giratorios (figura 4.47):

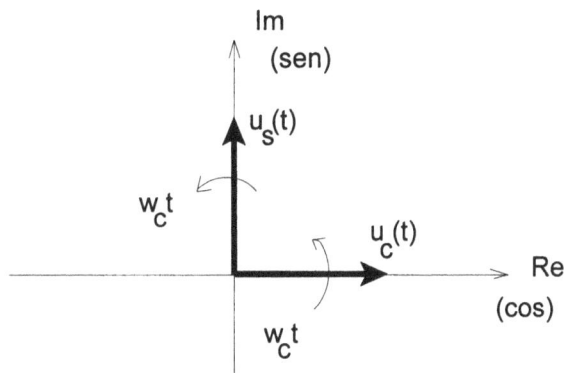

Fig. 4.47. Representación fasorial de las componentes en fase y en cuadratura

Las componentes $u_c(t)$ y $u_s(t)$, afectadas por los términos $\cos w_c t$ y $sen\ w_c t$, se denominan componentes "en fase" (I) y "en cuadratura" (Q), respectivamente[4]. Por

---

[4] En comunicaciones, a las componentes $u_c(t)$ y $u_s(t)$ se les denomina i(t) y q(t).

último, se define la envolvente compleja como:[5]

$$u(t) = u_c(t) + ju_s(t) \qquad (4.33)$$

Nótese que si $\Phi(t) = 0$, el término $u_s(t)$ se anula, al igual que ocurre con $u_c(t)$ si $\Phi(t)=90°$. Es inmediato comprobar que:

$$x_b(t) = Re[u(t) e^{jw_c t}] \qquad (4.34)$$

Aplicando la relación $Re(x) = (x+x^*)/2$, donde * indica el complejo conjugado, se obtiene la transformada de Fourier de $x_b(t)$ como:

$$X_b(w) = \int_{-\infty}^{\infty} x_b(t) e^{-jwt} dt = \frac{1}{2} \int_{-\infty}^{\infty} [u(t) e^{jw_c t} + u^*(t) e^{-jw_c t}] e^{-jwt} dt =$$

$$= \frac{1}{2}[\int_{-\infty}^{\infty} u(t) e^{-j(w-w_c)t} dt + \int_{-\infty}^{\infty} u^*(t) e^{-j(w+w_c)t} dt] \qquad (4.35)$$

$$= \frac{1}{2}[U(w-w_c) + U^*(-w-w_c)]$$

Es decir, puede representarse la señal paso banda $x_b(t)$ por su equivalente paso bajo $u(t)$. Conviene notar que la señal $u(t)$ es compleja, mientras que $x_b(t)$ es real. En la figura 4.48 se muestra el espectro de una señal paso banda y su correspondiente equivalente señal paso bajo.

---

[5] En ocasiones, se introduce la transformada de Hilbert para llegar a la expresión de la envolvente compleja. La transformada de Hilbert de una señal $x(t)$ se define como:

$$h_x(t) = \frac{1}{\pi} \int_{-\infty}^{\infty} \frac{x(\tau)}{t-\tau} d\tau$$

y, si $X(w)$ es la transformada de Fourier de $x(t)$:

$$H_x(w) = -j\,sign(w)\,X(w)$$

siendo $sign(w)$ una función que toma los valores: 1 para $w > 0$, 0 para $w = 0$ y -1 para $w < 0$. El efecto de una transformación de Hilbert es el de desfasar -90° todas las frecuencias positivas y 90° todas las negativas. El dispositivo (ideal) que efectúa estos desfases se denomina *transformador de Hilbert*.

Definiendo la *preenvolvente* (o parte analítica) de $x_b(t)$ como: $u_+(t) = x_b(t) + jh_x(t)$, puede comprobarse, mediante sencillas operaciones trigonométricas, que $u(t) = u_+(t).\,exp\,(-jw_c t)$. Para ello, basta desarrollar la exponencial con la fórmula de Euler para notar que el efecto de desfasar 90° todas las frecuencias de $x_b(t)$ es, simplemente, cambiar la función coseno por un seno.

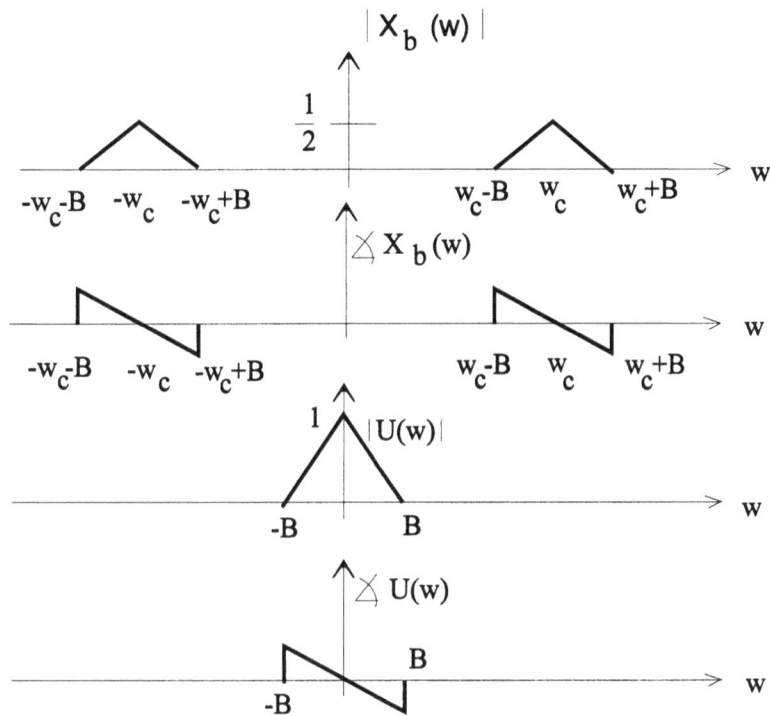

Fig. 4.48. Espectro de una señal paso banda ($X_b(w)$) y de su equivalente paso bajo ($u(w)$)

4.8.2. Muestreo de señales paso banda

Si la señal paso banda de la figura 4.48, que se denominará $x_b(t)$, es procesada tal como indica el esquema de la figura 4.49, se obtienen las dos componentes $u_c(t)$ y $u_s(t)$. Por ejemplo, después de multiplicar por la salida del oscilador, se obtiene:

$$x_i(t) = A(t) \cos(w_c t + \Phi(t)) \cdot \cos w_c t =$$

$$= A(t) \cos\Phi(t) \cos^2 w_c t - A(t) \operatorname{sen}\Phi(t) \operatorname{sen} w_c t \cos w_c t = \tag{4.36}$$

$$= u_c(t)(\frac{1}{2} + \frac{1}{2}\cos 2 w_c t) - u_s(t) \frac{1}{2} \operatorname{sen} 2 w_c t$$

y, después del filtro paso bajo que elimina las frecuencias $2w_c$, se obtiene $u_c(t)/2$. De igual forma, se vería que por el otro camino de la figura 4.49 se obtiene $u_s(t)/2$. Las dos componentes en fase (I) y en cuadratura (Q) ocupan la zona de bajas frecuencias comprendida entre $w = -B$ y $w = +B$, con lo que podrán muestrearse, al cumplirse la condición de Nyquist a frecuencia $2B$. Nótese que, si se hubiera querido muestrear directamente la señal paso banda, el muestreo se habría tenido que efectuar a frecuencia $2(w_c + B)$, tecnológicamente muy costosa (si no imposible) en la mayoría de aplicaciones de comunicaciones.

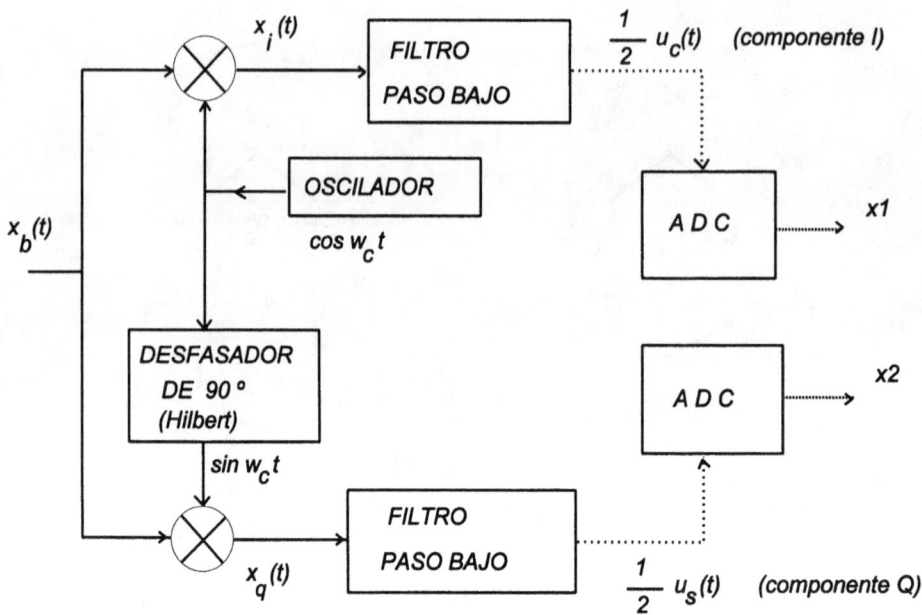

Fig. 4.49. Recuperación de las dos componentes de una señal paso banda para su posterior muestreo (conversión A/D)

Una vez procesadas las dos componentes, puede reconstruirse la señal paso banda mediante el esquema de la figura 4.50.

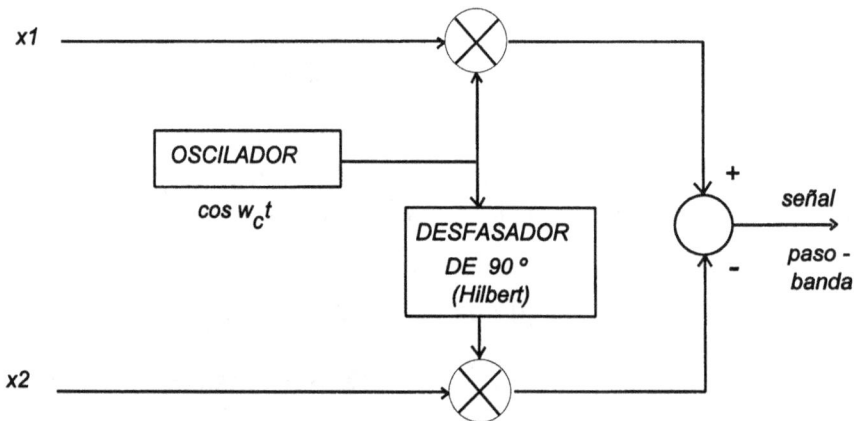

Fig. 4.50. Generación de una señal paso banda

Nótese que si $\Phi(t) = 0$, entonces $u_c(t) = A(t)$ y $u_s(t) = 0$. En este caso, la señal pasa de ser compleja a ser real.

A los esquemas de las figuras 4.49 y 4.50 se les denomina, respectivamente, demodulador y modulador *coherentes* por la necesidad de sincronismo (igual frecuencia y desfase nulo) entre la senoide generada localmente en el oscilador y la portadora de la señal de entrada.

4.8.3. Muestreo a frecuencia intermedia. Extracción digital de las componentes I-Q

El esquema de la figura 4.49 permite usar conversores D/A con un mínimo ancho de banda, ya que éste es teóricamente el doble del de las señales I y Q en banda base. Por ello, es suficiente una frecuencia de muestreo de valor $2B$. Sin embargo, puede que la tecnología (o el presupuesto) permita trabajar a velocidades algo mayores; en este caso, puede implementarse el esquema de muestreo de la figura 4.49 de modo totalmente digital si las señales son de banda estrecha. Este tipo de señales son un caso particular y muy común de señales paso banda (moduladas) cuyo ancho de banda es muy pequeño en relación con la frecuencia central (la de la portadora).

El incremento de coste por el hecho de utilizar unos conversores A/D más rápidos puede compensarse con la realización totalmente digital del esquema de la figura 4.49, ya que ello evitaría la implementación con componentes analógicos del oscilador senoidal, del desfasador, de los mezcladores (multiplicadores) y de los filtros.

Si se modifica la frecuencia del oscilador en el esquema de la figura 4.49, pueden obtenerse unas salidas $x_i(t)$ y $x_q(t)$ que estén situadas a una frecuencia comprendida entre la banda base (caso del apartado anterior) y la de la portadora w_c. Para ello, supóngase una frecuencia del oscilador *menor* que w_c, a la que se denominará w_{OL}.

$$x_i(t) = A(t) \cos(w_c t + \Phi(t)) \cdot \cos w_{OL} t =$$

$$A(t) \cos\Phi(t) \cos w_c t \cos w_{OL} t - A(t) \operatorname{sen}\Phi(t) \operatorname{sen} w_c t \cos w_{OL} t =$$

$$= u_c(t) \left(\frac{1}{2} \cos(w_c - w_{OL})t + \frac{1}{2} \cos(w_c + w_{OL})t \right) - \qquad (4.37)$$

$$- u_s(t) \left(\frac{1}{2} \operatorname{sen}(w_c - w_{OL})t + \frac{1}{2} \operatorname{sen}(w_c + w_{OL})t \right)$$

$$x_q(t) = A(t) \cos(w_c t + \Phi(t)) \cdot \operatorname{sen} w_{OL} t =$$

$$A(t) \cos\Phi(t) \cos w_c t \operatorname{sen} w_{OL} t - A(t) \operatorname{sen}\Phi(t) \operatorname{sen} w_c t \operatorname{sen} w_{OL} t =$$

$$= u_c(t) \left(-\frac{1}{2} \operatorname{sen}(w_c - w_{OL})t + \frac{1}{2} \operatorname{sen}(w_c + w_{OL})t \right) - \qquad (4.38)$$

$$- u_s(t) \left(\frac{1}{2} \cos(w_c - w_{OL})t - \frac{1}{2} \cos(w_c + w_{OL})t \right)$$

Siendo $w_c - w_{OL} = w_i$ la frecuencia donde se han desplazado los espectros (figura 4.51), y el ancho de banda de los filtros paso bajo de la figura 4.49 deberá ser de $w_i + B$.

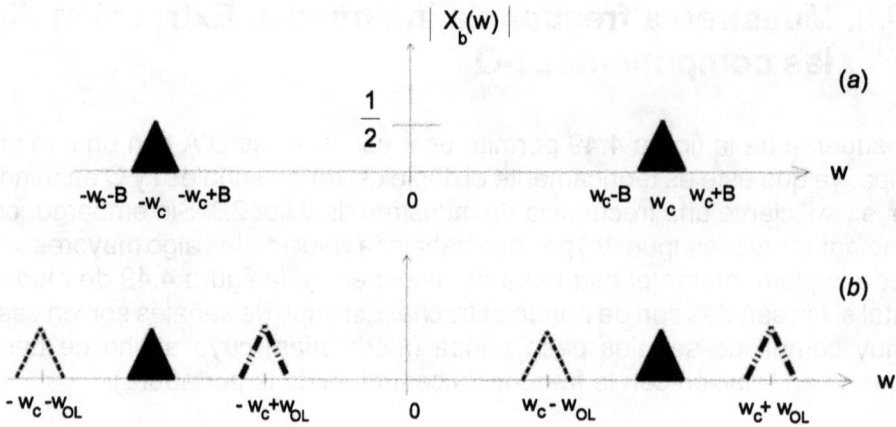

Fig. 4.51. Desplazamiento a menores frecuencias de una señal paso banda

Con ello, a la salida de los filtros paso bajo se obtendría:

$$x_i(t) = \frac{1}{2} u_c(t) \cos w_i t - \frac{1}{2} u_s(t) \, sen \, w_i t \tag{4.39}$$

$$x_s(t) = -\frac{1}{2} u_c(t) \, sen \, w_i t - \frac{1}{2} u_s(t) \cos w_i t \tag{4.40}$$

Aparentemente, no se ha ganado nada. Se habría pasado de unos conversores A/D que debían trabajar a una frecuencia de muestreo $2B$ a otros que deben trabajar a $2(w_i + B)$.

Pero las ecuaciones 4.39 y 4.40 son en tiempo continuo. En el caso digital, puede aprovecharse que el espectro de una señal en banda base tiene una banda frecuencial vacía entre las frecuencias 0 y $w_c - B$, como puede verse en la figura 4.51a. Por ello, un muestreo a una frecuencia w_s inferior a la de Nyquist producirá unos alias que no se solaparán, al aparecer en la zona vacía (figura 4.52b).

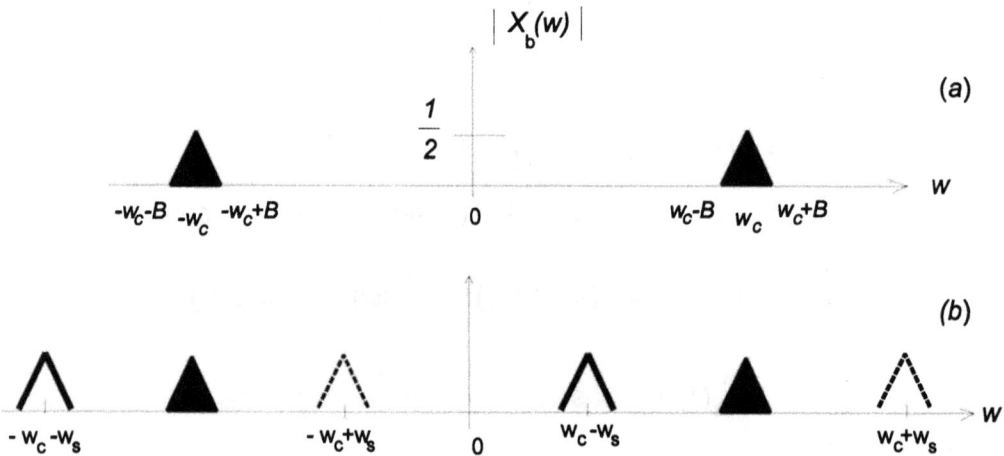

Fig. 4.52. Señal paso banda y muestreo con aliasing

De la comparación de las figuras 4.51 y 4.52 se desprende que, si $w_s = w_{OL}$, el efecto del submuestreo (muestreo por debajo de la condición de Nyquist) y el de un mezclador con un oscilador analógico a frecuencia w_{OL} son similares en cuanto a desplazamientos frecuenciales. Por ello, es posible ahorrarse el oscilador y los mezcladores de la figura

4.49 trabajando digitalmente con submuestreo. Y si se realiza al filtro paso bajo digitalmente (como se verá en los capítulos 10 y 11), la implementación del recuperador de las componentes I-Q ($u_c(t)$ y $u_s(t)$, respectivamente) será totalmente digital.

Escogiendo la frecuencia de muestreo de forma que:

$$w_s = \frac{2\pi}{T} = w_{OL} = \frac{4}{2N-1} w_c \tag{4.41}$$

siendo N un número entero mayor o igual a 1, la frecuencia de la portadora, w_c, se relaciona con el periodo de muestreo T como:

$$w_c = \frac{\pi(2N-1)}{2T} \tag{4.42}$$

lo cual permite evitar los mezcladores y el propio oscilador. Basta con observar (ver figura 4.49) el resultado de muestrear directamente la señal

$$x_b(t) = A(t)\cos(w_c t + \Phi(t)) \tag{4.43}$$

con una periodo de muestro que mantenga una relación con la portadora w_c acorde a la ecuación (4.42). Por ejemplo, para N=1, tenemos que $w_c = \pi/2T$, y particularizando en los instantes de muestreo, $t = nT$, se obtiene:

$$x_b(nT) = A(nT)\cos(\omega_c nT + \Phi(nT)) =$$

$$= A(nT)\cos\Phi(nT)\cdot\cos(n\frac{\pi}{2}) - A(nT)\,sen\Phi(nT)\cdot sen(n\frac{\pi}{2}) = \tag{4.44}$$

$$= u_c(nT)\cos(n\frac{\pi}{2}) - u_s(nT)\,sen(n\frac{\pi}{2})$$

El segundo término es cero para todos los valores de n par, pues el seno lo será, por lo cual:

$$x_b(nT)\big|_{n\,par} = u_c(nT)\cos(\frac{\pi}{2}n)\big|_{n\,par} \tag{4.45}$$

lo que permite obtener $u_c(nT)$ dividiendo las muestras de x_b por la secuencia de valores (nulos para n impar):

$$1, 0, -1, 0, 1, 0, -1, 0, 1, 0, -1, 0, \dots \qquad (n=0,1,2,3,\dots)$$

o, dicho de otra forma, puede obtenerse $u_c(nT)$ separando las muestras de $x_b(nT)$ obtenidas para n impar de las obtenidas para n par y alternarlas de signo (o, lo que es lo mismo, dividirlas sucesivamente por +1 y -1, lo que para estos valores unitarios es lo mismo que multiplicarlas).

$$u_c(nT) = x_b((2n)T)\,(-1)^n \Rightarrow u_c[n] = x_b[2n]\,(-1)^n \tag{4.46}$$

Igualmente, para la componente en cuadratura:

$$x_b(nT)|_{n\,impar} = u_s(nT)\ sen\,(\frac{\pi}{2}\,n)|_{n\,impar} \tag{4.47}$$

Es decir, la señal $u_s(nT)$ se obtiene tomando las muestras para $n = 1, 3, 5...$, con signos alternados.

$$0, 1, 0, -1, 0, 1, 0, -1, 0, 1, 0, -1, ...$$

$$u_s(nT) = x_b((2n-1)T)\,(-1)^n \Rightarrow u_s[n] = x_b[2n-1]\,(-1)^n \tag{4.48}$$

Con estas sencillas operaciones de separar, una vez adquiridas por el conversor A/D, las muestras pares de las impares y alternarlas de signo, se extraen las componentes I y Q de la señal de entrada. A estas soluciones se les denomina "eficientes en hardware". En la figura 4.53, donde se han indicado también los subsistemas analógicos de radiofrecuencia (RF), se muestra esquemáticamente este proceso.

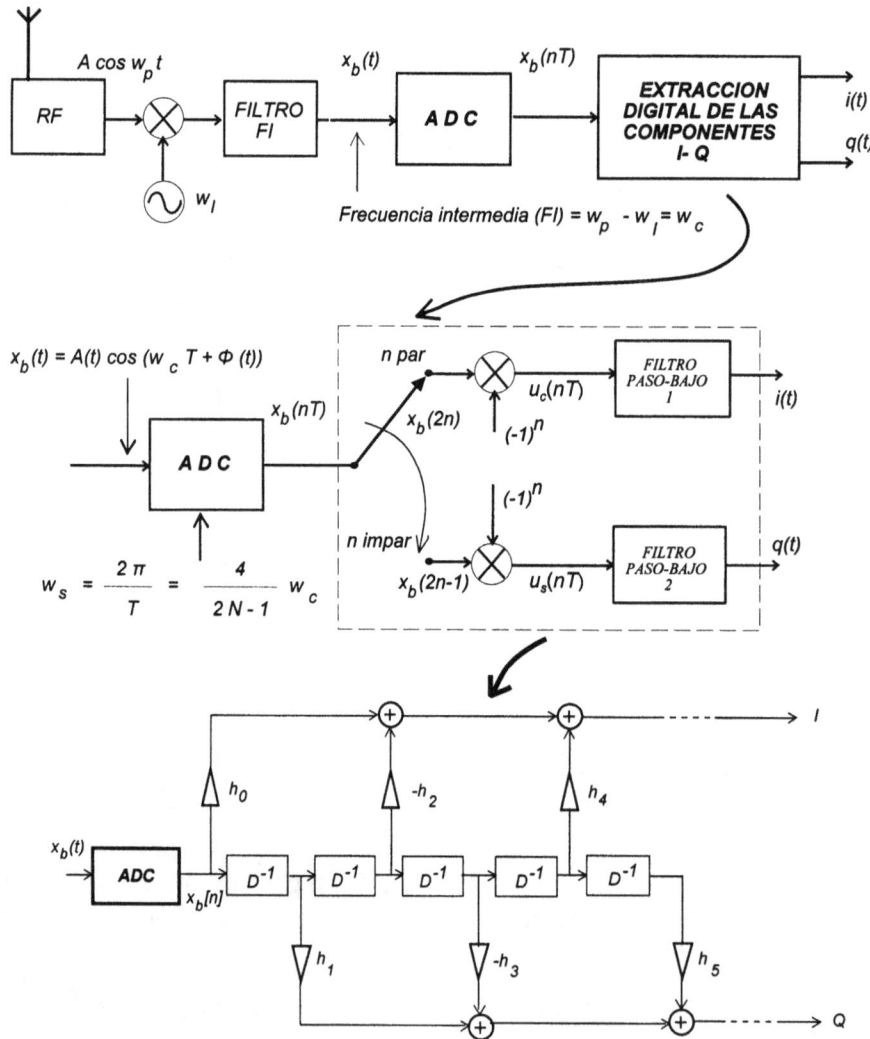

Fig. 4.53. Esquema de muestreo en FI y recuperación de componentes I-Q (cada bloque D^{-1} denota un retardo de una muestra)

Los coeficientes de la figura serían, de acuerdo a las ecuaciones (4.46) y (4.48), $h_k = 1$ ($k = 0,1,2...$). Tomando otros valores para estos coeficientes, se puede lograr que la estructura también sea un filtro FIR paso bajo (tema a tratar en el capítulo 10), con lo que se logran simultáneamente las funciones del oscilador, desfasador, mezclador y filtro paso bajo de la figura 4.49. Son usuales los filtros digitales denominados "de media banda" (*halfband filters*). En el mercado, bajo el nombre de *digital down-converters* (DDC) se encuentran circuitos integrados que permiten implementar todas estas funciones en un solo chip.

Sine embargo estos filtros no deben realizar sólo las funciones de filtrado paso bajo (antialiasing). Como cada secuencia para las componentes I y Q se ha obtenido tomando una muestra de cada dos (operación de diezmado), habrá que interpolar muestras ya que sino la frecuencia de muestreo se habría reducido a la mitad. Además, debido también a esta alternancia de muestras, incluso una vez efectuada la interpolación, hay un decalado de media muestra entre las ramas I y Q (figura 4.54)

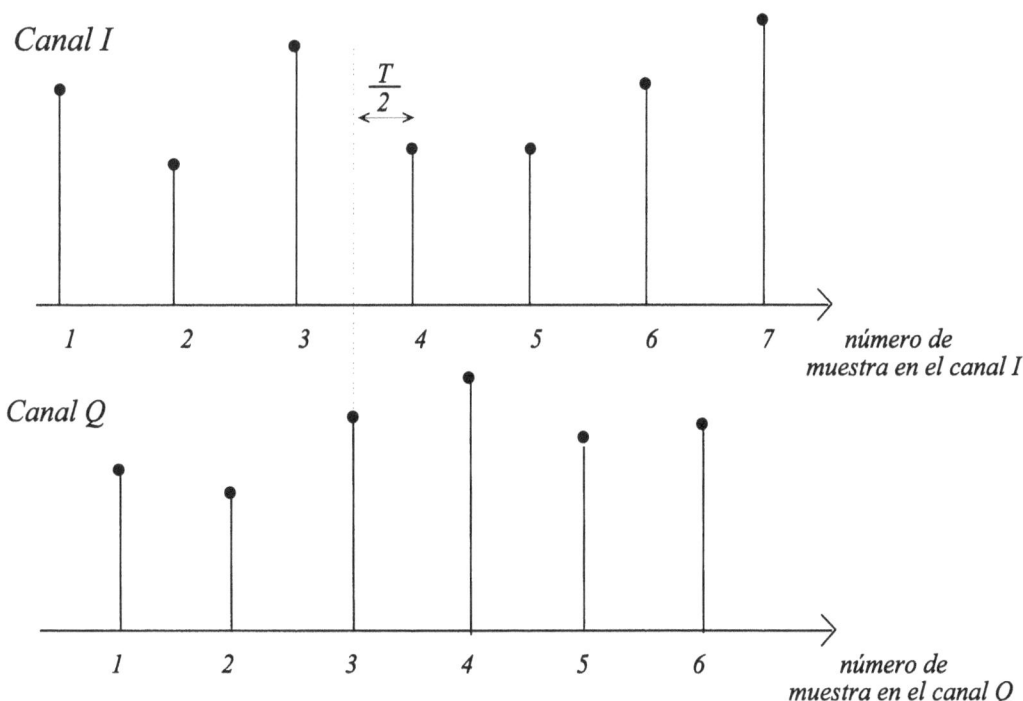

Fig. 4.54. Decalado entre los canales I y Q

Para no forzar instantaneidad en la repuesta de los filtros de la figura 4.53, este decalado puede compensarse si el filtro referenciado en la figura como "paso-bajo 1", además de interpolar, produce un retardo de 3/4 de muestra, y el "paso-bajo 2" de 1/2 muestra. Son habituales filtros CIC o filtros polifase (bancos de filtros) para efectuar estas funciones (estos aspectos de filtrado e interpolación se tratarán el en capítulo 11).

Por ultimo, un comentario sobre la N de la ecuación (4.41), de la que sólo se ha dicho que debe ser un número entero mayor o igual a 1. En realidad N viene determinada por la *zona de Nyquist* donde esta localizada la señal $x_b(nt)$. Las zonas de Nyquist se representan en la siguiente figura, viniendo determinada la frecuencia superior de cada zona por la relación $N \cdot 0,5 \cdot f_s$.

1ª ZONA DE NYQUIST	2ª ZONA DE NYQUIST	3ª ZONA DE NYQUIST	4ª ZONA DE NYQUIST	•••

0   0,5 f   f   1,5 f   2 f   . . .   f

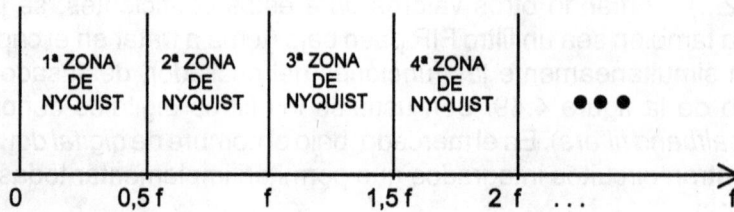

Por ejemplo, supóngase que la señal $x_b(t)$ está centrada en 70 MHz, ocupando un ancho de banda de 4 MHz. Para poder muestrear los 4 MHz se escoge una frecuencia de muestreo de 8 MHz. Con ello el alias de menor frecuencia de la señal muestreada ocupará la primera zona de Nyquist.

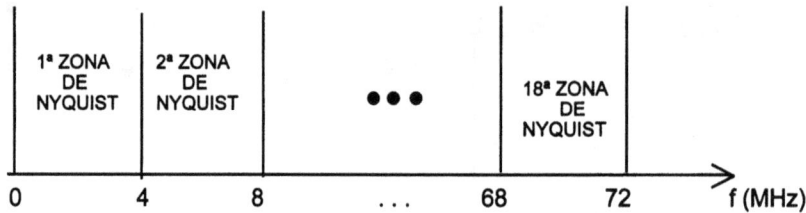

1ª ZONA DE NYQUIST	2ª ZONA DE NYQUIST	•••	18ª ZONA DE NYQUIST

0   4   8   . . .   68   72   f (MHz)

Aplicando la ecuación (4.41),

$$f_s = \frac{4}{2N-1} f_c \;\rightarrow\; 8MHz = \frac{4}{2\cdot 18 - 1} 70MHz$$

se comprueba que la señal $x_b(t)$ está en la 18ª zona de Nyquist. Como los filtros FIR deben eliminar los términos que aparezcan en las restantes zonas de Nyquist, esta selección de una frecuencia de muestreo de 8 MHz es muy justa, ya que la señal ocuparía toda la primera zona de Nyquist entre 0 y 4 MHz. Con una frecuencia de muestreo de 16 MHz, la frecuencia de corte de los filtros sería de $f_s/4$. En este caso,

$$f_s = \frac{4}{2N-1} f_c \;\rightarrow\; N = 2\frac{f_c}{f_s} + \frac{1}{2} = 9,25$$

Valor no válido por no ser entero. Aproximando $N = 10$, el valor de la frecuencia de muestreo deberá ser de

$$f_s = \frac{4}{2\cdot 10 - 1} 70MHz = 14,7368421\, MHz$$

4.9. Cuantificación

4.9.1. Aspectos elementales

La cuantificación de una señal muestreada $x(nT)$ es un fenómeno derivado de la aritmética finita de los computadores (número limitado de bits) que impide que estos puedan trabajar con una resolución infinitesimal. Consiste en representar la señal muestreada $x(nT)$ mediante una serie finita de niveles de amplitud, asignando a cada muestra el valor más próximo a ella, dentro de una escala de valores fijos y conocidos. Si se denomina $x(nT)$ al valor de una muestra, y $x_q(nT)$ al valor cuantificado de ésta, el resultado de la cuantificación de una señal es el que se muestra en la figura 4.55.

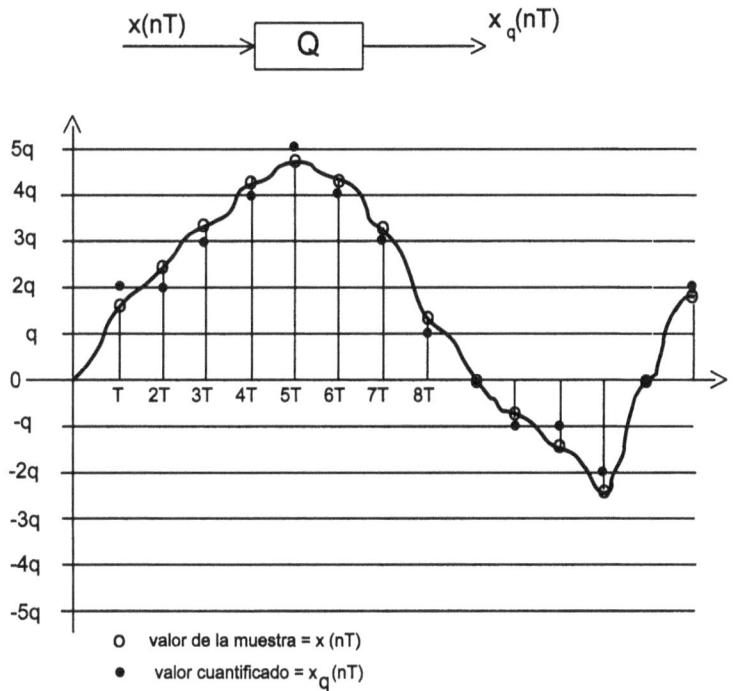

Fig. 4.55. Cuantificación de una señal (q = nivel cuántico)

La característica entrada-salida del cuantificador Q (no confundirlo con la componente Q del apartado anterior) de la figura 4.55, donde se ha supuesto uniforme la distribución de los niveles cuánticos, es la de la figura 4.56.

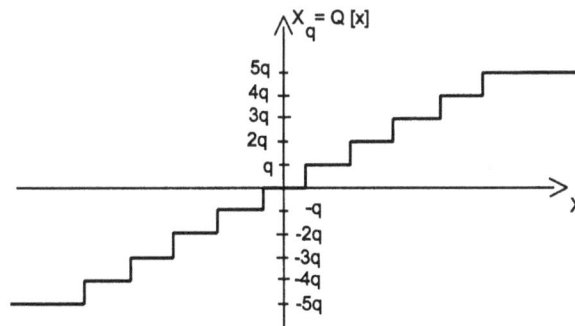

Fig. 4.56. Característica entrada- salida de un cuantificador

Sin embargo, esta última figura podría inducir a confusiones: no es que físicamente se implemente un bloque Q en serie con el muestreador para poder cuantificar; lo que el bloque indica es el efecto inevitable de los elementos de aritmética finita presentes en la cadena de procesado digital.

El valor de q se denomina *intervalo de cuantificación* y coincide con la diferencia entre el mayor y el menor valor de la entrada a los que se asigna el mismo estado de salida. El caso de la figura anterior corresponde a la característica de un cuantificador uniforme, ya que los niveles q aparecen equiespaciados.

El número de estados de salida expresados en número de bits (n) determina la resolución del cuantificador. Por tecnología (circuitos lógicos: dos niveles), el número de niveles cuánticos es un número par, dado por 2^n. Así, con tres bits pueden cuantificarse ocho niveles (figura 4.57):

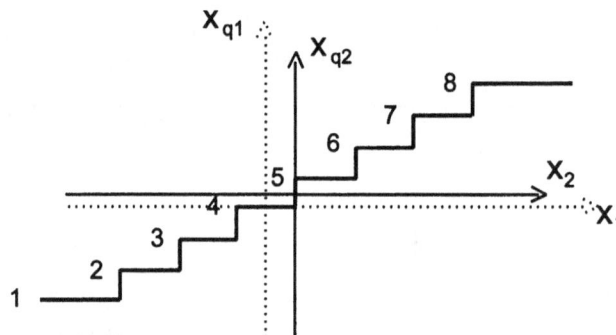

Fig. 4.57. Cuantificador de tres bits

En la figura 4.57 anterior pueden apreciarse dos opciones al cuantificar, según se escojan los ejes x_1 o x_2:

-   Ejes x_1 (trazo discontinuo): corresponden a un cuantificador uniforme no simétrico, ya que para $x_1 > 0$ hay más niveles cuánticos que para $x_1 < 0$. También es conocido como cuantificador *midtread*.

-   Ejes x_2 (trazo continuo): cuantificador uniforme simétrico, con los mismos niveles para $x_2 > 0$ que para $x_2 < 0$. Éste suele ser el más usual en los catálogos de los fabricantes, aunque tiene el inconveniente de no tener un nivel específico para el valor cero, que puede fluctuar entre dos niveles cuánticos (en la figura, entre los niveles 4 y 6). Se denomina también cuantificador *midrise*.

La diferencia entre el mayor y menor valor aceptable de la entrada $x(nT)$ se denomina margen de entrada M (o también margen dinámico). Así, en la cuantificación uniforme, el paso de cuantificación viene dado por:

$$q = \frac{M}{2^n}$$

Por ejemplo, si se tiene un cuantificador con $n = 3$ bits y x es una señal que puede variar entre -5V y 5V ($M = 5-(-5) = 10$):

$$q = \frac{10}{2^n} = \frac{10}{8} = 1,25 \; voltios$$

Por tanto, si el cuantificador utilizado es uniforme y simétrico, se obtiene la siguiente asignación de bits a los diferentes niveles cuánticos:

0 0 0	de -5V a -3,75V
0 0 1	de -3,75V a -2,5V
0 1 0	de -2,5V a -1,25V
0 1 1	de -1,25V a 0V
1 0 0	de 0V a 1,25V
1 0 1	de 1,25V a 2,5V
1 1 0	de 2,5V a 3,75V
1 1 1	de 3,75V a 5V

Como se puede observar, el valor de 0V está en la frontera entre dos niveles. En la práctica, son aspectos como el nivel de *offset* en los dispositivos o el ruido los que provocan un valor u otro (figura 4.58).

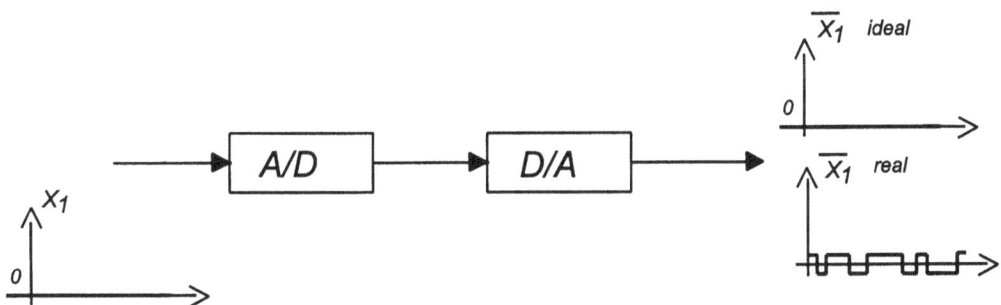

Fig. 4.58. Reconstrucción de una señal de 0 voltios con conversores que efectúan una cuantificación simétrica

El efecto de aumentar el número de bits o, lo que es lo mismo, de disminuir el intervalo de cuantificación q, se muestra en la siguiente figura 4.59, donde pueden verse los resultados de la cuantificación de una señal de voz con cuantificadores de 2, 4 y 8 bits, respectivamente.

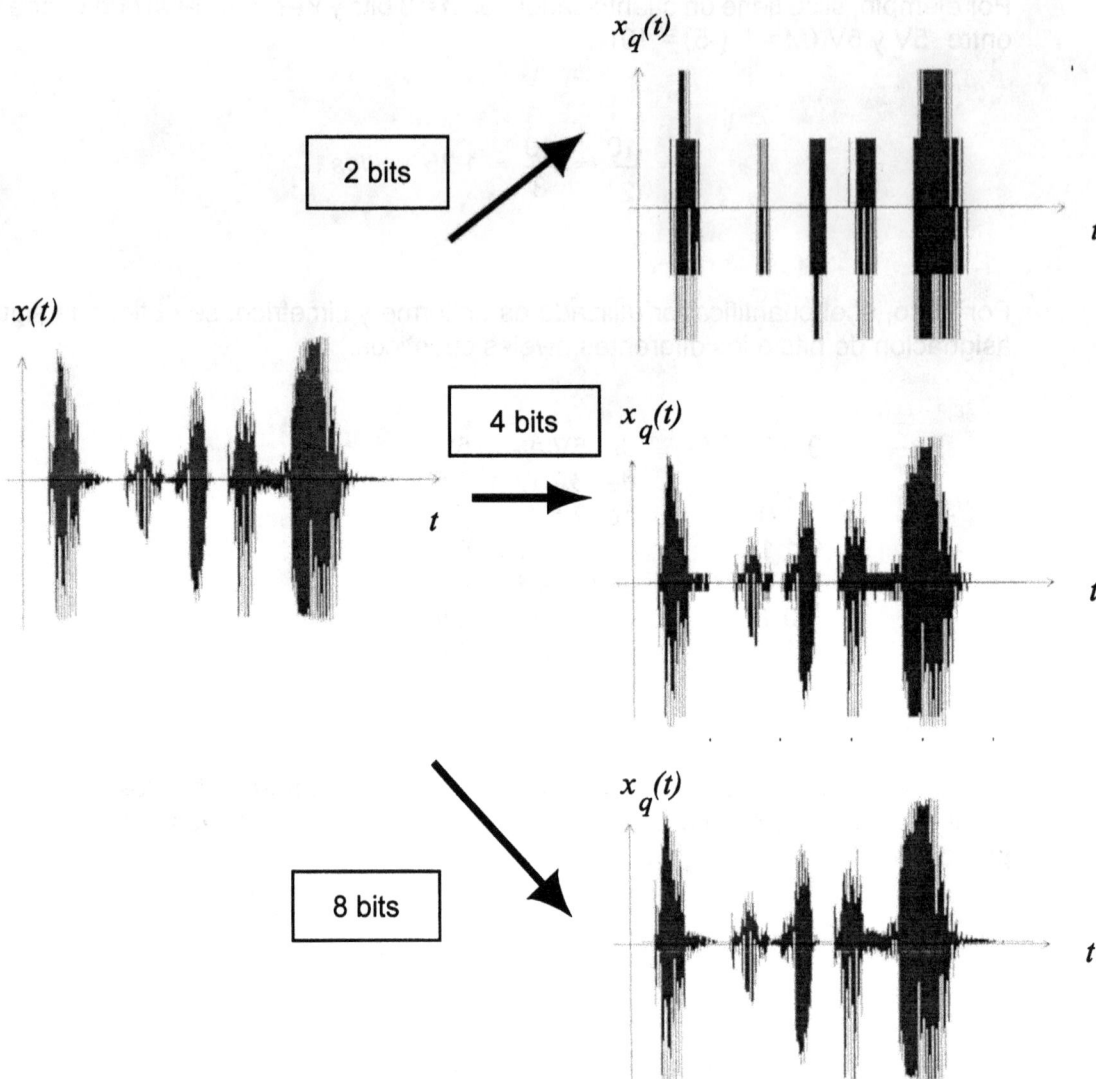

Fig. 4.59. Cuantificación uniforme de una señal de voz con diferentes números de bits

4.9.2. Error de cuantificación (e_q)

La cuantificación introduce inevitablemente un error, ya que si se intenta reconstruir la entrada a partir de la salida del cuantificador, no se obtiene el continuo de valores dentro del margen de entrada M. Es decir, la salida del cuantificador $x_q(nT)$ no permite reconstruir exactamente a la entrada $x(nT)$, sino que se cumple la relación en escalera vista anteriormente (figura 4.56).

Por tanto, se puede considerar que la salida del cuantificador es igual al valor de la entrada, más un término de error. En el error de cuantificación se pueden diferenciar dos partes (figura 4.60):

-      Ruido de cuantificación (granular): corresponde al error cometido dentro del margen de valores de entrada permitido M. El máximo error permitido es de $\pm q/2$, y su evolución en función del valor de la entrada tiene una forma de diente de sierra.

-   Distorsión de sobrecarga (*overload*): es el error que se comete para valores de entrada fuera del margen *M*. El efecto es similar al que ocurre con dispositivos electrónicos saturados.

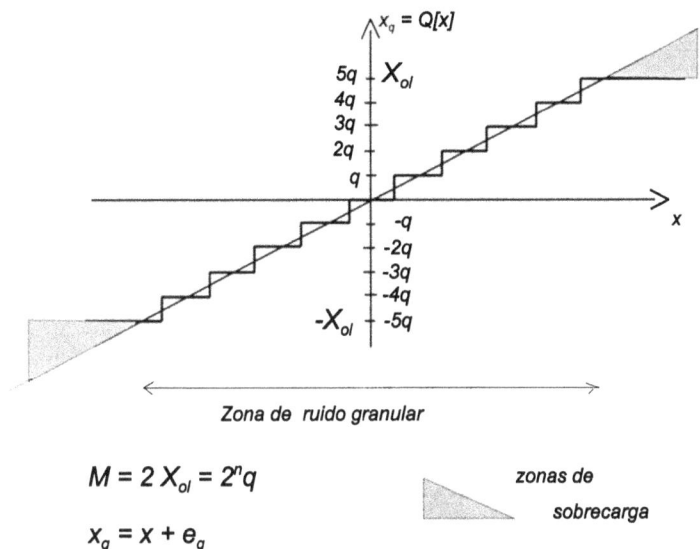

$$M = 2 X_{ol} = 2^n q$$

$$x_q = x + e_q$$

zonas de sobrecarga

Fig. 4.60. Errores de cuantificación (n = número de bits)

Si la cuantificación la efectúa un conversor A/D con un margen de entrada de +V a -V voltios, el valor de *M* será: $M = 2 X_{ol} = 2^n q = 2 V$.

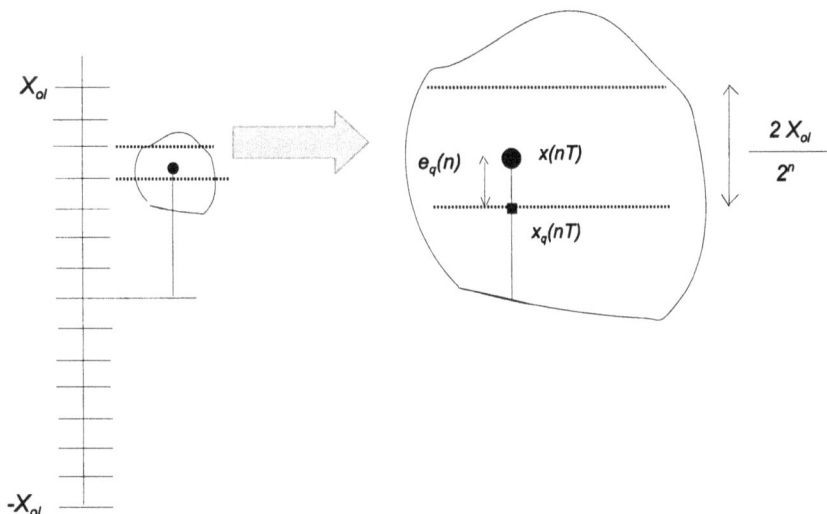

Fig. 4.61. Detalle de la figura 4.55. Error de cuantificación e_q

La acción del cuantificador se puede describir en términos de la relación señal/ruido (SNR, *signal-to-noise ratio*), que se define como el cociente entre la potencia media de la señal respecto a la del ruido presente.

Potencia media del ruido de cuantificación:

El error de cuantificación $e_q = x_q - x$ toma la forma de una función en diente de sierra, tal como se detalla en la figura 4.62.

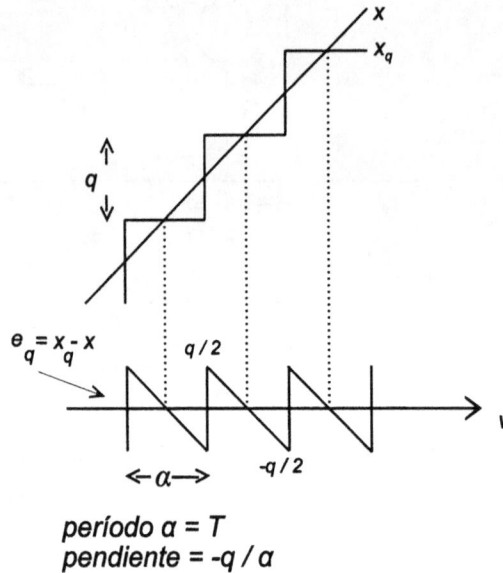

período α = T
pendiente = -q / α

Fig. 4.62. Error de cuantificación eq

Por tanto, la potencia media viene dada por:

$$P_{eq} = \frac{1}{\alpha} \int_{\frac{-\alpha}{2}}^{\frac{\alpha}{2}} \left(-\left(\frac{q}{\alpha}\right)v\right)^2 dv = \frac{1}{\alpha}\frac{q^2}{\alpha^2}\left.\frac{v^3}{3}\right|_{-\frac{\alpha}{2}}^{\frac{\alpha}{2}} = \frac{q^2}{12} \qquad (4.49)$$

4.9.2.1. Cuantificación de una señal senoidal

Si la señal de entrada $x(t)$ es una senoide que cubre todo el margen de entrada del conversor A/D:

$$x(t) = Am \cos(wt) = 2n\, q/2\, \cos(wt) \qquad (4.50)$$

siendo n el número de bits, la potencia media vendrá dada por:

$$P_x = \frac{1}{T}\int_{-T/2}^{T/2} x^2(t)\, dt = \frac{1}{2}A_m^2 = \frac{1}{2}\left(\frac{2^n q}{2}\right)^2 = 2^{2n-3} q^2 \qquad (4.51)$$

Nótese que esta potencia equivale a la que entregaría una tensión $v(t) = A_m \cos(wt)$ sobre una resistencia $R = 1$ (normalizada).

Recordando la definición de tensión eficaz en circuitos eléctricos, se tiene:

$$P_m = V_{ef} I_{ef} = \frac{V_{ef}^2}{R} = \frac{A_m^2}{2} \tag{4.52}$$

Relación señal/ruido (SNR):

Viene dada por:

$$SNR = \frac{P_x}{P_{eq}} = \frac{2^{2n-3}q^2}{\frac{q^2}{12}} = 2^{2n}\frac{12}{2^3} = \frac{3}{2}2^{2n} \tag{4.53}$$

Y, si expresamos esta relación en dB:

$$SNR = 10\log(\frac{P_x}{P_{eq}}) = 10\log(\frac{3}{2}) + 10\log(2^{2n}) = 20n\log(2) + 1{,}76 \tag{4.54}$$

$$SNR = 6{,}02n + 1{,}76 \; dB$$

El término 1,76 dB depende del tipo de señal, mientras que 6,02n dB depende del número de bits. Así, *por cada bit adicional en el conversor A/D, se mejora la relación en unos 6 dB* (recuérdese, como orden de magnitud, que un aumento de 3 dB equivale a doblar la potencia).

Conviene remarcar que las relaciones SNR también dependen de otros factores, como la estabilidad de los osciladores (relojes) que marcan la cadencia de adquisición de las muestras. Si estos osciladores tuvieran una fluctuación (*jitter*), no se adquiriría la muestra en el instante previsto, con lo que el valor de ésta sería diferente al teórico, produciéndose así un error de muestreo que haría aumentar la SNR.

4.9.2.2. Cuantificación de una señal aleatoria (gaussiana)

Cuando se trata con señales aleatorias, la relación señal/ruido (SNR) se obtiene a partir de las potencias eficaces:

$$SNR = 10\log(\frac{P_x}{P_{eq}}) = 10\log(\frac{\sigma_x^2}{\sigma_q^2}) \tag{4.55}$$

La potencia eficaz de una señal aleatoria *x* se define como la suma de su varianza y su media al cuadrado:

$$\sigma_x^2 = E(x^2) = var(x) + E^2(x) \tag{4.56}$$

Para señales de media cero (*E*(*x*) = 0), su potencia eficaz viene dada por su varianza:

$$\sigma_x^2 = var(x) = \int_{-\infty}^{\infty} x^2 f_x(x)dx \tag{4.57}$$

siendo $f_x(x)$ la función de densidad de $x(t)$. Se puede interpretar como si x fuese una tensión y x^2 una potencia sobre una $R = 1$ (normalizada): la ecuación pondera la potencia de cada valor de x (amplitud de v), con la probabilidad de que se produzca este valor. Así, tanto participan en la potencia valores pequeños de x que se repitan muy a menudo, como valores grandes de x que se produzcan poco.

El error de cuantificación puede recalcularse recordando que, para cada nivel cuántico de la entrada (figura 4.62), el error estaba acotado entre $q/2$ y $-q/2$, con igual probabilidad de todos los valores intermedios (diente de sierra: todos los valores se repiten una vez cada período) Es decir, podemos tratarlo como un ruido aleatorio con función de densidad de probabilidad uniforme:

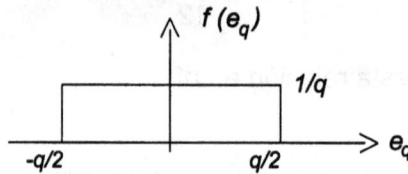

Puesto que tiene media cero, su potencia eficaz viene dada por:

$$\sigma_q^2 = \int_{-\infty}^{\infty} (e_q)^2 \, f_{eq} \, d(e_q) = \int_{-\frac{q}{2}}^{\frac{q}{2}} (e_q)^2 \frac{1}{q} \, d(e_q) = \frac{1}{q} \frac{1}{3} 2 \frac{q^3}{8} = \frac{q^2}{12} \qquad (4.58)$$

valor que coincide con la potencia media calculada anteriormente en el dominio temporal, como era de esperar.

Si ahora se considera que la señal de entrada $x(t)$ sigue una ley gaussiana de media cero:

$$f_x(x) = \frac{1}{\sqrt{2\pi}\sigma_x} \, e^{-\frac{x^2}{2\sigma_x^2}} \qquad (4.59)$$

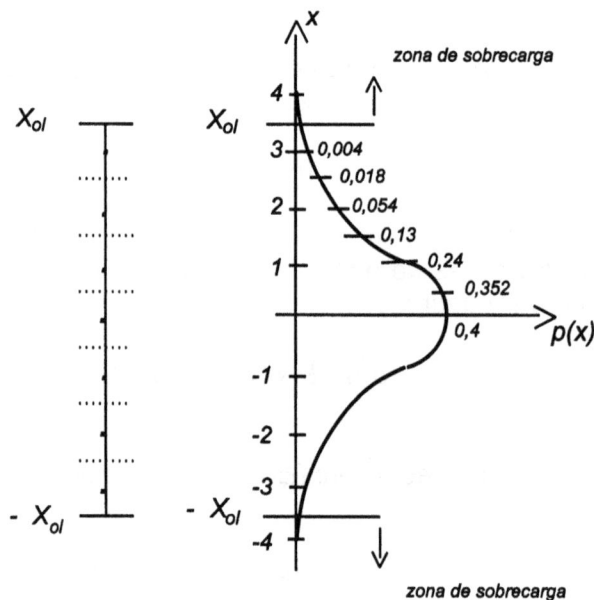

Fig. 4.63. Función de densidad de la señal de entrada

Para valores de $x > x_{ol}$ y $x < -x_{ol}$ se produce distorsión de sobrecarga. Así, la probabilidad de que se produzca distorsión de sobrecarga, viene dada por:

$$P_{sob} = P(x > x_{ol}) + P(x < -x_{ol}) = \{\text{por simetría}\} = 2\,P(x > x_{ol}) =$$

$$= 2\int_{x_{ol}}^{\infty} \frac{1}{\sqrt{2\pi}\sigma_x}\ e^{-\frac{x^2}{2\sigma_x^2}}dx \qquad (4.60)$$

expresión que corresponde a la función error complementario, $\text{erfc}(x)$, cuyos valores están tabulados. Para un valor de $x_{ol} = 4,5\,\sigma_x$, se obtiene un probabilidad de sobrecarga $P_{sob} < 10^{-5}$, lo suficientemente reducida (véase el apéndice D).

En este caso, se tiene:

$$\sigma_x^2 = \frac{x_{ol}^2}{(4,5)^2} = \frac{(q\,2^{n-1})^2}{(4,5)^2} = \frac{q^2\,2^{2n}}{81} \qquad (4.61)$$

y, por lo tanto:

$$SNR = 10\log\left(\frac{q^2 2^{2n} 12}{81\,q^2}\right) = 10\log\left(2^{2n}\frac{12}{81}\right) = 6,02\,n - 8,3\ \ dB \qquad (4.62)$$

Para la señal senoidal del caso anterior, que tiene una función de distribución uniforme (en un período de la senoide todos los valores se producen con la misma probabilidad), se había obtenido: $SNR = 6,02n + 1,76$ dB, mientras que para una gausiana $SNR = 6,02n - 8,3$ dB, lo que representa una relación peor. Esto se debe a que ahora la señal tiene una estadística no uniforme y se está utilizando un cuantificador uniforme. De todas formas, *se mantiene la relación de 6,02 dB por cada bit adicional del conversor.*

En el caso de que se hubiera tomado $x_{ol} = 3\,\sigma_x$, el resultado habría sido una SNR de $6,02n + 1,25$ dB. El ruido de cuantificación está relacionado con la señal de entrada no sólo en la forma de ésta, sino también en su amplitud. En ciertos momentos, puede ocupar todo el margen dinámico del conversor (es decir, que se aprovechen los n bits), mientras que en otros, sólo una pequeña parte. Por ejemplo, una señal senoidal de baja amplitud podría aparecer a la salida del cuantificador como casi una señal cuadrada, con el consiguiente incremento de armónicos en su serie de Fourier.

En aplicaciones de audio, esta dependencia del ruido de cuantificación de la forma de la señal de entrada puede provocar sensaciones subjetivas de pérdida de calidad (adición de los armónicos), que se corrigen con la adición intencionada de un ruido a la señal, normalmente antes de su entada al cuantificador. A este proceso se le conoce como *dithering* y, de esta forma, al precio de añadir un ruido en la banda de audio, se gana en insensibilidad respecto al propio ruido de cuantificación. De todas formas, como se trata de sensaciones acústicas (lo que ya es terreno de la *psicoacústica*), la degradación en la percepción de la señal depende del oyente, por lo que en unos casos se prefiere añadir un ruido que ocupe toda la banda frecuencial de la señal, mientras que en otros sólo una cierta banda (por ejemplo, por encima de los 12 kHz, donde es menos perceptible) o, incluso, para algunos oyentes, es preferible no usar *dithering*. También se utiliza el *dithering* como una técnica estocástica para aumentar el margen dinámico de los conversores A/D.

En las anteriores ecuaciones (4. 54) y (4.62), se ha supuesto implícitamente que el ruido de cuantificación estaba repartido por toda la banda frecuencial de la señal (es decir, hasta $w_s/2$). Pero si la señal es sobremuestreada ($w_s \gg 2\ w_m$), el ruido de cuantificación se reparte sobre una banda frecuencial más amplia que la de la señal, por lo que podrá ser filtrado sin detrimento de ésta. De este modo, sobremuestreando, se añade una mejora a la SNR que, en dB, viene dada por $10 \log (w_s\ /2\ w_m)$. Orientativamente, la SNR mejora en unos 3 dB por cada octava en que se aumenta la frecuencia de muestreo.

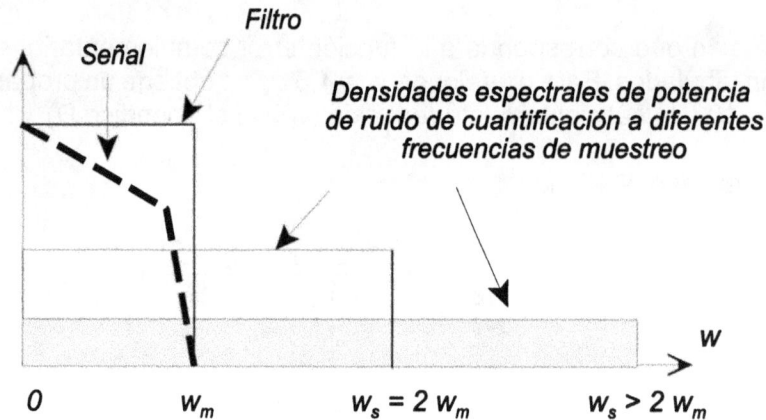

4.9.3. Cuantificación no uniforme

Si la señal se repite muy a menudo para valores pequeños de x -y más raramente para valores grandes, como es el caso de señales de voz-, es preferible centrar la capacidad de resolución del conversor A/D alrededor de valores pequeños de x. A este método se le llama *de cuantificación no uniforme* (figura 4.64)

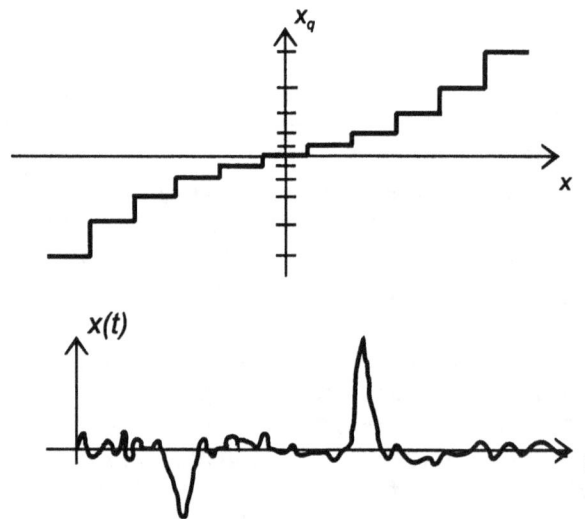

Fig. 4.64. Característica entrada-salida de un cuantificador no uniforme y ejemplo de señal candidata a ser cuantificada no uniformemente

Su implementación se basa en un cuantificador uniforme, más un *compansor*, es decir, un compresor a la entrada del cuantificador uniforme y un expansor a la salida (COMPANSOR = COMpresor + exPANSOR):

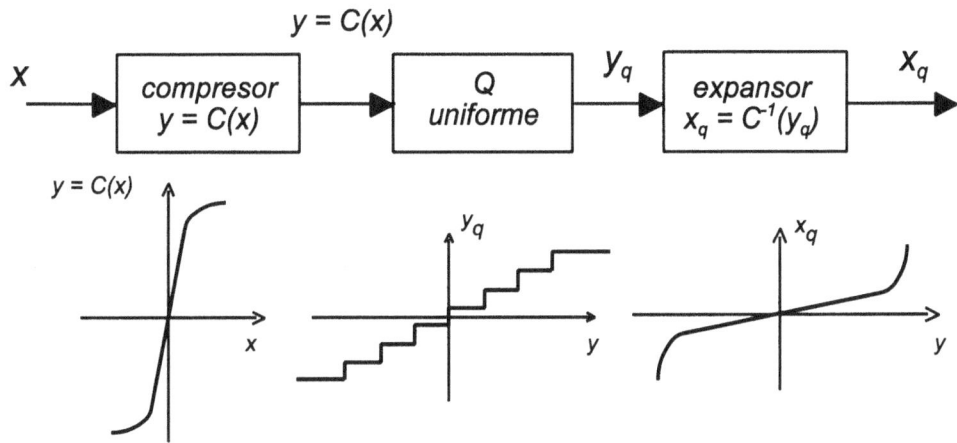

Fig. 4.65. Cuantificador uniforme con compansor: cuantificación no uniforme. El efecto global es el de la figura 4.64

El compresor viene descrito por una función $C(x)$, que es monótona creciente con simetría impar, y su función es la de aumentar la resolución para valores pequeños de la entrada (figura 4.66).

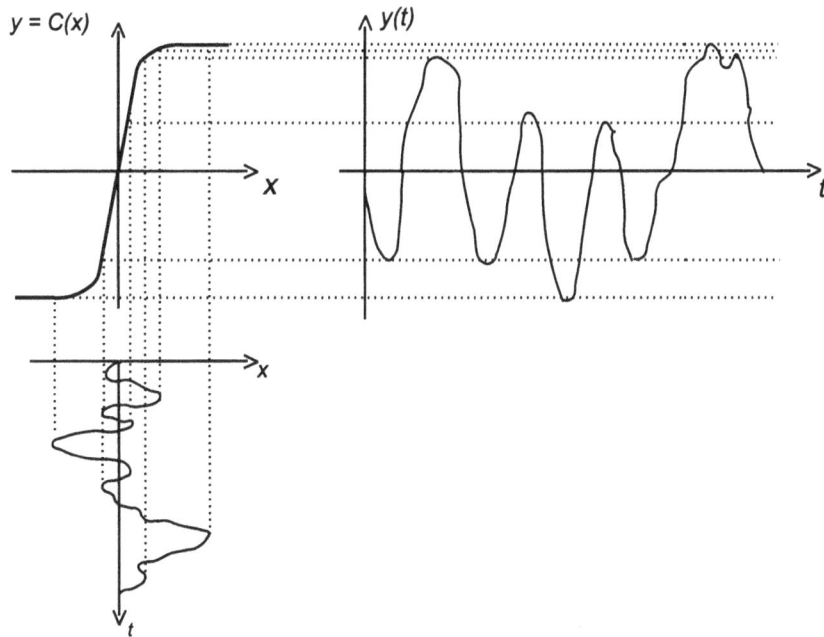

Fig. 4.66. Efecto del compresor

Esta función se puede invertir, de manera que si el expansor se rige por la función inversa $C^{-1}(x)$ se recupera la entrada del compresor sin ninguna pérdida de información.

En el caso de aplicaciones telefónicas, la curva de compresión se suele aproximar por tramos (segmentos). La Unión Internacional de las Telecomunicaciones (UIT) recomienda los tipos de aproximaciones. En aplicaciones de instrumentación electrónica y de control no es habitual utilizar cuantificadores no uniformes.

El efecto del compresor sobre una señal telefónica puede ilustrarse mediante un histograma de valores de amplitud de la señal.

En la figura 4.67 se muestra el resultado de un compresor que sigue una de las recomendaciones de la UIT, denominada "ley mu". Nótese que la señal de voz original sólo ocupa una franja estrecha de los posibles valores de amplitud (normalizados entre +1 y -1), por lo que un conversor A/D con un margen dinámico de ± 1 estaría poco aprovechado, al no usarse todos los niveles cuánticos. Además, el paso de cuantificación q sería relativamente importante frente a los niveles de amplitud que ocupa la señal de voz, lo que disminuiría la relación señal-ruido. Con el compresor se aprovecha todo el margen dinámico del conversor A/D.

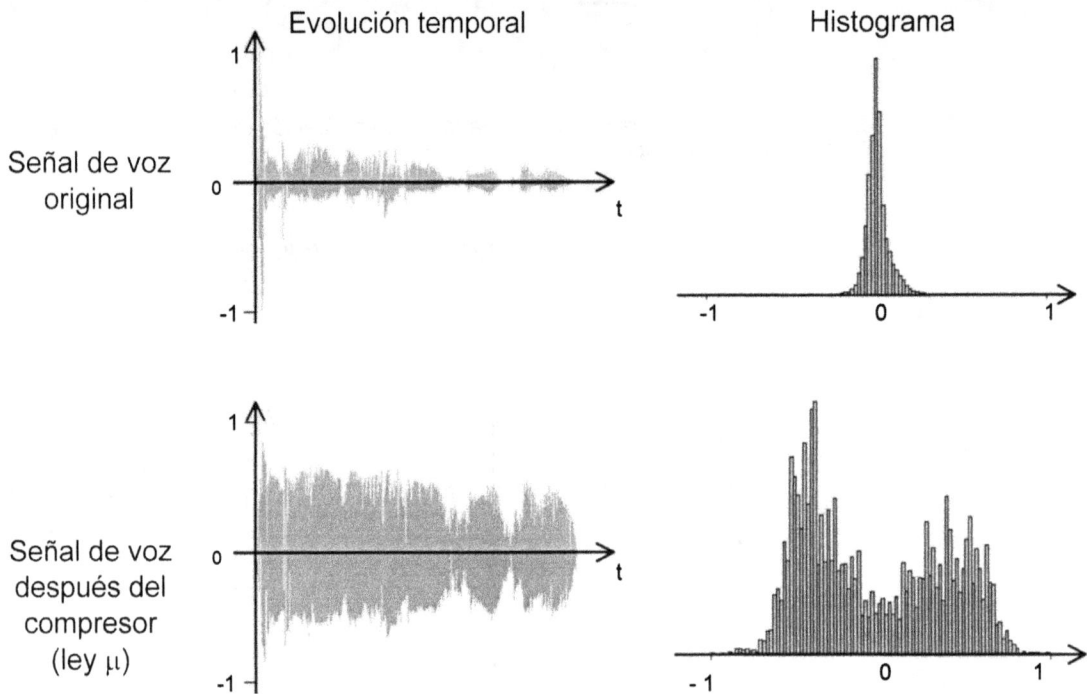

Fig. 4.67. Efecto de un compresor sobre una señal de voz

4.10. Fundamentos de la modulación por codificación de pulsos (PCM)

En la modulación por codificación de pulsos (PCM, *pulse-code modulation*) se convierte una señal analógica en una señal digital equivalente, que es la que se transmite por el canal de comunicaciones. La señal analógica a transmitir es muestreada y cuantificada dentro de un conjunto finito de valores, y posteriormente es codificada para adaptar su forma a las características del canal de transmisión (figura 4.68).

Las principales ventajas de la transmisión digital, respecto a la analógica, son una menor sensibilidad al ruido y a las interferencias, así como la facilidad de regeneración de las señales digitales.

En efecto, como se observa en la figura 4.68, pueden intercalarse a lo largo del canal uno o varios repetidores regenerativos cuyo diseño puede ser simple al tratarse de señales digitales. Por ejemplo, con un comparador puede reconstruirse la señal digital limpia de ruidos (siempre y cuando éstos no tengan un nivel tan elevado que sobrepasen el nivel de disparo del comparador y provoquen falsos pulsos).

El inconveniente de la transmisión digital es que ocupa un mayor ancho de banda que la analógica (recuérdese que la transformada de Fourier de un pulso es una función sinc, cuyo ancho de banda teórico es infinito).

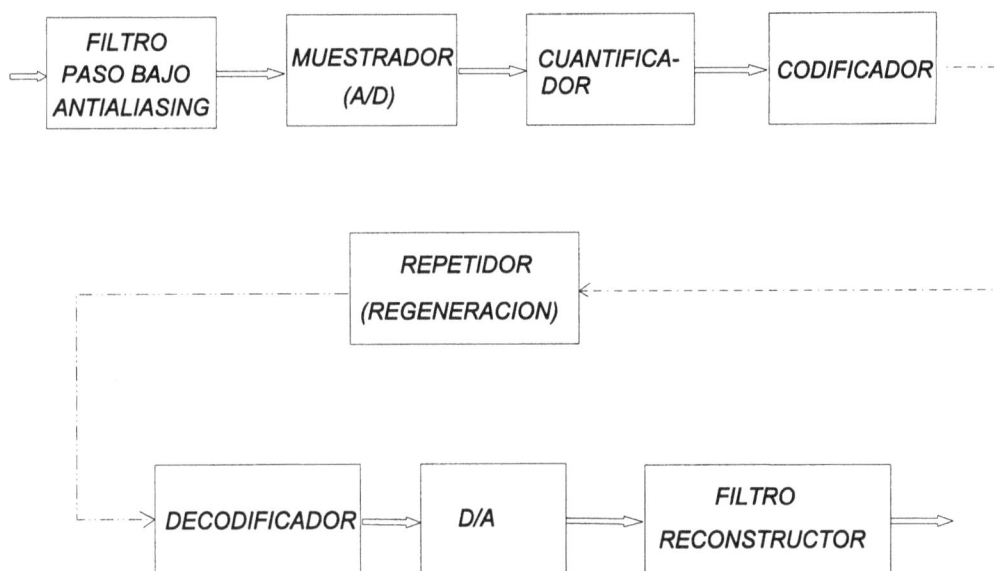

Fig. 4.68. Elementos de un sistema de comunicación PCM

Algunos de los bloques de entrada del subsistema de emisión (filtro paso bajo y conversor A/D que actúa como muestreador y cuantificador) han sido estudiados en los apartados previos.

El bloque *codificador* se encarga de convertir los valores cuantificados en otro conjunto de valores (pulsos) que forman un *código*. Si la salida del conversor A/D es en forma de bus paralelo, en su realización debe intervenir, entre otros elementos, un registro de desplazamiento controlado por un reloj que se encarga de convertir la información en paralelo a la salida del bloque cuantificador en una señal serie apta para el canal de comunicación. Los elementos de código son los pulsos digitales que lo componen, denominados también *símbolos*, y el conjunto de símbolos que representan el valor de una muestra son denominados *palabra código o carácter*.

Según el tipo de codificación, se puede mejorar el espectro de la señal transmitida, eliminar su nivel de continua (menor potencia de emisión), ganar robustez frente al ruido o facilitar la sincronización de relojes digitales entre el emisor y el receptor.

Algunos de los principales códigos (también denominados *códigos de línea*) son los ilustrados en la figura 4.69, en la que se pueden observar diversas representaciones de la palabra (carácter) 010110.

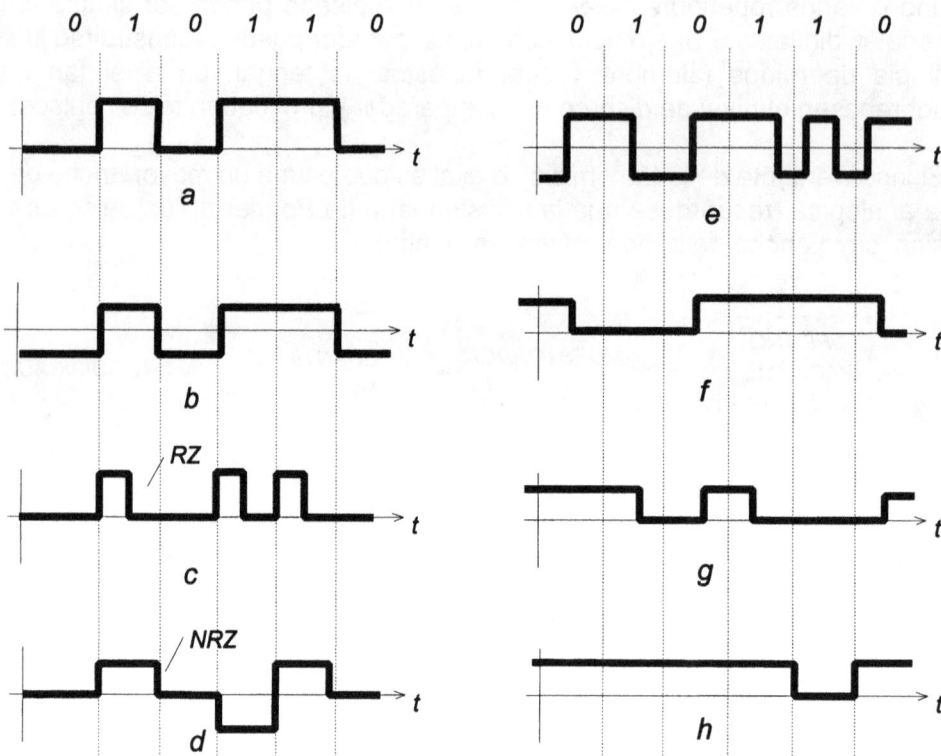

Fig. 4.69. Algunas representaciones eléctricas de señales binarias:
a) señalización on-off unipolar;
b) señalización bipolar;
c) señalización unipolar por retorno a cero (RZ);
d) señalización bipolar con inversión alternativa de marca (IAM);
e) señalización de fase partida o Manchester;
f) y g) señalizaciones diferenciales;
h) señalización ADI (alternate digit inverted)

La señal unipolar ("0" y "1") de la figura 4.69 *a* es habitual en ordenadores, pero presenta el problema de que su nivel medio es muy distinto a cero, con lo que aparece una componente continua cuya transmisión consumiría una energía innecesaria. Este problema se reduce utilizando señales bipolares, como es el caso de la figura 4.69 *b*. La señal de la figura 4.69 *c* es parecida a la figura 4.69 *a*, pero la señalización de cada "1" ocupa la mitad del tiempo destinado a la transmisión de cada símbolo. Cuando la señal "regresa" a cero antes de que acabe el tiempo dedicado a cada símbolo se habla de señalización con retorno a cero (RZ). Si lo hace después de transcurrir todo el intervalo de tiempo dedicado al bit, como es el caso de la figura 4.69 *d*, se dice que es una señal sin retorno a cero (NRZ) -nótese que el NRZ no indica que la señal no pueda volver a cero, sino que no lo hace "antes de tiempo"-. En la señal de la figura 4.69 *d* también se ilustra un inversión alternativa de *marca* (en este contexto, *marca* equivale a un nivel lógico "1"): los "1" se representan alternativamente como un pulso positivo o negativo, mientras que los "0", por ausencia de pulso. La señal *e* simboliza los "1" con una transición de nivel alto a nivel bajo, y los "0" con una transición de nivel bajo a nivel alto. Las señales representadas en las figuras 4.69 *f* y *g* son codificaciones diferenciales. Así, en la señal *f*, cada transición indica la presencia de un cero, mientras que los "1" no conllevan transiciones en la señal. En el caso *g*, en lugar de transmitir el valor del símbolo se transmite una información relativa a su cambio o no cambio respecto a los símbolos anteriores. Cada transición indica que hay un cambio de valor del símbolo. Finalmente, la señal *h* corresponde a un código ADI (inversión alternativa de dígito), donde el nivel "1" significa una transición en el valor del símbolo y el nivel "0" indica que el símbolo en cuestión es igual que el anterior. Es fácil intuir que en algunos casos se necesita un reloj para saber en qué momentos hay que interpretar que "toca" un cambio de símbolo para efectuar la lectura de la señal, es decir, que deben ser comunicaciones síncronas.

Las señalizaciones anteriores se diferencian por su nivel de continua, por su ancho de banda (cuanto menos estrechos sean los pulsos, menor ancho de banda será necesario para su transmisión) y por la facilidad de sincronizar relojes digitales a partir de los códigos recibidos. Cuantas más transiciones presente el código, más fácil será sincronizar estos relojes.

Los códigos con inversión alternativa de marca (IAM) pueden presentar problemas si aparecen muchos ceros seguidos, pues la línea quedaría demasiado tiempo sin nivel (aparentando inactividad). Un caso particular de los códigos IAM, que se utiliza en telefonía, es el HDB3 (binario 3 de alta densidad), que se comporta como un ADI mientras no haya más de tres ceros seguidos. Si aparece un cuarto cero, se rompe la regla del código ADI.

Antes, en la figura 4.68, se ha presentado la regeneración de pulsos como un simple comparador, que es una solución que se utiliza sólo ocasionalmente. Una solución mejorada es la mostrada en el esquema de la figura 4.70. A partir de los pulsos recibidos, el temporizador reconstruye una señal de sincronismo que se utiliza como referencia para muestrear los pulsos en los instantes en que su amplitud es máxima o, lo que es lo mismo, en los instantes menos afectados por el ruido. Del valor de estas muestras se decide si el pulso en cuestión corresponde a un "0" o a un "1", y así se reconstruye la señal PCM.

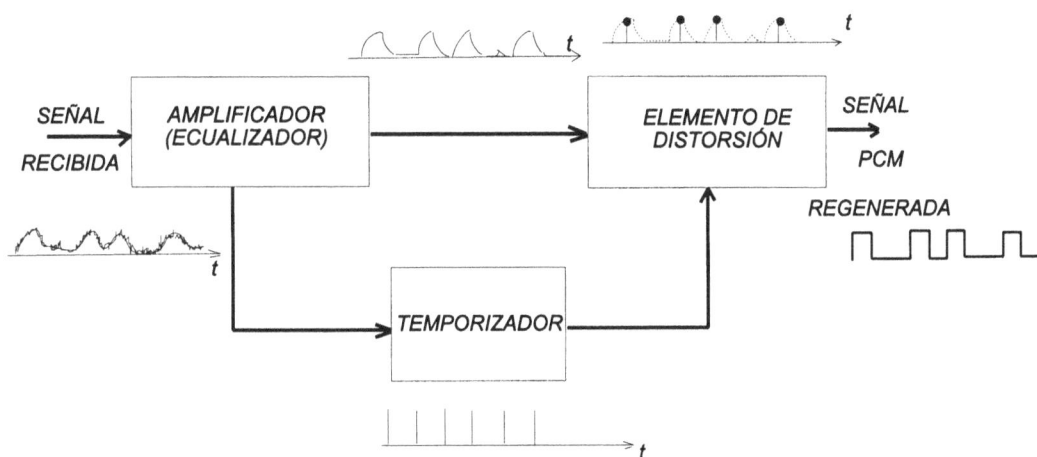

Fig. 4.70. Elementos de un repetidor regenerativo

4.11. Aplicación en telefonía

Salvo en casos muy específicos, es difícil justificar el coste de un sistema relativamente complejo como es el PCM para un solo usuario. En aplicaciones de modulaciones PCM, y la telefonía es una de ellas, se utiliza el esquema de la figura 4.68 para transmitir varios mensajes, generados por diferentes fuentes, a distintos destinatarios.

Para ello, se muestrean cíclicamente las diferentes fuentes y se van intercalando en el tiempo las muestras adquiridas, proceso denominado de *multiplexado temporal*. Este proceso puede verse en las figuras 4.71 y 4.72. Con un reloj que sincronice los instantes de lectura en recepción, no es difícil separar el mensaje dirigido a cada destinatario.

La señal *y* de la figura 4.71, que es la salida del muestreador (*a*) indicado como un interruptor rotatorio, está formada por muestras intercaladas en el tiempo (multiplexado en el tiempo, TDM: *time-division multiplexing*), tal como puede verse en la figura 4.72. Esta señal, un vez modulados los pulsos (codificados), es enviada por el canal de comunicaciones.

En el extremo receptor, después del demodulador (decodificador), el repartidor (*b*) orienta cada muestra hacia el respectivo destinatario. Para que todo el proceso funcione correctamente, los interruptores (*a*) y (*b*) deben estar sincronizados, lo que puede conseguirse con la propia señal PCM, como ya se ha avanzado al comentar las gráficas de la figura 4.69. Además, cada cierto tiempo se pueden intercalar palabras digitales para facilitar el sincronismo. Al conjunto COdificador y DECodificador se le denomina *codec*.

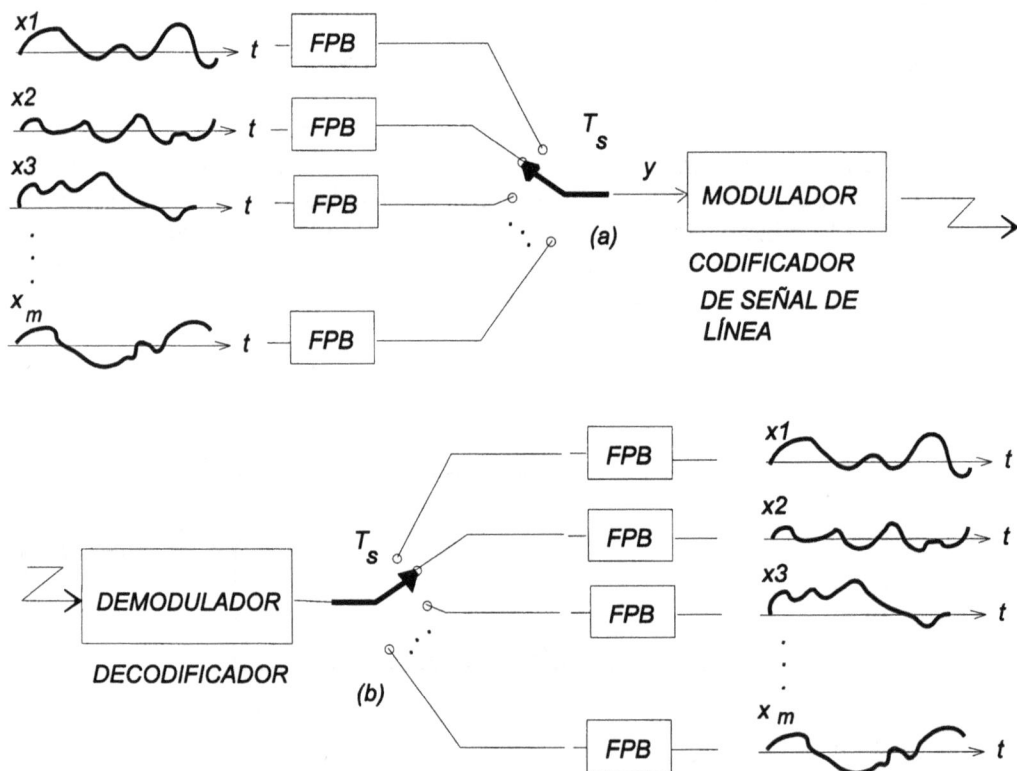

Fig. 4.71. Diagrama elemental de un sistema TDM

En telefonía, el ancho de banda de las señales vocales está acotado entre 300 Hz y 3.400 Hz y cada canal vocal se muestrea a 8 kHz. En el sistema ATT D1 se trabaja con 24 canales vocales. El tiempo transcurrido entre dos muestras consecutivas de la misma señal vocal dentro de la trama TDM es de 1 / (8 kHz) = 125 µs; en este tiempo, el muestrador tiene que haber adquirido una muestra de cada uno de los 24 canales. Cada muestra (carácter) se codifica con 7 bits, a los que se añade un bit adicional para la señalización (selección del destino de las llamadas). A la secuencia completa de los 24 canales vocales, se le añade otro bit adicional para el alineamiento (sincronización) de la trama. Así, por cada "vuelta" del interruptor que simboliza el muestreo de los canales vocales (figura 4.71), se crea una secuencia (denominada *trama*) de: (7+1) * 24 + 1 = 193 bits. Como se transmiten 8.000 tramas por segundo (muestreo a 8 kHz), la velocidad de transmisión en serie por el canal es de: 193 * 8.000 = 1.544.000 bps (bits por segundo).

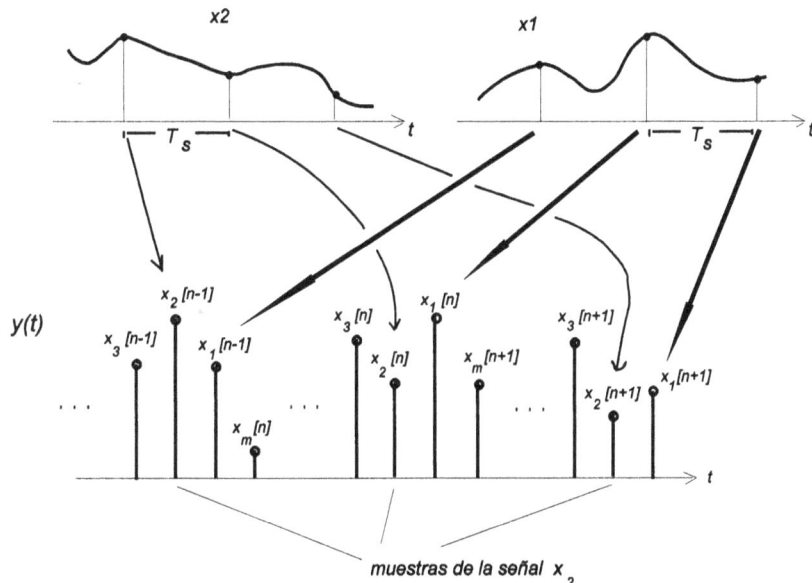

Fig. 4.72. Señal TDM

El sistema CEPT 30+2 (CEPT = Conference Européenne de Postes et Télécommunications) está formado por 30 canales vocales, más dos auxiliares para la sincronización y la señalización (señales de servicio). Este sistema está regulado por la recomendación G.732 del CCITT.

Los 30+2 canales vocales se organizan del siguiente modo dentro de la señal TDM: los intervalos ("ranuras") de tiempo del 1 al 15 y del 17 al 31 se usan para transmitir muestras de las señales vocales, codificadas con 8 bits. El intervalo 0 y el 16 son auxiliares, y se utilizan, respectivamente, para la sincronización y la señalización. En este caso, cada trama (recuérdese que es la secuencia formada entre dos muestras consecutivas del mismo canal vocal) consta de: 32 * 8 = 256 bits. Como la frecuencia de muestreo es de 8 kHz, la velocidad de transmisión es de 2.048 kbits/s (2.048.000 bps).

En la transmisión telefónica, las tramas se agrupan en niveles jerárquicos superiores denominados *multitrama* (conjuntos de 16 tramas), lo que a su vez constituye un segundo nivel de multiplexado temporal en el que ya no se intercalan muestras, sino tramas (figura 4.73).

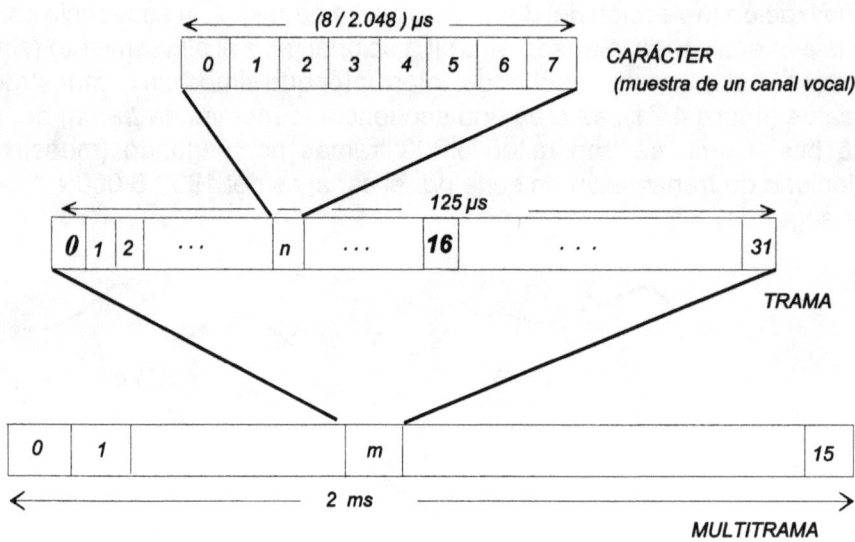

Fig. 4.73. Estructura en serie de una señal PCM a 2.048 kbit/s. Formato 30+2

4.12. Aproximaciones por tramos en telefonía

En telefonía, se utilizan cuantificadores no lineales (compresores) que siguen leyes reglamentadas de compresión. En Europa, la característica de compresión se ha aproximado mediante la "ley A" (norma CCITT/CEPT), que se basa en las siguientes relaciones, donde x indica la entrada normalizada (amplitud de las muestras normalizadas a $x_{máx} = 1$) al cuantificador, e y la salida (valores cuantificados):

$$y = signo(x) \frac{1 + \log(A|x|)}{1 + \log(A)} \quad para \quad \frac{1}{A} \leq |x| < =1 \tag{4.63}$$

$$y = signo(x) \frac{A|x|}{1 + \log(A)} \quad para \quad 0 \leq |x| \leq \frac{1}{A} \tag{4.64}$$

El parámetro A determina el aumento del margen dinámico del codificador, y su valor es $A = 87,6$. La característica de compresión para 13 segmentos (figura 4.74) viene dada por:

$$
\begin{array}{lll}
0 < |x| < 1/64 & \Rightarrow & y = 16x \\
1/64 < |x| < 1/32 & \Rightarrow & y = 8x + 1/8 \\
1/32 < |x| < 1/16 & \Rightarrow & y = 4x + 1/4 \\
1/16 < |x| < 1/8 & \Rightarrow & y = 2x + 3/8 \\
1/8 < |x| < 1/4 & \Rightarrow & y = x + 1/2 \\
1/4 < |x| < 1/2 & \Rightarrow & y = x/2 + 5/8 \\
1/2 < |x| < 1 & \Rightarrow & y = x/4 + 3/4
\end{array}
$$

Como puede observarse en la figura 4.74, para el margen de entrada alrededor de 0 (valores de x entre +1/64 y -1/64) se dedican 5 bits (32 niveles del código de salida), con lo que la resolución es alta en este tramo. Para los restantes tramos de entrada (6 positivos, $x > 0$, y 6 negativos, $x < 0$) se destinan 16 niveles (4 bits, $2^4 = 16$) para cada uno. Dado que los tramos de entrada están seccionados de forma logarítmica, a menor amplitud de *x* corresponde una mayor resolución de la salida cuantificada.

Esta característica incluye 7 tramos en que se reparten los valores de *x* en el cuadrante positivo (que es el representado en el figura) y otros 7 en el cuadrante negativo. Como los dos tramos que pasan por el origen son colineales, se agrupan en un sólo segmento alrededor del origen. Así, en total hay 13 segmentos. Esta codificación se utiliza en el sistema CEPT 30+2 que se ha comentado en el apartado anterior.

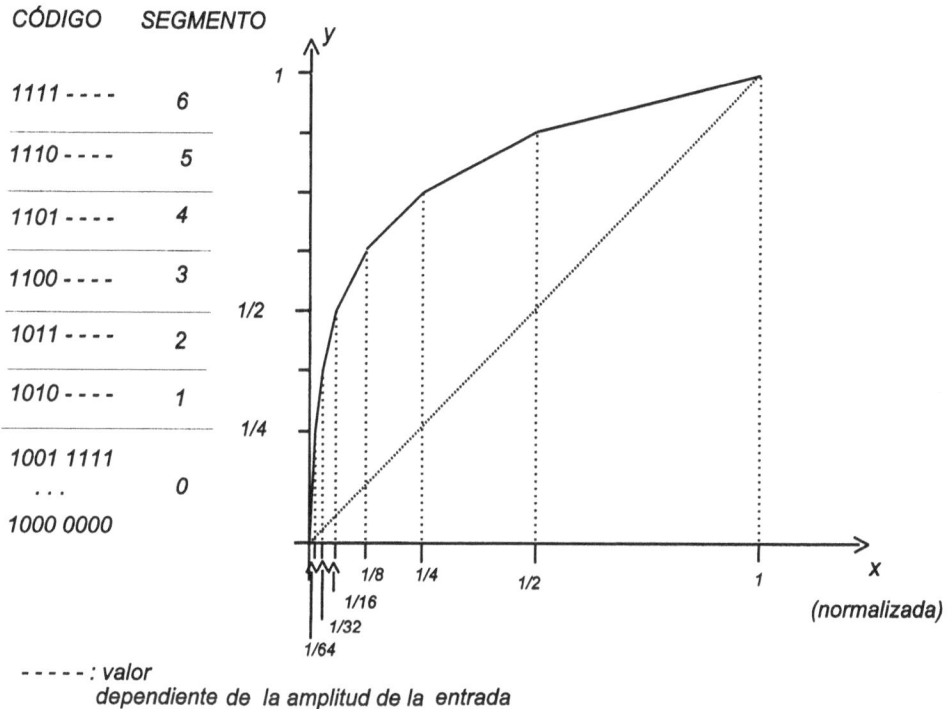

CÓDIGO	SEGMENTO
1111 - - - -	6
1110 - - - -	5
1101 - - - -	4
1100 - - - -	3
1011 - - - -	2
1010 - - - -	1
1001 1111 ... 1000 0000	0

- - - - - : valor
dependiente de la amplitud de la entrada

Fig. 4.74. Curva de compresión de 13 segmentos. Ley A (para el tercer cuadrante se reproduce, reflejada, la misma curva)

En América, se sigue la ley de compresión μ, definida por:

$$y = signo(x) \, \frac{\log(1 + \mu|x|)}{\log(1 + \mu)} \quad para \quad -1 \le |x| \le 1 \tag{4.65}$$

En los primeros equipos de telefonía, el valor de μ era 100. En equipos posteriores (recomendación G.733 del CCITT), se ha tomado el valor μ = 255.

Pueden encontrarse circuitos integrados en el mercado que facilitan la realización de la circuitería para comunicaciones PCM. En particular, el integrado de la figura 4.75 incorpora el filtro *antialising*, el conversor A/D, el codificador (con la ley de compresión incluida), las interficies básicas de transmisión y de recepción, el conversor de salida D/A y el filtro paso bajo reconstructor. Estos integrados suelen venir referenciados en los catálogos como "filtro/codec" y necesitan una circuitería externa adicional para controlar los procesos de transmisión y de recepción.

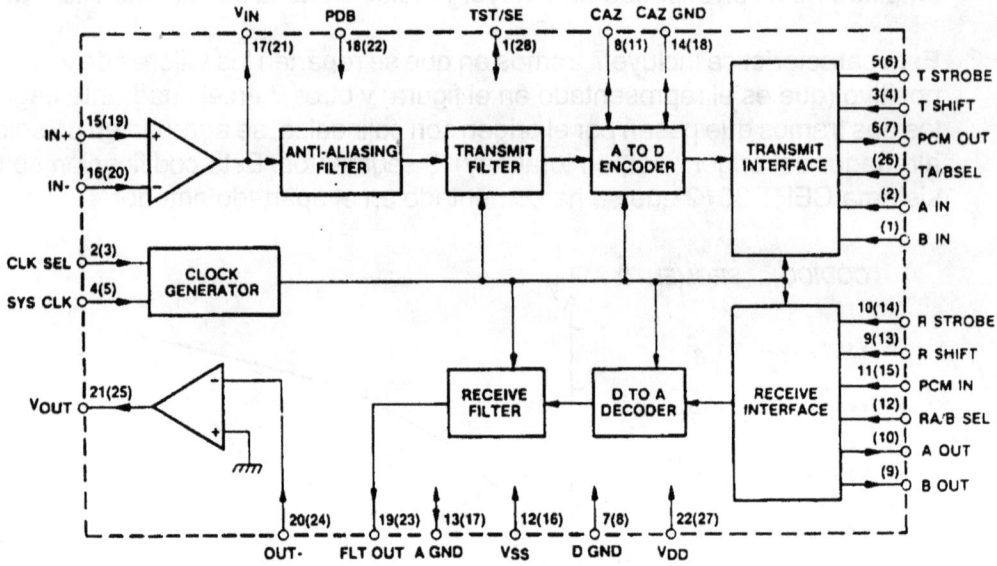

Fig. 4.75. Diagrama de bloques del filtro/codec 3507A (Plessey)

En la siguiente gráfica (figura 4.76) se representa en el eje de ordenadas la SNR para un cuantificador uniforme y uno no uniforme (ley A), ambos de 8 bits, en función de la potencia de señal (en el eje de abscisas):

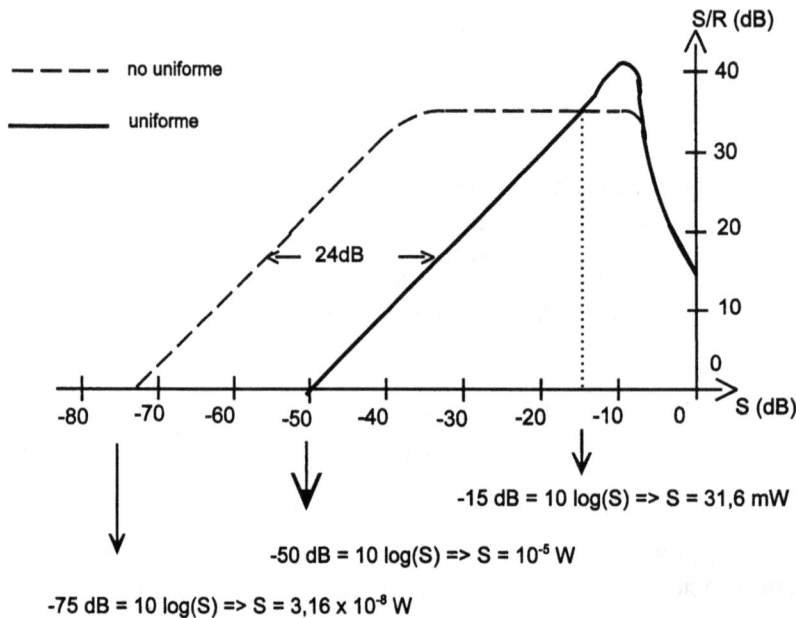

Fig. 4.76. Comparación de la relación señal/ruido (S/R) de un cuantificador uniforme y uno no uniforme a la del codificador, en función de la potencia de la señal

Cuando la SNR = 0 dB, la potencia de ruido es igual a la potencia del señal y, por tanto, ésta se hace indistinguible del ruido. En la gráfica anterior se observa que, en el cuantificador uniforme, esto ocurre para un nivel de señal de $S = 10^{-5}$ W, mientras que es el no uniforme $S = 3{,}16 \cdot 10^{-8}$ W.

Para niveles de señal inferiores a -15 dB, se ganan 24 dB con el cuantificador no uniforme. Para obtener la misma mejora con un cuantificador uniforme se necesitarían:

$$SNR = 6{,}02n + k = 24 \quad \Rightarrow \quad n = 4 \text{ bits} \tag{4.66}$$

es decir, se requeriría un conversor uniforme con cuatro bits adicionales (8 + 4 =12 bits)

4.13. Codificación diferencial de pulsos

La modulación por codificación de pulsos (PCM) vista en los apartados anteriores presenta una eficiencia reducida al codificarse cada muestra de la señal de entrada de forma independiente de las anteriores. En este caso, se dice que el codificador es instantáneo o de memoria cero.

Las señales vocales o de vídeo presentan, en sentido estadístico, poca variación entre muestras consecutivas (están bastante correladas), por lo que el PCM codifica una información redundante: entre una muestra y la siguiente no suelen variar los bits más significativos del código. Si la señal varía lentamente respecto a la frecuencia de muestreo, sólo variarán los bits menos significativos entre muestras consecutivas. Esto puede forzarse muestreando a frecuencias muy superiores a la de Nyquist (proceso de sobremuestreo u *oversampling*). Si la señal a cuantificar no fuera la secuencia $x[n]$, sino la diferencia entre muestras consecutivas $x[n]$ y $x[n\text{-}1]$, podría reducirse el margen dinámico (M), de forma que con un número n de bits menor se mantuviera el valor q del intervalo de cuantificación ($q = M/2^n$). De esta forma, aun usando un menor número de bits, el ruido de cuantificación seguiría siendo $q^2/12$, como se ha visto en la ecuación 4.49). Por ello, no debe extrañar que haya conversores en equipos de audio presentados como conversores "de 1 bit", que se estudiarán más adelante.

La modulación *diferencial de pulsos codificados* (DPCM) infiere el valor de la muestra futura a partir del valor de las muestras pasadas, proceso denominado de *predicción*. En la figura 4.77 se muestra el esquema de bloques de un transmisor DPCM.

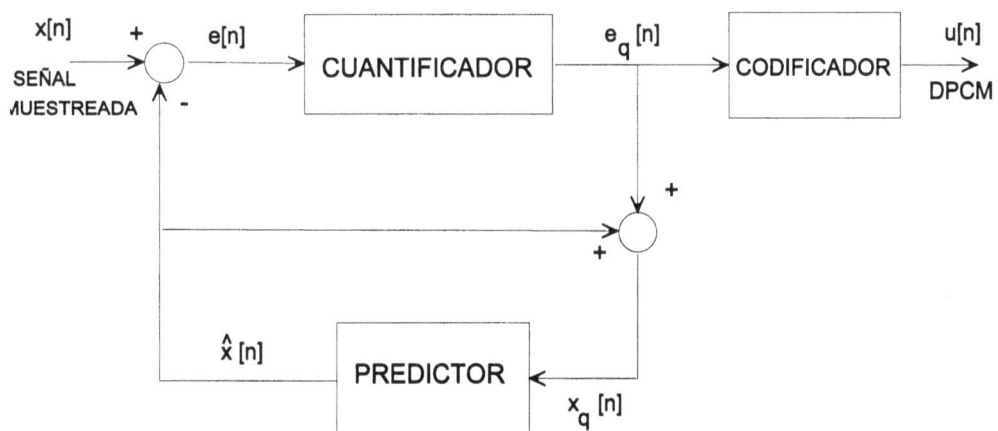

Fig. 4.77. Transmisor DPCM

La entrada al cuantificador es:

$$e[n] = x[n] - \hat{x}[n], \tag{4.67}$$

Donde $\hat{x}[n]$ es el valor predicho de $x[n]$. Nótese que si la predicción fuera perfecta, entonces $e[n] = 0$.

La salida del cuantificador será su entrada, $e[n]$, más el error de cuantificación $q[n]$,

$$e_q[n] = e[n] + q[n] \tag{4.68}$$

Esta salida del cuantificador se suma a la salida del predictor para formar la entrada de éste:

$$x_q[n] = e_q[n] + \hat{x}[n] = e[n] + q[n] + \hat{x}[n] \tag{4.69}$$

y, como $e[n] = x[n] - \hat{x}[n]$, se obtiene:

$$x_q[n] = x[n] + q[n] \tag{4.70}$$

La señal transmitida es $u[n]$, que corresponde a una codificación de $e_q[n]$. Así pues, si el canal de transmisión está libre de ruidos, la señal recibida, una vez decodificada, será $e_q[n]$. El esquema del receptor es el de figura 4.78.

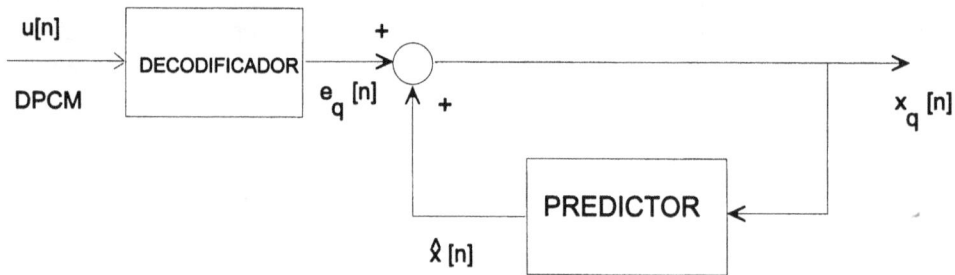

Fig. 4.78. Receptor DPCM

Con un predictor idéntico al del emisor, la señal recuperada (figura 4.78) será $x_q[n]$. Es decir, será la muestra $x[n]$ más un ruido de cuantificación $q[n]$. Como la señal $e_q[n]$ tiene menos margen de variación dinámica que $x[n]$, la señal cuantificada $u[n]$ requiere menos bits por segundo para transmitir la misma información que por un sistema PCM donde se transmitieran directamente los valores codificados de $x[n]$. De ahí que el DPCM sea más eficiente que el PCM, gracias a lo cual puede transmitirse una misma información por un canal con el ancho de banda menor. En telefonía, hay un estandard DPCM a 32 kb/s (kilobits por segundo). Nótese que para transmitir en formato PCM una señal vocal, muestreada a 8 kHz y codificada con 8 bits, serían necesarios $8 \cdot 8 = 64$ kb/s).

Por el momento, no se estudia cómo se construye el filtro predictor, tema que se retomará en el capítulo 9.

Aparte del error de cuantificación de la señal recuperada, $x_q[n]$, puede presentarse otro error en los sistemas DPCM si, al contrario de la hipótesis de partida, la señal de entrada $x(t)$ de la cual se van obteniendo las muestras $x[n]$ tiene una variación rápida respecto al período de muestreo. En este caso, ya no sería cierto que la variación entre muestras consecutivas fuera pequeña, y el retardo en el predictor sería excesivo (figura 4.79), de modo que se produciría un *error de pendiente*.

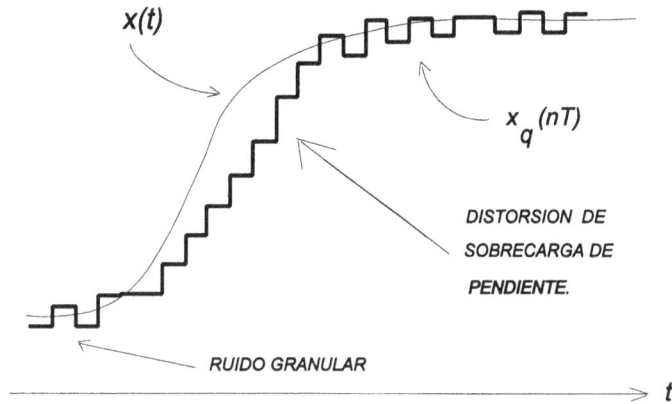

Fig. 4.79. Errores en DPCM

El error de pendiente puede minimizarse usando estructuras adaptativas (ADPCM) en las que el predictor se va adaptando a las características locales de la señal de entrada.

4.14. Moduladores delta y delta-sigma

Un caso particular de la modulación DPCM, cuando se cuantifica con un solo bit, es la *modulación delta* (DM)*;* en este caso, la señal cuantificada sólo puede presentar dos niveles. La señal temporal $x(t)$ se aproxima por una señal en escalera con los escalones de amplitud constante (δ), y de pendiente positiva o negativa según el sentido ascendente o descendente de $x(t)$. En la figura 4.80 se ilustra una modulación delta.

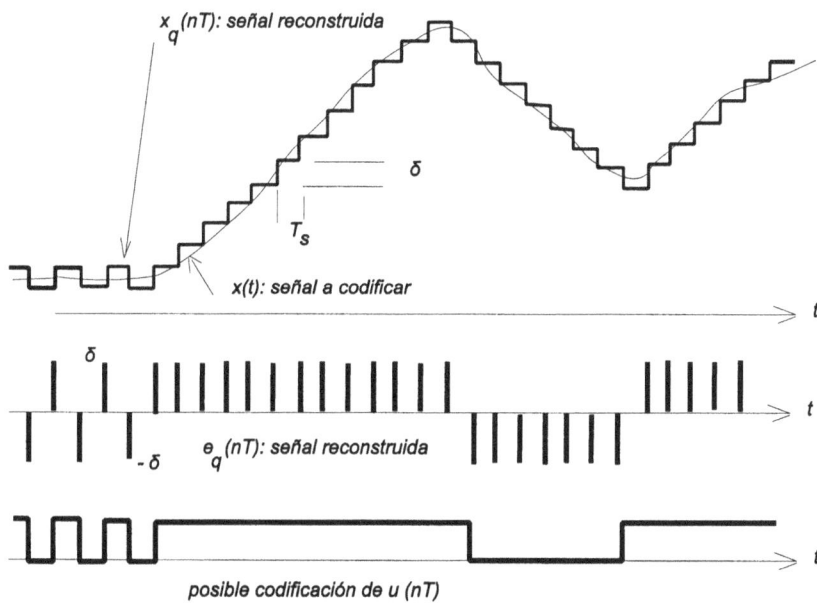

Fig. 4.80. Modulación delta

La modulación delta es mucho más sencilla de realizar que la DPCM ya que el filtro predictor es simplemente un retardador de una muestra. En la figura 4.81 se ilustra el esquema del transmisor y del receptor.

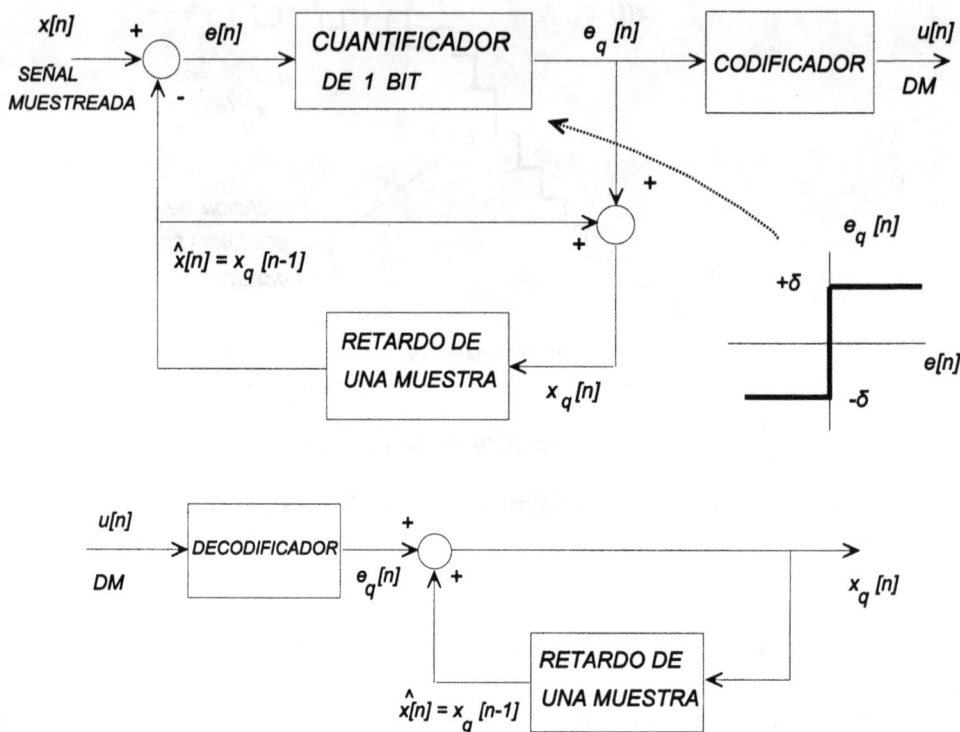

Fig. 4.81. Transmisor y receptor DM

Las ecuaciones que rigen su funcionamiento son:

$$e[n] = x[n] - x_q[n-1]$$

$$e_q[n] = \delta \cdot \text{sign}(e[n]) \qquad\qquad (4.71)$$

$$x_q[n] = x_q[n-1] + e_q[n]$$

El valor de la señal reconstruida $x_q[n]$ es el valor de la reconstrucción anterior $x_q[n-1]$, más un término $e_q[n]$ que puede tomar los valores $+\delta$ o $-\delta$ según si la muestra actual de $x[n]$ es superior o inferior a la anterior (figura 4.80). Nótese que en este modulador el valor de δ debe ajustarse según el margen de variación de la señal $e[n]$.

El hecho de cuantificar a un solo bit podría parecer inadecuado pues, como se ha visto en el apartado 4.9.2, la SNR del cuantificador viene determinada por el número de bits. Sin embargo, la reducción de la SNR como consecuencia de trabajar con $n = 1$ se compensa al necesitarse un menor margen dinámico. En efecto, el nivel de cuantificación venía dado por $q = M / 2^n$. La reducción del valor del denominador por ser $n = 1$ se compensa por otra reducción del numerador ya que el error $e[n]$ presenta poca variación y se puede utilizar un valor reducido de M para codificarlo. De este modo, se mantiene la potencia media de ruido de cuantificación, dada por $\sigma^2_q = q^2 / 12$, donde ahora $q = \delta$. O, dicho con números, la potencia de ruido de cuantificación es la misma para un conversor con un margen $M = 16$ y de 4 bits que para otro de sólo un bit y un valor de $M = 2$.

Así pues, al incrementarse la velocidad de muestreo de la señal (*oversampling*), la variación entre sus muestras es menor y, en consecuencia, puede reducirse el nivel de cuantificación *q* (parámetro δ en el DM). Esta disminución de *q* produce una disminución de la varianza del ruido de cuantificación (σ^2_q), lo que se traduce en un mantenimiento de la SNR.

Pero un valor de δ pequeño, si bien es beneficioso porque reduce el ruido, también impide que se puedan seguir variaciones rápidas de la señal de entrada, por lo que se produce un error de pendiente como el visto en la figura 4.79. De ahí se deduce un criterio de compromiso en el diseño de los DM: un valor grande de δ permite seguir variaciones rápidas de la señal analógica de entrada, mientras que un valor pequeño de δ reduce el ruido de cuantificación.

Si se pudiera limitar la máxima pendiente de la señal de entrada, podría utilizarse un valor pequeño de δ sin error de pendiente. Esta limitación se podría conseguir con un bloque integrador a la entrada del DM (conectado en cascada). Como la respuesta frecuencial del integrador es de tipo paso bajo, las altas frecuencias y, en consecuencia, la velocidad de variación temporal de la señal se verían reducidas.

La adición de un integrador en el emisor es la base de la modulación *delta-sigma* (Δ-Σ). Pero, antes de profundizar en ella, conviene hacer una revisión del DM. Volviendo a la figura 4.81, se observa:

$$x_q[n] = x_q[n\text{-}1] + e_q[n] \tag{4.72}$$

y usando (como en el capítulo 2) el operador D^{-1} para indicar un retardo de una muestra, puede reescribirse esta ecuación como:

$$x_q[n]\,(1 - D^{-1}) = e_q[n] \Rightarrow \frac{x_q[n]}{e_q[n]} = \frac{1}{1 - D^{-1}} \tag{4.73}$$

En el ejemplo 2.4.1 se introdujo una aproximación del operador derivativo basada en una primera diferencia entre la muestra actual y la anterior (denominado operador de primera diferencia de retorno):

$$\frac{d}{dt} \leftrightarrow \frac{1 - D^{-1}}{T} \tag{4.74}$$

cuya operación inversa es:

$$\int \leftrightarrow \frac{T}{1 - D^{-1}} \tag{4.75}$$

Si se supone el período de muestreo T normalizado a la unidad, T = 1, la relación anterior (4.72) entre $x_q[n]$ y $e_q[n]$ puede aproximarse por una integral. Así, se puede pasar del modelo del transmisor DM de la figura 4.81, a un modelo equivalente analógico como el de la figura 4.82, donde se ha obviado el codificador.

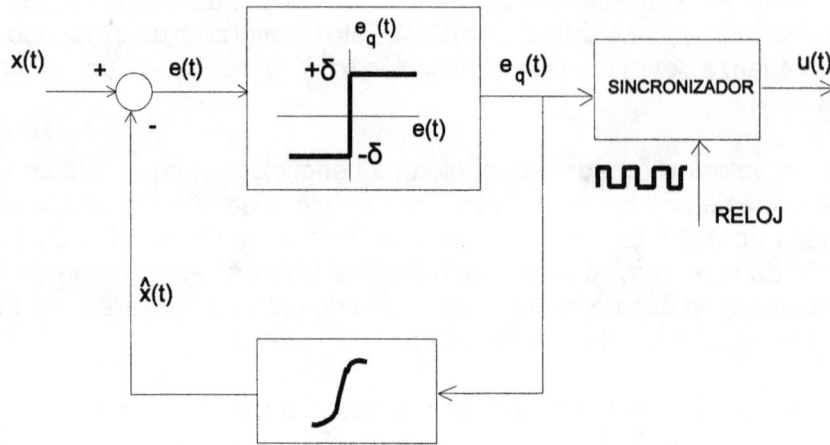

Fig. 4.82. Modulador delta analógico

Por un razonamiento similar, el esquema del receptor de la figura 4.81 sería, en su versión analógica, el de la figura 4.83 (obviando ahora el decodificador).

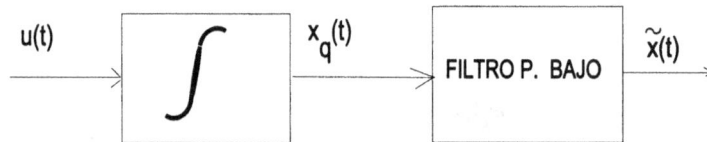

Fig. 4.83. Demodulador delta analógico

El filtro paso bajo se ha añadido para mejorar la reconstrucción, así como para eliminar ruidos cuya frecuencia sea superior a la banda de la señal $x(t)$.

Desplazando la función del bloque integrador del receptor a la entrada del emisor (figuras 4.82 y 4.83), se llega al esquema de la figura 4.84. De este modo, en lugar de recuperar la señal $x_q(t)$ integrando la señal $u(t)$ en el demodulador, se evita esta operación a cambio de transmitir la integral de $x(t)$.

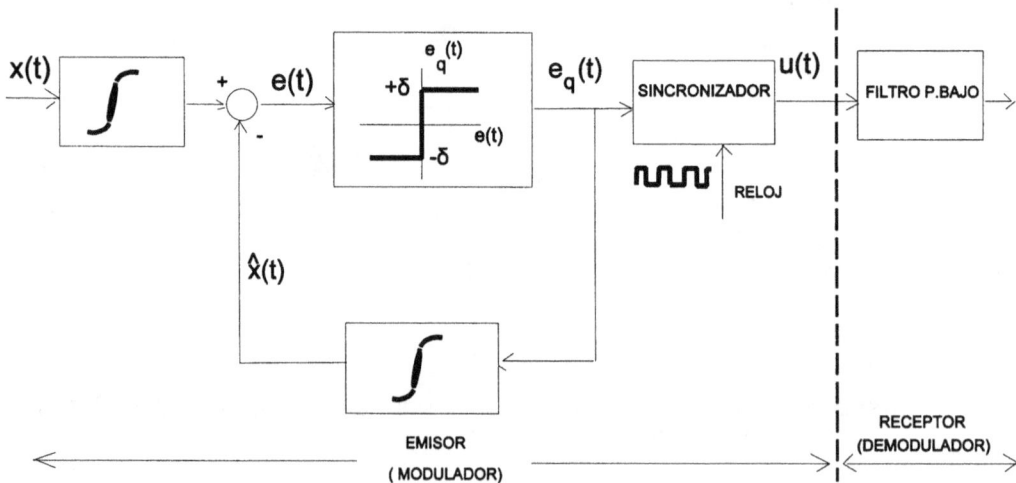

Fig. 4.84. Modificación del modulador delta analógico

Aplicando ahora movilidad a los dos integradores del modulador, el esquema anterior pasa a ser el de la figura 4.85, correspondiente al de un modulador *delta-sigma*.

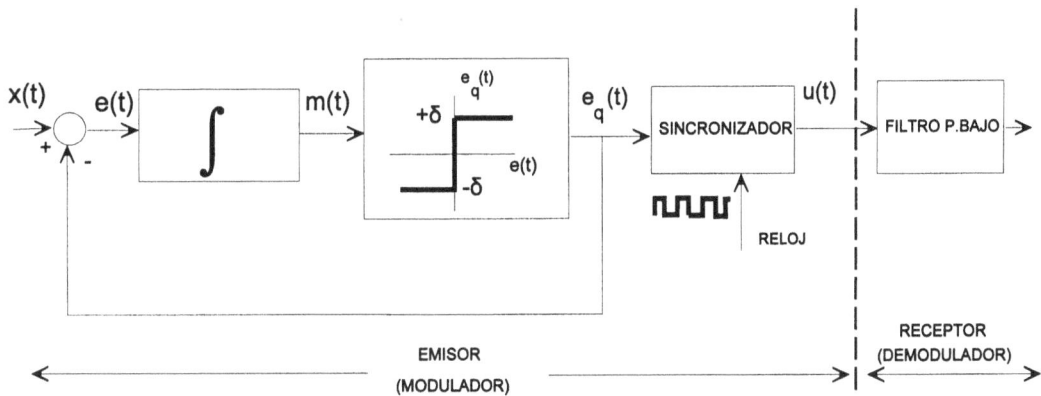

Fig. 4.85. Modulador delta-sigma

Si bien la modulación delta-sigma se ha popularizado con los reproductores de disco compacto (en este caso, el interés de la modulación delta-sigma se centra en la conversión D/A), ya fue propuesta por Inosi en 1963 para aplicaciones de telemetría.

Algunas de las principales aplicaciones de este tipo de modulación se centran en los equipos de audio digital y en filtros digitales de frecuencia intermedia para algunas modulaciones. Nótese que, en el caso de los equipos de audio digital, de gran mercado, la modulación delta-sigma permite abaratar el coste de los reproductores (coste de usuario) ya que la recuperación de la señal de audio a partir de los valores codificados se basa en un simple filtro paso bajo.

Cualitativamente, su análisis es bastante intuitivo. La señal $m(t)$ de la figura 4.85 es:

$$m(t) = \int_{0}^{t} (x(\tau) - e_q(\tau))\, d\tau \qquad (4.76)$$

Si $x(t)$ aumenta, $x(t) > e_q(t)$, también aumenta el valor de la integral (salida del bloque integrador de la figura 4.85), y la salida $e_q(t)$ del cuantificador será $+\delta$. Si, por el contrario, el valor de la entrada $x(t)$ disminuye, $x(t) < e_q(t)$, la entrada al integrador se hace negativa y su salida $m(t)$ irá decreciendo hasta producir un valor de $e_q(t)$ igual a $-\delta$. Así, la señal $e_q(t)$ será una secuencia de pulsos positivos mientras la entrada $x(t)$ crezca, y negativos en caso contrario (figura 4.86).

El filtro paso bajo del receptor hace una función parecida a la de un integrador, aumentando el valor de su salida a medida que se van acumulando valores positivos de δ -o, más exactamente, de la señal ya sincronizada $u(t)$-, y disminuyéndola cuando δ sea negativa. De esta forma, se logra una réplica de la señal $x(t)$.

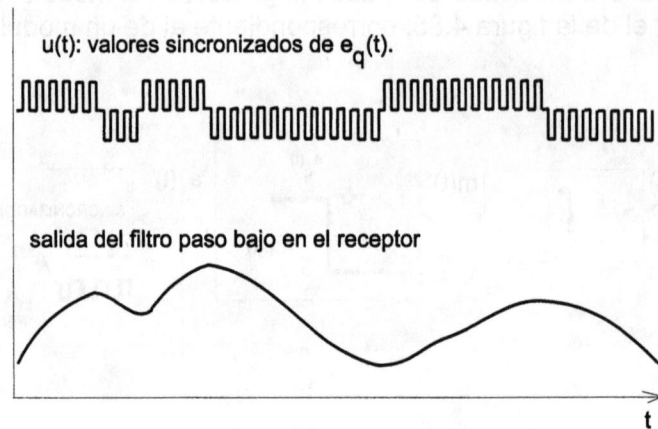

Fig. 4.86. Entrada y salida del receptor

- Comportamiento del modulador delta-sigma frente al ruido de cuantificación

Uno de los aspectos más atractivos del modulador delta-sigma es la reducción del ruido de cuantificación en la banda de la señal audible. Representando por $H(s)$ la función de transferencia del integrador, el modulador delta-sigma de la figura 4.85 puede modelarse como se indica en la figura 4.87, donde $q(t)$ modela el ruido de cuantificación como un ruido aditivo.

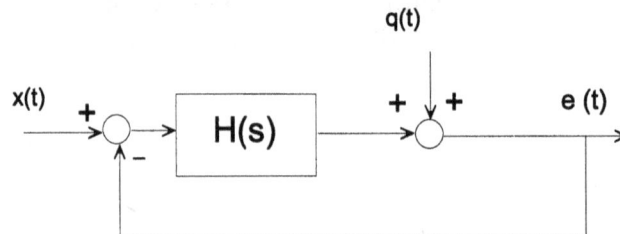

Fig. 4.87. Modelo de ruido del modulador delta-sigma

Aplicando superposición de la entrada de señal $x(t)$ y de la de ruido $q(t)$, y denotando con mayúsculas las trasformadas de Laplace de las diferentes variables, se tiene (tomando $H(s) = 1/s$, la función de transferencia de un integrador analógico):

a) $Q(s) = L[q(t)] = 0 \rightarrow E(s) = H(s)\,(X(s) - E(s)) \Rightarrow$

$\Rightarrow E(s) = \dfrac{H(s)X(s)}{1+H(s)} = \dfrac{1}{s+1}\,X(s) \Rightarrow \dfrac{E(s)}{X(s)} = \dfrac{1}{s+1}$

$$(4.77)$$

b) $X(s) = L[x(t)] = 0 \rightarrow E(s) = Q(s) - H(s)E(s) \Rightarrow$

$\Rightarrow E(s) = \dfrac{1}{1+H(s)}\,Q(s) \Rightarrow \dfrac{E(s)}{Q(s)} = \dfrac{s}{s+1}$

Es decir, la función entre la salida y la señal de entrada $x(t)$ es de tipo paso bajo, mientras que entre la salida y el ruido es paso banda. Haciendo la sustitución $s = jw$ para obtener la respuesta frecuencial de las dos funciones, se observa que el espectro del ruido de cuantificación se desplaza a una banda frecuencial más alta que la de la señal (figura 4.88).

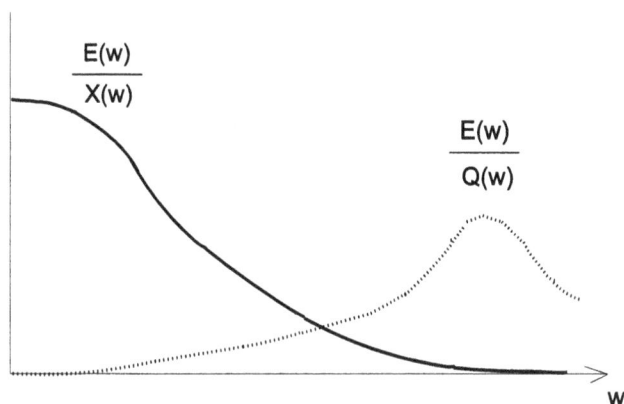

Fig. 4.88. Respuesta frecuencial del ruido

Los conversores delta sigma se utilizan también como conversores analógico-digitales de salida en serie. Como el código equivalente a cada muestra de la señal analógica viene determinado por una secuencia de bits, esta salida del conversor A/D puede conectarse a un microprocesador o a una DSP usando una sola patilla, lo que reduce el número de puertos de entrada-salida del sistema.

La mayoría de conversores delta-sigma comercializados están pensados para la banda de audio y son valores típicos conversores con frecuencias de muestreo de 32 kHz, 44,1 kHz, 48 kHz o 50 kHz, con una calidad equivalente a 16, 18 o 21 bits.

4.15. Transmisión asíncrona

En los apartados 4.10 y 4.11 se ha supuesto una transmisión síncrona, basada en un reloj que permitía alinear los símbolos transmitidos y recibidos. Si bien este tipo de transmisión es la más eficiente en velocidad, no es la única. En muchos sistemas de transmisión de datos en que la velocidad de las comunicaciones no es crítica, como por ejemplo en sistemas de control distribuido tipo SCADA, o bien en sistemas en los que el bajo coste es de capital importancia, se utilizan transmisiones asíncronas. Estas transmisiones son también habituales entre un microprocesador y sus periféricos.

En una transmisión asíncrona no se requieren relojes sincronizados entre el emisor y el receptor. Los bits obtenidos como resultado de cada conversión A/D se "empaquetan" entre un bit de inicio (*start*) y uno o más bits de final (*stop*), los cuales indican al receptor el inicio y el final, respectivamente, del envío de cada muestra.

Opcionalmente, pueden añadirse bits adicionales para detectar errores durante la transmisión. Las *Universal Asincronous Receiver and Transmitter* (UART) son los dispositivos electrónicos más usuales en el desarrollo de comunicaciones asíncronas. Con estos dispositivos, los errores se detectan como errores de paridad, es decir, los bits adicionales indican si se ha transmitido un número impar o par de "unos". De esta forma, el receptor puede saber si durante la transmisión algún bit ha cambiado de valor ya que, en este caso, no coincidiría la información del bit de paridad con el número de "unos" recibidos (aunque con limitaciones: varios errores pueden enmascararse entre ellos, engañando al bit de paridad).

Obviamente, al añadirse bits adicionales de inicio, de final y de paridad se frena la velocidad de las comunicaciones con relación a las comunicaciones síncronas. En la figura 4.89 pueden verse las estructuras de una trama asíncrona y de otra síncrona.

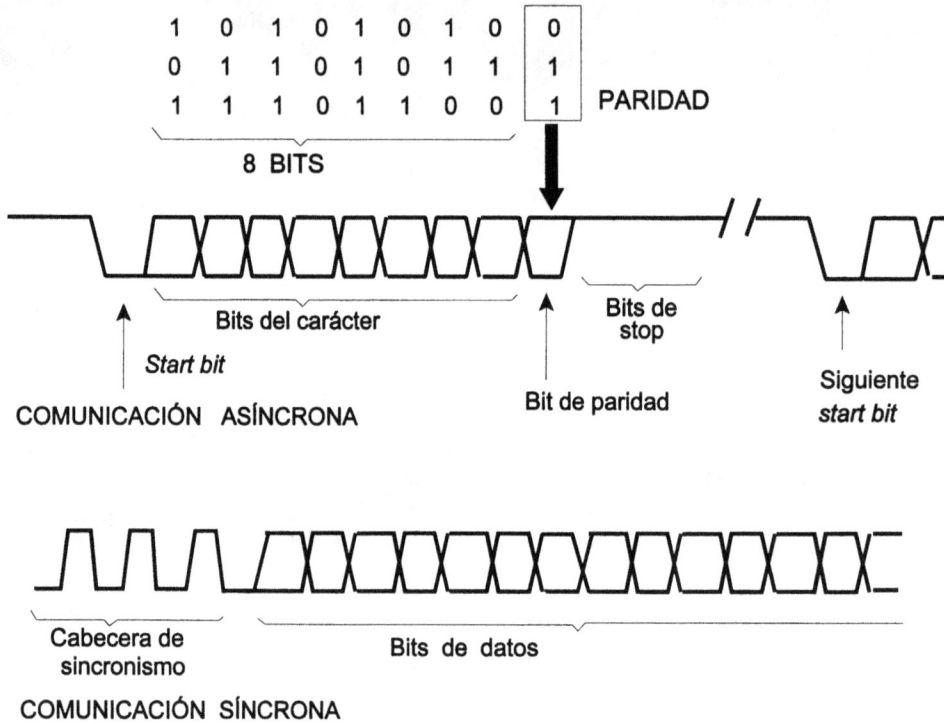

Fig. 4.89. Comunicaciones asíncrona y síncrona

EJERCICIOS

4.1.   Dada la señal $x_a(t)$ cuya transformada de Fourier $X_a(\omega)$ viene dada por:

$$X_a(\omega) = \begin{cases} \cos^2\left(\dfrac{\pi}{2}\dfrac{\omega}{\omega_M}\right), & |\omega| < \omega_M \\[2mm] 0, & fuera \end{cases}$$

se pide:

a)   Representar $X_a(\omega)$.

b)   Determinar $x_a(t)$ y representarla.

c)   La señal $x_a(t)$ es muestreada con un período de muestreo $T_s = 2\pi/3\omega_M$, como se muestra en la figura. Dibuje y etiquete el tren de deltas $p(t)$ utilizado en dicha operación.

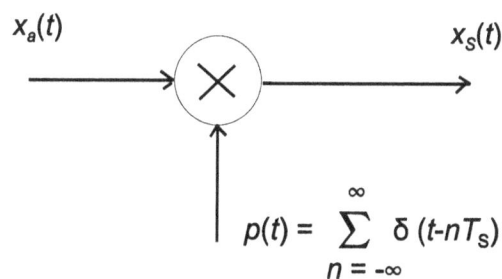

d)   Determine $P(\omega)$ y dibújela cuidadosamente.

e)   Determine y dibuje $x_s(t) = p(t) \cdot x_a(t)$ y $X_s(\omega)$. ¿Existe *aliasing*? En caso afirmativo, indique cómo podría evitarlo.

f)   La señal $x_s(t)$ se introduce en un sistema de mantenimiento (*hold*), tal como se muestra en la siguiente figura, de forma que a la salida se obtiene una nueva señal $x_{sh}(t)$. Dibuje $x_{sh}(t)$.

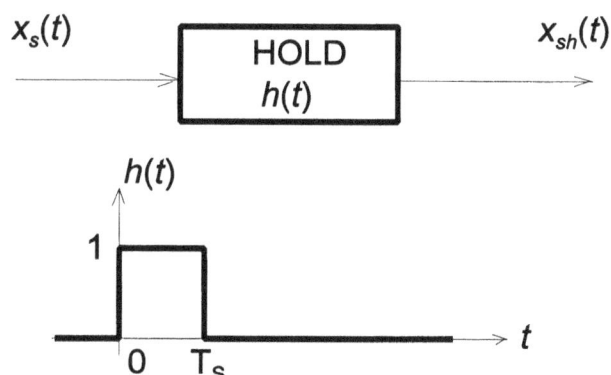

g)   Determine y dibuje $X_{sh}(\omega)$.

h)   Por último, se desea recuperar la señal $x_a(t)$ a partir de $x_{sh}(t)$. A juzgar por los resultados de los apartados anteriores, ¿es esto posible? En el caso de que lo sea, determine y dibuje la función de transferencia de un filtro $R(\omega)$ que permita la recuperación.

i)   Repita los apartados *e, f, g* y *h* para $T_s = 2\pi/\omega_M$

4.2.   Una señal analógica contiene frecuencias desde 0 hasta 10 kHz.

a)   ¿Qué rango de frecuencias de muestreo permitirá una reconstrucción exacta de esta señal a partir de sus muestras?

b)   Suponga que se muestrea la señal con una frecuencia de muestreo $f_s = 18$ kHz. Examine qué le ocurrirá a la frecuencia de entrada $f_1 = 5$ kHz.

c)   Repita el apartado *b* para la frecuencia $f_2 = 9$ kHz.

4.3.   Un electrocardiograma analógico (ECG) contiene frecuencias útiles de hasta 80 Hz.

a)   ¿Cúal es la frecuencia de Nyquist para dicha señal?

b)   Suponga que se dispone de un sistema que muestrea dicha señal a un ritmo de 120 muestras/segundo. ¿Cúal es la mayor frecuencia que puede ser procesada de forma correcta por el sistema? ¿Es necesario el filtro *antialising*?

c)   Repita los apartados anteriores si el electrocardiograma tiene un ancho de banda de 100 Hz y se muestrea a 250 Hz.

4.4.   La señal discreta $x[n] = 6,35\cos(\pi n/10)$ es cuantificada con una resolución:

a) $\Delta = 0,1$ b) $\Delta = 0,02$

¿Cuántos bits se requieren en el conversor A/D en cada caso?

4.5.   ¿Cuántos bits por segundo son requeridos para el almacenamiento de una señal sísmica si el ritmo de muestreo es $f_s = 20$ Hz y se utiliza un conversor A/D de 8 bits. ¿Cúal es la máxima frecuencia que puede tener dicha señal sísmica? ¿Qué capacidad (en bytes) sería necesaria para almacenar 1 minuto de señal?

4.6.   El muestreo natural encuentra aplicación en el ámbito de las comunicaciones, al poder utilizarse como modulador de señales en DSB. Una señal $x(t)$ modulada en DSB tiene la forma $y(t) = x(t)\cos(\omega_0 t + \varphi_0)$. El propósito de este ejercicio es estudiar dicha posibilidad. Para ello, considere una señal $x(t)$ de banda limitada ($X(\omega) = 0$ si $|\omega| > \omega_M$) que resulta multiplicada por una señal $p(t)$ como la que se muestrea en la figura siguiente:

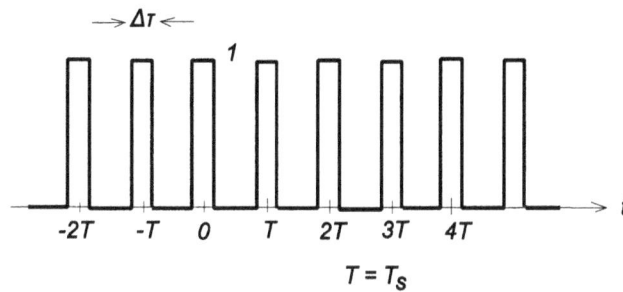

$$T = T_S$$

a)   Determine la transformada de Fourier (o el desarrollo en serie de Fourier si lo prefiere) de la señal $p(t)$.

Nota. La transformada de Fourier de una señal periódica se puede obtener desarrollando en serie de Fourier y transformando la expresión obtenida.

b)   Se denomina $x_p(t)$ a la señal producto de $x(t)$ y $p(t)$. Obtenga la expresión que relaciona $X(\omega)$ y $X_p(\omega)$ cuando $T_s < _{Tnyquist} = \pi/\omega_M$

c)   La señal obtenida, $x_p(t)$, ¿presenta distorsión de apertura?

d)   Obtenga la transformada de Fourier $Y(\omega)$ de $y(t)$ en función de $X(\omega)$.

e)   Explique cómo obtendría una modulación DSB de $x(t)$ a partir de $x_p(t)$ y qué valores de φ_0 y ω_0 pueden obtenerse.

4.7.   La señal $x(t) = 5 \cdot \cos(100\ t)$ se muestrea a una frecuencia $\omega_s = 500$. La señal muestreada $x_s(t)$ pasa por el filtro ideal de la figura.

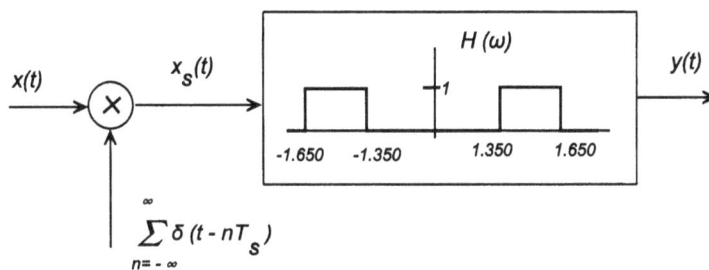

Se pide:

a)   Representar gráficamente $X(\omega)$ y $X_s(\omega)$.

b)   Determinar (gráficamente) $Y(\omega)$.

c)   Obtener la expresión de $y(t)$.

d)   Representar, de forma aproximada, $Y(\omega)$ si, en lugar del filtro paso banda, se utiliza un ZOH (*zero order hold*) como reconstructor.

4.8.   Frecuentemente es necesario observar en un osciloscopio formas de onda con estructuras temporales muy cortas, por ejemplo, en la escala de las milésimas de nanosegundo. Puesto que el tiempo de subida de los osciloscopios más rápidos es superior, dichas formas de onda no pueden ser mostradas directamente. Sin embargo, si la forma de onda es periódica, el resultado deseado puede obtenerse indirectamente utilizando un instrumento denominado *osciloscopio de muestreo*.

La idea, tal como muestra la figura, es muestrear la señal $x(t)$ una vez por período, pero cada vez un poco más tarde. El incremento Δ debe ser un intervalo de muestreo elegido correctamente en relación con el ancho de banda de $x(t)$. Si el tren de impulsos resultante se hace pasar luego por un filtro paso bajo adecuado, $y(t)$ será proporcional a $x(t)$ pero ralentizada, es decir, $y(t) = x(at)$, donde $a < 1$.

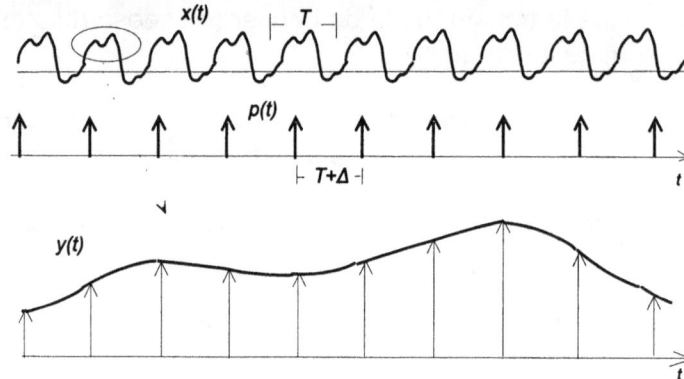

Para $x(t) = A+B\cdot\cos((2\pi/T)t+\theta)$, encuentre un rango de valores de Δ de forma que $y(t)$ sea proporcional a $x(at)$, con $a < 1$. Determine también el valor de a en función de T y Δ.

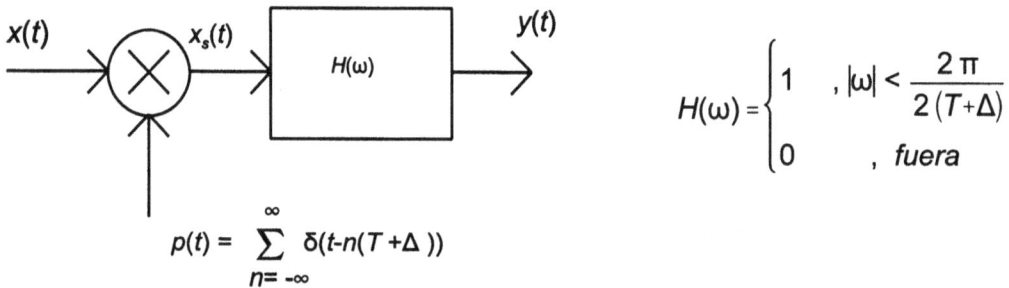

$$H(\omega) = \begin{cases} 1 & , |\omega| < \dfrac{2\pi}{2(T+\Delta)} \\ 0 & , \ fuera \end{cases}$$

$$p(t) = \sum_{n=-\infty}^{\infty} \delta(t-n(T+\Delta))$$

4.9.   La secuencia $x[n] = \cos(\pi n/4)$ se obtiene al muestrear una señal analógica $x_a(t) = \cos(\omega_0 t)$ a una velocidad de muestreo de 1.000 muestras/s. Determine dos valores posibles de ω_0 que pudieran haber dado el resultado obtenido.

4.10.   Si los conversores A/D y D/A del esquema de la figura fueran ideales, la señal de salida $y(t)$ sería idéntica a la entrada $x_a(t)$. Sin embargo, como ya se ha estudiado, ello no es así. Responda a las cuestiones siguientes:

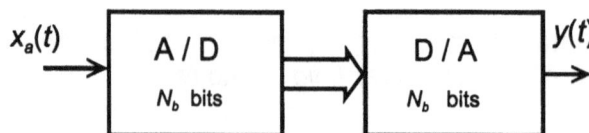

Tiempo de conversión $T = T_s$

a) ¿Qué ditorsiones aparecen (o podrían aparecer) en el esquema anterior? Explique de forma cualitativa cuáles son sus causas y cómo podrían evitarse o corregirse.

b) Si $x_a(t)$ tiene un espectro como el de la figura:

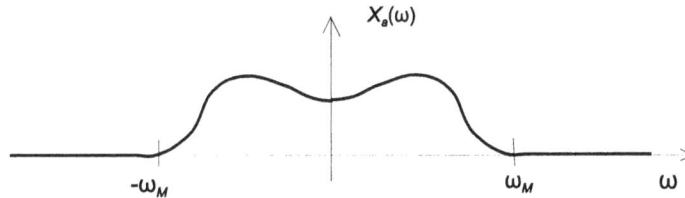

dibuje el espectro de las señales $x_a(t)$ e $y(t)$, suponiendo $w_s > 2w_m$ (para la representación de y(t), ignore los posibles efectos debidos a la cuantificación).

4.11. Se desea presentar una lectura digital (en un *display* de cuarzo líquido) de la velocidad de un coche, sustituyendo al sistema analógico de presentación. Si la velocidad máxima a representar es de 200 km/h, con una resolución de 1 km/h, ¿cuántos bits debe tener el conversor A/D? ¿Tendría sentido un cuantificador no uniforme? ¿Por qué?

4.12. Una señal de voz con calidad telefónica ocupa la banda de frecuencias comprendida entre 300 Hz y 3.400 Hz, como muestra la figura.

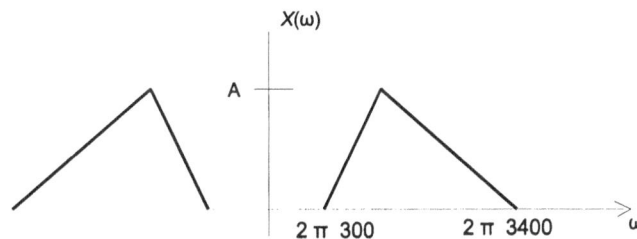

a) ¿Cuál es la frecuencia de Nyquist para dicha señal?

Esta señal es muestreada en una central telefónica a 8 kHz, con un conversor A/D no uniforme de 8 bits.

b) Dibuje el espectro de la señal muestreada $X_s(w)$.

c) ¿Cuál es la velocidad (en bits por segundo) necesaria para transmitir una señal de voz en las condiciones anteriores?

La central telefónica, sin embargo, no transmite las señales de cada usuario una a una, sino agrupadas en los denominados MIC 30+2. Cada MIC está formado por 30 señales como la descrita, más dos canales de datos a la misma velocidad.

d) ¿Qué velocidad (en bits por segundo) se requiere para transmitir un grupo MIC 30+2?

La central receptora separa los 30 canales y recupera las señales analógicas originales, que son enviadas a los destinatarios.

e)   Indique cualitativamente cuál debe ser la forma de los filtros reconstructores, teniendo en cuenta la distorsión de apertura.

4.13.   Explique, de forma cualitativa, los puntos siguientes:

a)   La(s) distorsion(es) que puede(n) aparecer en el muestreo ideal de una señal y la forma de evitarla(s).

b)   La(s) forma(s) de reconstruir una señal muestreada idealmente.

c)   La distorsión que aparece en un muestreo real y la forma de corregirla.

4.14.   Los canales de comunicación A, B y C ocupan bandas frecuenciales adyacentes, tal como se muestra en la figura:

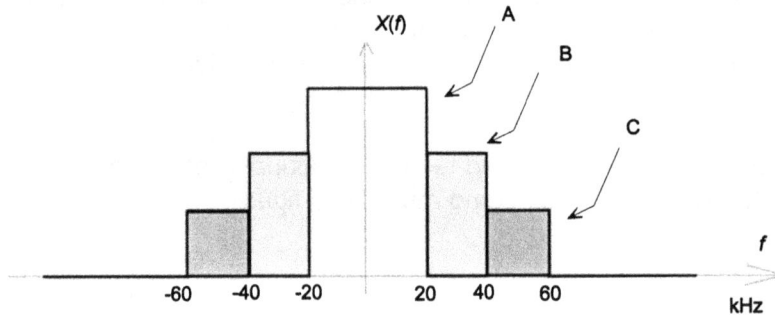

a)   ¿Qué canales se pueden recuperar correctamente si se muestrea la señal $x(t)$ a una frecuencia de 80 kHz sin utilizar filtros *antialiasing*?

b)   ¿Qué frecuencia de corte debe presentar el filtro *antialiasing* (supuesto ideal) para que se pueda recuperar un canal más que en el apartado *a*.

4.15.   Se ha captado, desde una antena, una señal $s(t) = x(t) \cdot \cos 10^7 t$, siendo $x(t)$ una señal de banda limitada a 5 kHz. Utilizando electrónica analógica, se ha implementado el montaje de la figura:

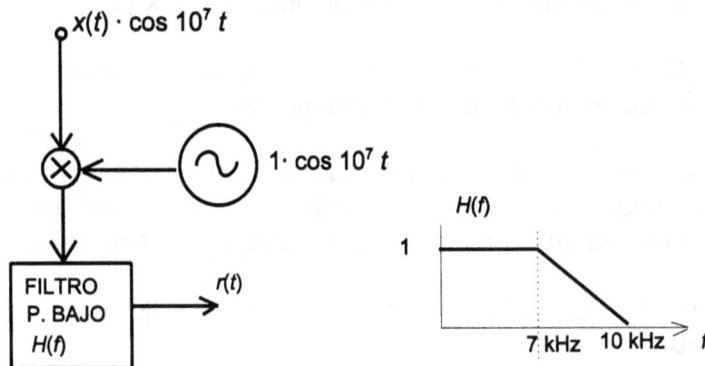

¿Cuál es la frecuencia mínima a la que se debe muestrear la señal $r(t)$, considerando que en su posterior reconstrucción se usará un filtro paso bajo no ideal con una banda de transición de 4 kHz?

4.16. El circuito de la figura es una tarjeta de interficie analógica para las DSP de Texas Instruments. Concretamente, corresponde a la serie TLC 32040. Describa la función de cada uno de los bloques de la tarjeta.

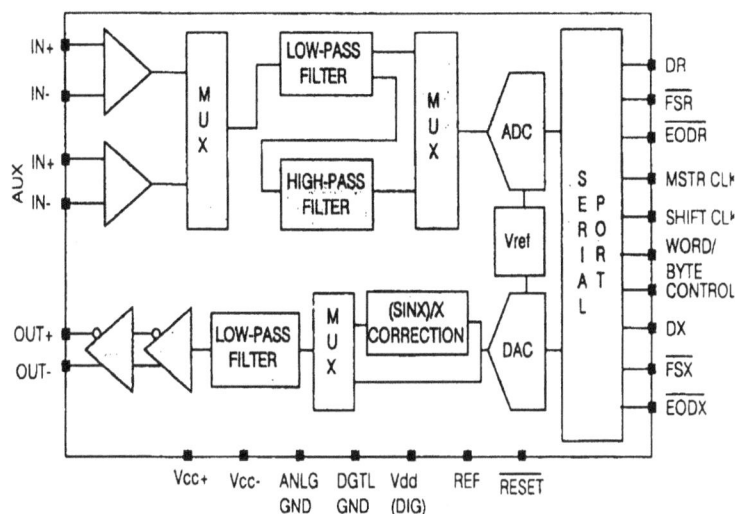

4.17. Se dispone de un conversor A/D unipolar de 8 bits con un margen de entrada de 0 a 10 voltios.

a) Proponga un circuito con amplificadores operacionales que permita usar dicho conversor A/D para muestrear una señal que va de -10 voltios a 10 voltios.

b) ¿Cúal será la resolución máxima con la que se pueda muestrear la señal?

c) Determine la relación SNR (en dB) si la señal de entrada es una senoide.

d) Determine la misma relación si la señal de entrada tiene una función de densidad uniforme como la de la figura:

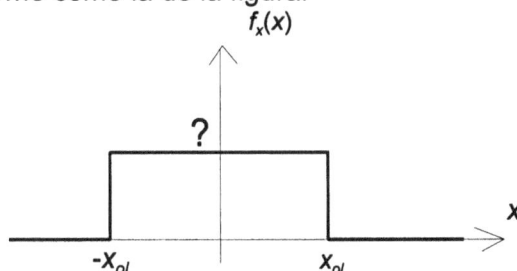

4.18. Una señal estacionaria $x(t)$ sigue una estadística normal de media 0 y varianza σ^2. Si dicha señal se utiliza como entrada en un cuantificador de N_b bits y con amplitud de sobrecarga x_{ol}:

a) Demuestre que la relación que debe existir entre x_{ol} y σ_x para que la probabilidad de sobrecarga sea inferior a 10^{-5} (es decir, un 0,001% del tiempo) es $x_{ol} = 4\sigma_x$.

Nota. Es necesario hacer uso de las tablas de la función erf o erfc.

b) Manteniendo la relación anterior, calcule la relación señal a ruido (tenga sólo en cuenta el ruido granular).

4.19. Determine la relación señal a ruido de cuantificación para un cuantificador uniforme de N_b bits, con un margen dinámico de $2x_{ol}$, cuando la entrada es:

a) Una senoide de amplitud $x_{ol}/2$.

b) Una señal aleatoria de densidad de probabilidad como la mostrada en la figura:

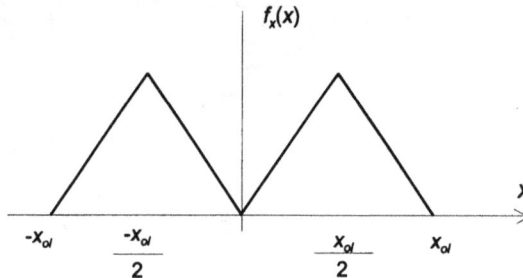

4.20. El esquema de la figura corresponde a un esquema simplificado de una transmisión por modulación de impulsos codificados (PCM), mediante la cual se envía por el canal de comunicación una secuencia de pulsos correspondientes a la codificación de las muestras $x_s(t)$ de la señal $x_a(t)$. El tiempo de conversión en el conversor A/D es de 20 µs, mientras que las restantes operaciones (filtrado, conversiones paralelo-serie y serie-paralelo, regeneración de impulsos y conversión D/A) son más rápidas, por lo que las supondremos instantáneas. También se supone ideal al canal de comunicaciones.

a) Indique el objetivo del FILTRO 1. ¿Qué frecuencia de corte debe presentar si:

a.1) $x(t) = e^{-at} u(t)$?

a.2) $x(t)$ = señal de audio comprendida entre 20 Hz y 20 kHz?

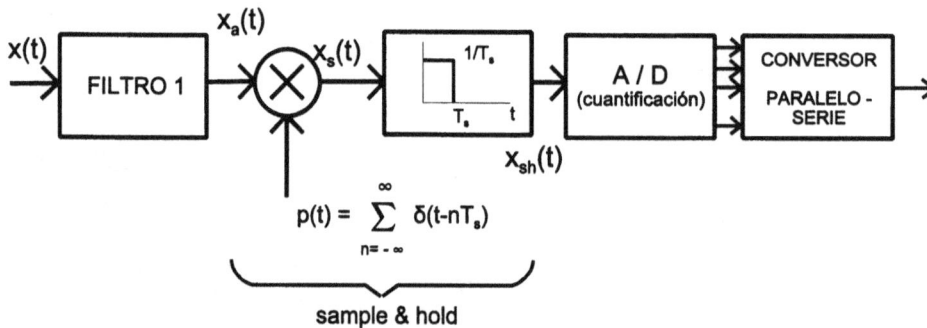

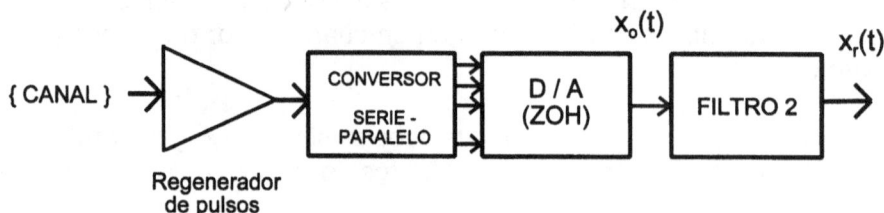

b) Dibuje, para el caso *a.1* del apartado anterior (ignorando posibles efectos debidos a la cuantificación), el espectro de las señales $x(t)$, $x_a(t)$, $x_s(t)$ y $x_o(t)$.

c) Indique la función del FILTRO 2. Dibuje, de forma aproximada, su curva de amplificación.

d) Obtenga la probabilidad de saturación (sobrecarga) del conversor A/D si su margen de entrada es de - 10 voltios a 10 voltios, y la señal que se presenta a su entrada tiene una estadística de valores (tensiones) descrita por la siguiente función de densidad uniforme:

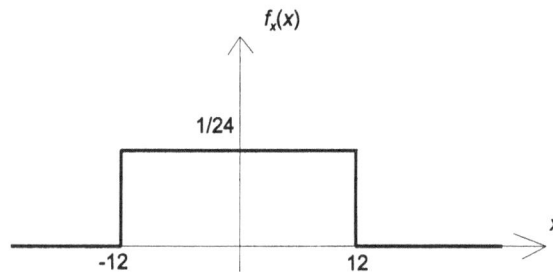

e) Si la señal que aparece a la entrada del conversor A/D es una senoide de 10 voltios de amplitud, y considerando sólo el ruido de cuantificación, determine el número de bits del conversor para tener una relación señal/ruido (SNR) superior a 60 dB.

4.21. Se desea construir un prototipo de osciloscopio digital capaz de trabajar desde continua hasta una frecuencia de 50 MHz. Se dispone de un *display* LCD con una resolución de 320 x 400 puntos, sobre el que hay dibujada una retícula tal como se muestra en la figura.

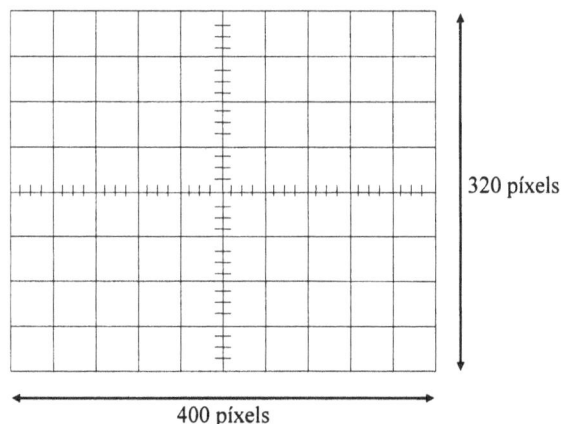

El osciloscopio utiliza un conversor A/D simétrico uniforme con un rango de tensiones de entrada desde -5 V hasta 5 V. Dado que la sensibilidad del osciloscopio debe poder variar desde 5 mV/div hasta 5 V/div, es necesario colocar a la entrada un amplificador, cuya ganancia variará en función de la sensibilidad escogida, de modo que se utiliza un esquema como el mostrado en la figura siguiente:

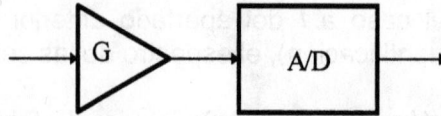

Se pide determinar:

a)   El número de bits mínimo necesario en el conversor A/D.

b)   La velocidad mínima de muestreo del conversor A/D

c)   La ganancia que debe presentar la etapa amplificadora cuando la resolución es 5 mV/div. ¿Y para una resolución de 5 V/div?

5

SEÑALES Y SISTEMAS DISCRETOS

5.1. Introducción

En este capítulo se estudian las señales y los sistemas discretos lineales e invariantes (sistemas LTI) tanto en el dominio del tiempo como en el dominio de la transformada Z. Si bien la realidad física dice que los sistemas físicos suelen tener un cierto grado de alinealidades y de comportamiento variante con el tiempo, también es cierto que estos aspectos suelen ser menores en el comportamiento global del sistema, en muchos casos. Por ejemplo, en electrónica analógica, un amplificador de potencia de audio varía sus características a medida que los transistores (dispositivos intrínsecamente no lineales) se van calentando; sin embargo, esta variación suele ser tan pequeña que un modelo lineal e invariante en el tiempo –y, por tanto, simplificado– de su comportamiento suele ser suficiente para su estudio en pequeña señal. Los sistemas LTI son los más habituales en el modelado de sistemas físicos, y sobre ellos se puede desarrollar un conjunto compacto de herramientas de análisis y diseño. Precisamente gracias a la disponibilidad de este conjunto universal de herramientas para el análisis de sistemas LTI, en muchas ocasiones los sistemas no lineales se tratan aproximándolos a sistemas lineales para poder utilizar herramientas compactas y sencillas en su análisis.

5.2. Caracterización en el dominio temporal

Los conceptos que se introducen en este apartado son básicos y, por tanto, capitales para posteriores profundizaciones; tal es el caso de la respuesta impulsional o de la convolución de secuencias. Asimismo, se aborda un primer estudio de ciertas características de los sistemas, como su inversibilidad, su causalidad o su estabilidad, las cuales serán el punto de partida para la realización de diseños. El apartado se concluye con una primera aproximación a los diagramas de programación en formas directas, dejándose para más adelante otras formas de programación. Es importante resaltar que, a diferencia de los sistemas continuos, la convolución no será sólo una herramienta de análisis, sino que también será una alternativa para la implementación (programación) de filtros digitales con la que se podrá ir calculando la salida $y[n]$ del filtro a partir de su respuesta impulsional $h[n]$ y de las muestras de la entrada $x[n]$.

El cálculo de algunas relaciones que aquí se introducen será más eficiente en otros dominios, como es el plano Z (de igual modo que la transformada de Laplace simplifica ciertos estudios de sistemas continuos), por lo que se insistirá más en sus aspectos conceptuales que en el dominio de una operatividad que, en el dominio temporal, resultaría desproporcionadamente dificultosa.

También se introduce un apartado dedicado a las ecuaciones en diferencias. Si bien su resolución en el dominio temporal es más dificultosa (excepto para ejemplos sencillos) que con otras herramientas que se verán posteriormente en este mismo capítulo, se ha considerado interesante mantener este tema a fin de que el lector vea la dualidad entre las ecuaciones en diferencias y la transformada Z respecto a las ecuaciones diferenciales y la transformación de Laplace para sistemas de tiempo continuo.

5.2.1. Sistemas LTI: respuesta impulsional

Los sistemas lineales e invariantes (LTI) se caracterizan por cumplir las propiedades siguientes:

a) Linealidad:

Un sistema es lineal si y sólo si podemos aplicar el principio de superposición.

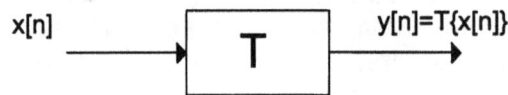

$$x[n] \longrightarrow \boxed{T} \longrightarrow y[n]=T\{x[n]\}$$

Fig. 5.1. Sistema lineal

Dadas dos señales de entrada diferentes $x_1[n]$ y $x_2[n]$, con salidas $y_1[n]$ e $y_2[n]$, respectivamente, se cumple:

$$k_1\, x_1[n] + k_2\, x_2[n] = k_1\, y_1[n] + k_2\, y_2[n] \tag{5.1}$$

siendo k_1 y k_2 constantes.

b) Invarianza temporal:

Si la respuesta del sistema $y[n]$ sólo depende de T y de la entrada $x[n]$, pero no del instante de tiempo en que se aplica la entrada, se dice que es invariante en el tiempo, o t-invariante.

En este caso, si en el instante de muestreo n se obtiene una salida $y[n]$ para una entrada $x[n]$, un desplazamiento temporal de la entrada al instante $n-n_0$ da la misma salida, pero también desplazada a $n-n_0$, es decir, $y[n-n_0]$.

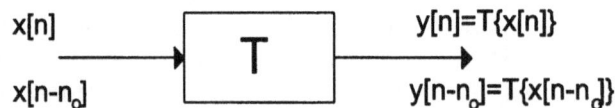

$$\begin{array}{l} x[n] \\ x[n-n_0] \end{array} \longrightarrow \boxed{T} \longrightarrow \begin{array}{l} y[n]=T\{x[n]\} \\ y[n-n_0]=T\{x[n-n_0]\} \end{array}$$

Fig.5. 2. Sistema invariante en el tiempo

5.2.2. Respuesta impulsional

Los sistemas LTI quedan determinados a partir de su respuesta impulsional, la cual se define como la respuesta del sistema a una función delta.

$$T\{\,\delta[n]\,\} = h[n]$$
$$T\{\,\delta[n\text{-}k]\,\} = h[n\text{-}k] \tag{5.2}$$

Toda señal discreta se puede representar como una suma, ponderada por el valor de las muestras, de funciones delta desplazadas a lo largo de los instantes de muestreo:

$$x[n] = \sum_{k=-\infty}^{\infty} x[k]\,\delta[n-k] \tag{5.3}$$

donde $x[k]$ se corresponde con el valor de la muestra en el instante k. Así, aplicando superposición e invarianza:

$$y[n] = T\{x[n]\} = T\{\sum_{k=-\infty}^{\infty} x[k]\,\delta[n-k]\} = \sum_{k=-\infty}^{\infty} x[k]\,T\{\delta[n-k]\} =$$

$$= \sum_{k=-\infty}^{\infty} x[k]\,h[n-k] = x[n] * h[n] \tag{5.4}$$

se obtiene que la respuesta del sistema no es más que la *convolución* de la excitación $x[n]$ con la respuesta impulsional $h[n]$.

5.2.2.1. Convolución discreta (suma de convolución)

La convolución de dos secuencias $x[n]$ e $y[n]$ se define de la forma siguiente:

$$z[n] = x[n] * y[n] = \sum_{m=-\infty}^{\infty} x[m]\,y[n-m] = \sum_{m=-\infty}^{\infty} x[n-m]\,y[m] \tag{5.5}$$

Propiedades:

a) *Conmutativa:* $y[n] = x[n]*h[n] = h[n]*x[n]$

$$y[n] = x[n] * h[n] = \sum_{k=-\infty}^{\infty} x[k]\,h[n-k] = \{k=n-m\} =$$

$$= \sum_{m=-\infty}^{\infty} x[n-m]\,h[n-(n-m)] = \sum_{m=-\infty}^{\infty} x[n-m]\,h[m] =$$

$$= \sum_{m=-\infty}^{\infty} h[m]\,x[n-m] = h[n] * x[n] \tag{5.6}$$

b) Asociativa: $x[n]*(h1[n]*h2[n]) = (x[n]*h1[n])*h2[n]$

$$x[n] * (h_1[n] * h_2[n]) = \sum_{k=-\infty}^{\infty} x[k](h_1[n-k] * h_2[n-k]) =$$

$$= \sum_{k=-\infty}^{\infty} x[k] \sum_{m=-\infty}^{\infty} h_1[m]h_2[n-k-m] = \{ m=m-k \} =$$

$$= \sum_{m=-\infty}^{\infty} \sum_{k=-\infty}^{\infty} x[k]h_1[m-k]h_2[n-m] = \sum_{m=-\infty}^{\infty} (x[m] * h_1[m])h_2[n-m] =$$

$$= x([n] * h_1[n]) * h_2[n] \tag{5.7}$$

c) Distributiva: $x[n]*(h1[n]+h2[n]) = x[n]*h1[n] + x[n]*h2[n]$

La demostración de esta propiedad se propone como ejercicio.

Ejemplo de convolución gráfica:

Se trata de determinar gráficamente el resultado de la operación de convolución de la ecuación 5.5:

$$z[n] = x[n] * y[n] = \sum_{m=-\infty}^{\infty} x[m]y[n-m] = \sum_{m=-\infty}^{\infty} x[n-m]y[m]$$

El primer paso consiste en preparar el término $x[n-m]$ –igualmente se habría podido optar por $y[n-m]$. Para ello, se invierte (reflexión sobre el eje de tiempos) y se desplaza una de las señales sobre el eje de tiempos m.

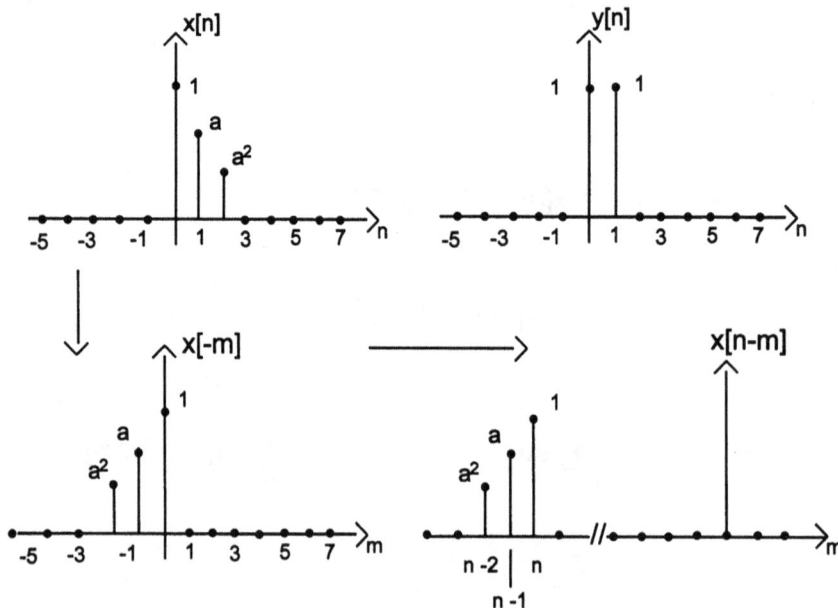

Otra alternativa para obtener $x[n-m]$ es representar $x[m]$, desplazarla n muestras hacia la derecha, $x[m-n]$, y hacer una reflexión del resultado:

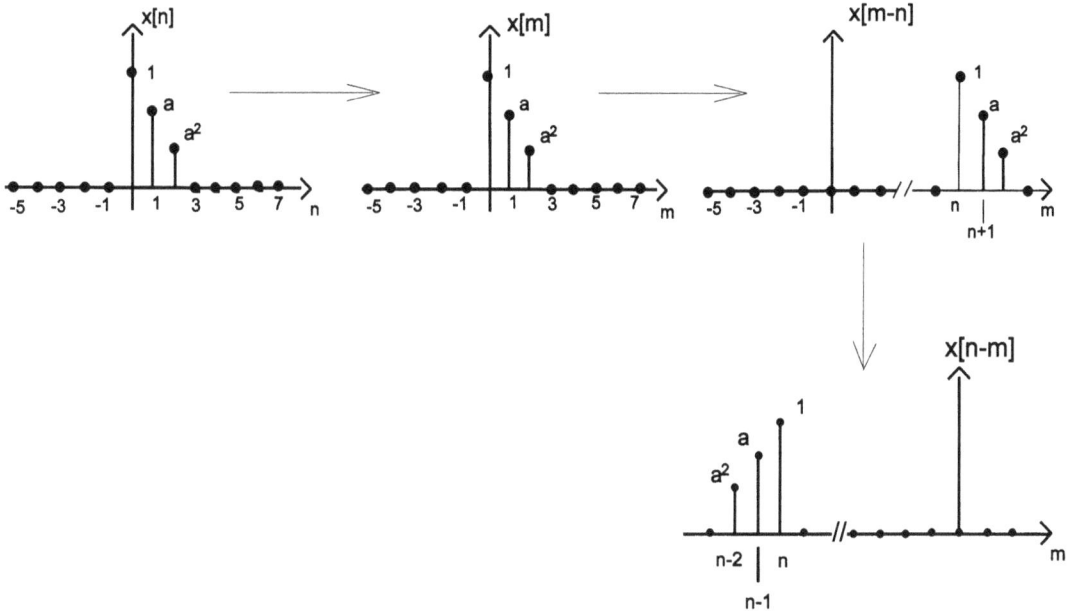

El siguiente paso es ir desplazando $x[n-m]$ muestra a muestra (dando valores a n):

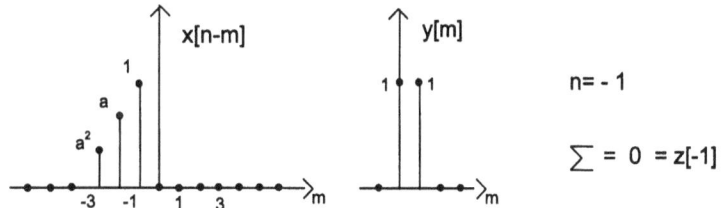

$n = -1$

$\sum = 0 = z[-1]$

(todas las muestras anteriores a $n = 0$ son cero).

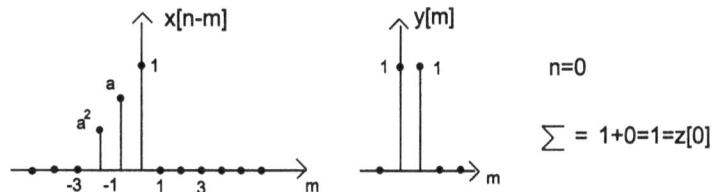

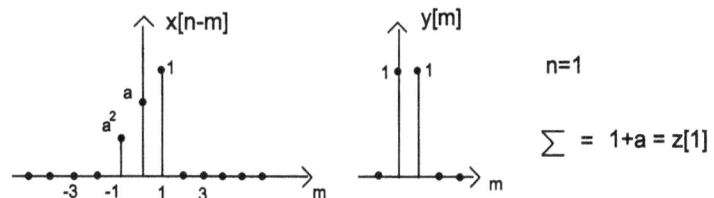

$n = 0$

$\sum = 1+0 = 1 = z[0]$

$n = 1$

$\sum = 1+a = z[1]$

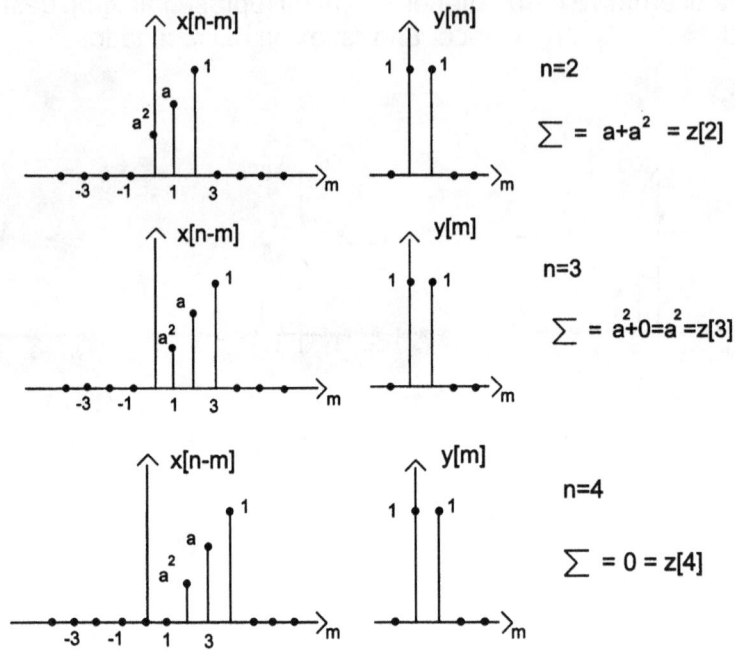

Por tanto, la secuencia obtenida será:

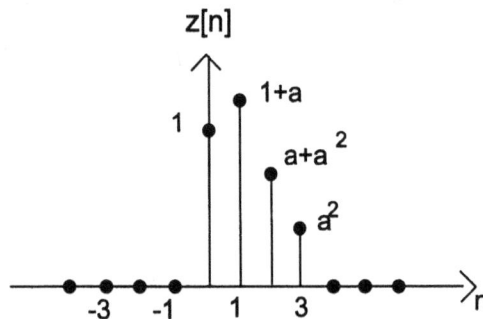

Se puede observar que la longitud (duración) de la secuencia resultado de la convolución es la suma de las longitudes de las dos secuencias a convolucionar, menos uno:

$$Lz = Lx + Ly - 1 \tag{5.8}$$

(L: longitud de la secuencia)

A la vista del anterior ejemplo de convolución gráfica y conociendo la longitud del resultado de la convolución por la ecuación (5.8), es fácil diseñar algoritmos para el cálculo de la convolución de dos secuencias. Entre los diferentes algoritmos que recoge la bibliografía son bastante eficientes los denominados *sistólicos*, basados en bucles anidados. Sin embargo, como se verá más adelante (en el apartado 8.12), es computacionalmente más eficiente en número de operaciones y, por tanto, en tiempo de cálculo, seguir una camino que en este momento pude parecer extraño: el cálculo de la convolución mediante los algoritmos de la transformada rápida de Fourier (FFT), lo que conlleva operar en el dominio transformado convirtiendo la operación de convolución en multiplicaciones, para después antitransformar el resultado. Algo que no debe extrañar ya que también era un camino alternativo (y el usual) en el caso de los sistemas de tiempo continuo. Pero esto será objeto de estudio en el capítulo 8.

5.2.2.2. Álgebra elemental de bloques

Aplicando las propiedades anteriores de la convolución a las conexiones más básicas entre subsistemas lineales, pueden simplificarse algunos diagramas de bloques.

Cascada

Siguiendo los pasos indicados en la figura siguiente, se observa que dos bloques lineales y conectados en cascada son conmutables.

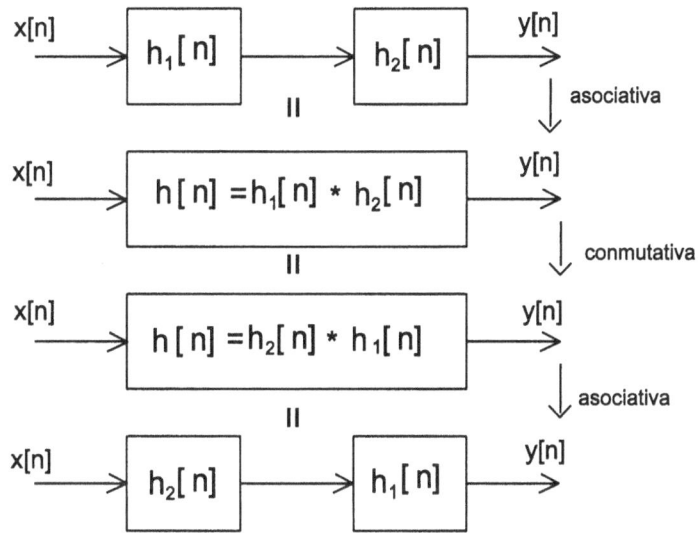

Fig. 5.3. Conexión en cascada de sistemas LTI

Paralelo

La respuesta impulsional de dos sistemas LTI conectados en paralelo es la suma de sus respuestas impulsionales.

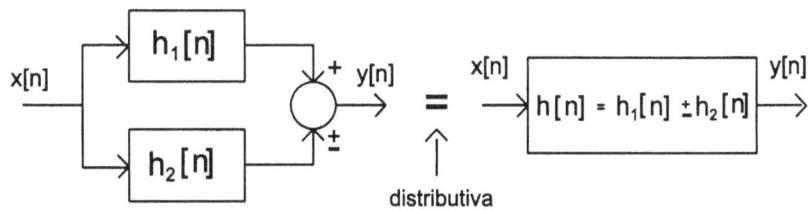

Fig. 5.4. Conexión en paralelo de sistemas LTI

5.2.2.3. Ejemplos de respuestas impulsionales habituales

a) Retardo puro (ideal): $h[n] = \delta[n-k]$

Retarda la entrada $x[n]$ en k muestras:

$$y[n] = x[n]*h[n] = x[n]*\delta[n-k] = x[n-k] \tag{5.9}$$

b) Acumulador: $h[n] = u[n]$

Suma las muestras de la entrada hasta el instante n (veáse la ecuación 3.4):

$$y[n] = x[n]*h[n] = x[n]*\sum_{r=0}^{\infty}\delta[n-r] = \{m=n-r\} =$$

$$= x[n]*\sum_{m=-\infty}^{n}\delta[m] = \sum_{k=-\infty}^{n}x[k] \tag{5.10}$$

c) Diferencia hacia atrás (backward difference): $h[n] = \delta[n]-\delta[n-1]$

$$y[n] = x[n]*h[n] = x[n]*(\delta[n]-\delta[n-1]) = x[n]-x[n-1] \tag{5.11}$$

Este operador es el del ejemplo 2.4.1 del capítulo 2, con $T = 1$ (normalizado).

d) Diferencia hacia adelante (forward difference): $h[n] = \delta[n+1]-\delta[n]$

$$y[n] = x[n]*h[n] = x[n]*(\delta[n+1]-\delta[n]) = x[n+1]-x[n] \tag{5.12}$$

Como es evidente, este operador no es causal (en el instante n tiene que conocerse el valor futuro de $x[n+1]$).

e) Bloque proporcional (sin memoria): $h[n] = k\,\delta[n]$

$$y[n] = x[n]*h[n] = x[n]*k\delta[n] = k·x[n] \tag{5.13}$$

Nótese que *no* se ha escrito $h[n] = k$. Se propone como ejercicio razonar por qué esta última notación sería incorrecta.

5.2.3. Aspectos básicos del análisis de sistemas LTI

a) Inversibilidad

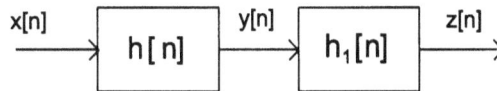

Fig. 5.5. Sistema inverso: si z[n] = x[n], entonces h_1[n] es el inverso de h[n]

El sistema es inversible si se puede sintetizar una h_1[n] tal que $z[n] = x[n]$. Para ello se debe cumplir: $h[n]*h_1[n] = \delta[n]$. Como se verá más adelante, la inversibilidad de un sistema facilita enormemente su ecualización, aspecto de especial relevancia en canales de comunicación. En el ámbito de la teoría de control, a estos sistemas se les denomina *observables*.

Demostración:

$$z[n] = y[n] * h_1[n] = (x[n] * h[n]) * h_1[n] = x[n] * (h[n] * h_1[n]) =$$
$$= x[n] * \delta[n] = x[n] \tag{5.14}$$

Ejemplos:

- Dado un sistema retardador $h[n] = \delta[n-k]$, la manera de obtener un sistema inversible sería conectando un sistema avanzador $h_1[n] = \delta[n+k]$ (sistema no causal):

$$\delta[n-k]*\delta[n+k]=\delta[n]$$

- Para un sistema acumulador $h[n] = u[n]$ habría que sintetizar el siguiente sistema: $h_1[n] = \delta[n]-\delta[n-1]$.

Demostración: nótese que $\delta[n] = u[n] - u[n-1]$ y que se ha de cumplir la relación $u[n] * h_1[n] = \delta[n]$ para obtener el observador $h_1[n]$.

Por tanto, $u[n] * h_1[n] = u[n] - u[n-1]$, de donde $h_1[n] = \delta[n] - \delta[n-1]$.

b) Causalidad

La respuesta general a un sistema lineal e invariante venía dada por la suma de convolución:

$$y[n] = \sum_{k=-\infty}^{\infty} x[k]h[n-k] = \sum_{k=-\infty}^{\infty} x[k]h[n-k] , \quad \forall\ n \tag{5.15}$$

El sistema anterior será causal si $y[n]$ sólo existe con posterioridad a la aplicación de la excitación (que se supone aplicada en $n = 0$), y nunca con antelación a ella. Para que esto se cumpla es necesario que $h[n-k] = 0$ para $k >$ n o, lo que es lo mismo, $h[n] = 0$ para $n < 0$.

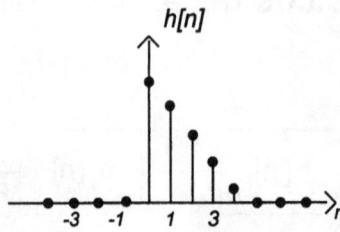

Fig. 5.6. Ejemplo de respuesta impulsional de un sistema causal

Si un sistema es causal, el límite inferior de la suma de convolución (5.15) es cero.

c) Estabilidad (BIBO)

Como ya se ha avanzado en el capítulo 3, un sistema es estable en sentido BIBO (*Bounded Input, Bounded Output*) si, para una señal de entrada acotada $|x[n]| < B$, la respuesta sigue siendo otra señal acotada $|y[n]| < \infty$. La condición necesaria para que esto se cumpla es:

$$|y[n]| = \left| \sum_{k=-\infty}^{\infty} h[k]x[n-k] \right| \leq \sum_{k=-\infty}^{\infty} |h[k]| \; |x[n-k]| \leq B \sum_{k=-\infty}^{\infty} |h[k]| \qquad (5.16)$$

y, por tanto:

$$\sum_{k=-\infty}^{\infty} |h[k]| < \infty \quad => \quad \lim_{n \to \infty} h[n] \to 0 \qquad (5.17)$$

Es decir, un sistema es estable si su $h[n]$ es absolutamente sumable. Obviamente, si $h[n]$ es de duración finita ($h[n] = 0$ para $n > M$) o, dicho de otra forma, si $h[n]$ corresponde a la respuesta impulsional de un sistema FIR, siempre será estable.

5.2.4. Sistemas definidos mediante ecuaciones en diferencias finitas

Muchos sistemas usuales se pueden describir mediante una ecuación que relacione muestras pasadas (y, en el caso no causal, también muestras futuras) de una variable de entrada, $x[n]$, y de otra de salida, $y[n]$. Ejemplos de ello pueden ser las variaciones bursátiles, la evolución de las cotas de una presa hidráulica, el nivel de stock de un almacén y, en general, cualquier sistema dinámico del que se obtenga una información en tiempo discreto, bien porque lo sea por sí mismo (como sería el caso de la bolsa), bien porque haya un proceso de muestreo de una señal analógica (como el control digital de una máquina).

A continuación se muestra, acompañada de algunos ejemplos, la forma general de resolución de una ecuación en diferencias finitas. Con ello se pretende ilustrar su paralelismo con la resolución de las ecuaciones diferenciales en sistemas de tiempo continuo. Pero conviene adelantar que, así como la transformada de Laplace simplifica enormemente la solución de ecuaciones diferenciales ordinarias con coeficientes constantes, que son las que interesan, de igual modo la transformada Z que se estudia en los próximos apartados nos ofrecerá un potente método de análisis que relegará a un segundo plano la solución temporal de las ecuaciones en diferencias.

Ecuaciones en diferencias finitas

Responden a la ecuación general:

$$\sum_{i=0}^{p} a_i y[n-i] = \sum_{j=0}^{q} b_j x[n-j] \tag{5.18}$$

Desarrollando esta expresión se obtiene:

$$y[n] = (1/a_0)\,(-a_1 y[n-1] - a_2 y[n-2] - \ldots - a_p y[n-p] + b_0 x[n] + b_1 x[n-1] + \ldots + b_q x[n-q])$$

donde $y[n]$ es la salida y $x[n]$ es la excitación o entrada.

Solución de las ecuaciones en diferencias finitas

Consta de dos partes, la solución homogénea ($y_h[n]$) y la particular ($y_p[n]$):

$$y[n] = y_h[n] + y_p[n] \tag{5.19}$$

Solución homogénea

Es aquella cuya forma sólo depende del sistema y no de la excitación (respuesta libre). Se obtiene forzando:

$$\sum_{i=0}^{p} a_i\, y[n-i] = 0 \tag{5.20}$$

es decir, anulando la excitación.

La ecuación característica de la ecuación homogénea se obtiene sustituyendo los retardos de la ecuación homogénea anterior por el operador D:

$$\sum_{i=0}^{p} a_i\, y[n-i] = 0 \rightarrow \sum_{i=0}^{p} a_i\, D^{-i} = 0 \tag{5.21}$$

siendo D^{-i} el operador de retardo (retarda la función i muestras) ya visto en capítulos previos. Las raíces de la ecuación característica serán los valores de D que cumplan la ecuación anterior.

Las soluciones de la ecuación homogénea son autofunciones del tipo:

$$y_h[n] = c_1 D_h^{\,n} \tag{5.22}$$

Nótese que cualquier adelanto o retardo de $y_h[n]$ reproduce funciones con la misma forma (autofunción):

$$y_h[n-n_0] = c_1\, D^{-n_0}\, D^n = c_2\, D^n \tag{5.23}$$

(en sistemas de tiempo continuo, las autofunciones de las ecuaciones diferenciales son funciones exponenciales por el mismo motivo: las sucesivas derivadas reproducen la misma forma de la función).

Solución particular

Es la que determina la forma de la respuesta forzada al sistema. Depende de la forma de la excitación, al igual que ocurría con las ecuaciones diferenciales.

Ejemplos de resolución de ecuaciones en diferencias:

a) $y[n] = 1/2\ y[n-1] - 1/2$

Solución homogénea:

$$y[n] - \frac{1}{2}y[n-1] = 0$$

(sólo un retardo: sistema de primer orden)

Ecuación característica:

$$1 - \frac{1}{2}D^{-1} = 0$$

se obtiene $D = 1/2$. Así, la solución de la ecuación homogénea será:

$$y_h[n] = C_1\left(\frac{1}{2}\right)^n$$

Se puede ver que la forma de la solución homogénea es del tipo $C\,a^n$. Como la función potencial se puede denotar de la forma:

$$a^n = \exp\left(n\,\ln(a)\right)$$

puede darse una interpretación de constante de tiempo al término $\tau = -1/\ln(a)$ para $a<1$, de modo que $a^n = \exp(-n/\tau)$

Este ejercicio también podía haberse enfocado con una formulación no causal, partiendo de $y[n+1] = 1/2\ y[n] - 1/2$, con lo que la ecuación homogénea sería $D - 1/2 = 0$. El resultado ($D = 1/2$) es el mismo. En nuestro caso, se ha preferido partir de ecuaciones en diferencias con enunciados causales por ser las más usuales en la práctica.

Solución particular:

La excitación del sistema es $x[n] = -1/2$. Así, se tantea una solución particular que será también una constante $y_p[n] = C_2$.

Sustituyendo C_2 en la ecuación:

$$y[n] = \frac{1}{2}y[n-1] - \frac{1}{2} \ , \qquad C_2 = \frac{1}{2} \, C_2 - \frac{1}{2}$$

Por tanto, $C_2 = -1$.

Solución general (homogénea + particular):

$$y[n] = C_1 (\frac{1}{2})^n - 1$$

Para obtener el valor de la constante C_1, es preciso conocer las condiciones iniciales del sistema. Si se supone que $y[0] = 0$:

$$y[0] = 0 = C_1 (\frac{1}{2})^0 - 1 \qquad C_1 = 1$$

En este ejemplo no hay respuesta debida a las condiciones iniciales, que son nulas. Cuando sólo hay respuesta a la excitación, se dice que la respuesta es de tipo *zero state*.

b) $y[n+2] + Ay[n+1] + By[n] = 0$

Como se puede observar, no existe excitación; por tanto, no habrá respuesta forzada (o, lo que es equivalente, no habrá solución particular). La solución general vendrá dada por la solución homogénea (o, en otras palabras, por la respuesta libre).

Haciendo el cambio de variable $m = n-2$ se obtiene la forma de la ecuación en diferencias finitas:

$$y[m] + Ay[m-1] + By[m-2] = 0$$

cuya ecuación característica viene dada por:

$$1 + AD^{-1} + BD^{-2} = 0$$

Se trata de un sistema de segundo orden con raíces $R1$ y $R2$:

$$1 + AD^{-1} + BD^{-2} = (D-R_1)(D-R_2) = 0$$

La solución homogénea (y, en este ejemplo, general) vendrá dada por:

$$y_h[n] = y_{h1}[n] + y_{h2}[n] = C_1 \, R_1^{\,n} + C_2 \, R_2^{\,n}$$

c) $y[n] - 1,1y[n-1] + 0,3y[n-2] = 0$, con $y[-1] = 2$ $y[-2] = 6$

Este sistema no tiene excitación, $x[n] = 0$. Las condiciones iniciales que provocan la salida del sistema son: $y[-1] = 2$, $y[-2] = 6$.

La ecuación característica:

$$1 - 1,1D^{-1} + 0,3D^{-2} = 0$$

tiene raíces de valores $R_1 = 0,5$ y $R_2 = 0,6$. La solución homogénea será del tipo:

$$y_h[n] = C_1(0,5)^n + C_2(0,6)^n$$

Aplicando las condiciones iniciales:

$$y[-1] = 2 = C_1(\frac{1}{0,5}) + C_2(\frac{1}{0,6})$$

$$y[-2] = 6 = C_1(\frac{1}{0,5}) + C_2(\frac{1}{0,36})$$

se obtiene $C_1 = 4$ $C_2 = -3,6$

Si $x[n] = 0$, no hay respuesta forzada. Solo habrá respuesta libre, la cual se corresponde con la homogénea:

$$y[n] = y_h[n] = y_{h1}[n] + y_{h2}[n] = 4\,(0,5)^n - 3,6\,(0,6)^n$$

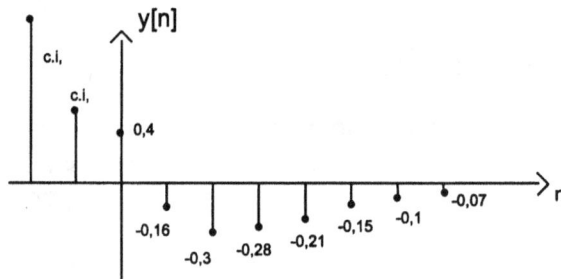

c.i. : valores de las condiciones iniciales

Análisis de la respuesta libre:

Teniendo en cuenta la interpretación de la constante de tiempo definida anteriormente en el primer ejemplo, $\tau = -1/Ln(a)$, se observa que la respuesta está formada por la combinación de dos constantes de tiempo:

$\tau = 1,44$
$\tau = 1,95$, de caída más lenta que la anterior.

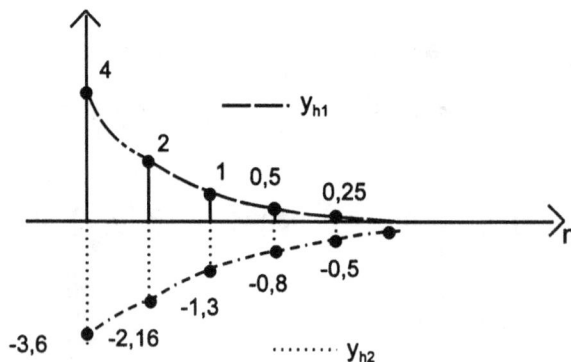

Cuando la respuesta sólo es debida a las condiciones iniciales (no hay excitación), como ha sido el caso de este ejemplo, se dice que es una respuesta de tipo *zero input*.

d) $y[n] - 0,8y[n-1] + 0,2y[n-2] = 0$,　c.i. $y[-1] = 20$ $y[-2] = 50$

La ecuación característica viene definida por:

$$1 - 0,8D^{-1} + 0,2D^{-2} = 0$$

cuyas raíces aparecen en el plano complejo

$$R_1 = 0,4 + 0,2j = \frac{1}{\sqrt{5}} \lfloor +26,5^o$$

$$R_2 = 0,4 - 0,2j = \frac{1}{\sqrt{5}} \lfloor -26,5^o$$

La respuesta libre vendrá dada por:

$$y[n] = C_1 (\frac{1}{\sqrt{5}} \lfloor +26,5)^n + C_2 (\frac{1}{\sqrt{5}} \lfloor -26,5)^n$$

de donde, aplicando las condiciones iniciales, se hallan los valores de las constantes:

$$C_1 = 3 + 4j = 5 \lfloor +53^o$$

$$C_2 = 3 - 4j = 5 \lfloor -53^o$$

$$y[n] = 5\, e^{j53^o} (\frac{1}{\sqrt{5}})^n\, e^{jn26,5} + 5\, e^{-j53^o} (\frac{1}{\sqrt{5}})^n\, e^{-jn26,5} =$$

$$= 10\, (\frac{1}{\sqrt{5}})^n\, \cos(26,5n + 53)$$

Analizando la respuesta libre se puede observar que corresponde a una oscilación amortiguada, con una envolvente ($e^{-t/\tau}$) cuya constante de tiempo es:

$$\tau = -\frac{1}{Ln(\frac{1}{\sqrt{5}})} = 1,24$$

5.2.5. Diagramas de simulación (o de programación) de ecuaciones en diferencias

Los diagramas de programación consisten en una representación gráfica de las ecuaciones en diferencias. Aparte de facilitar, gracias a su carácter gráfico, la programación en ordenador de las ecuaciones, también son útiles para evaluar y reducir el número de operaciones necesarias para la programación de una ecuación, como se verá al pasar de la programación en forma directa de tipo I a la de tipo II.

5.2.5.1. Elementos básicos

Los componentes elementales para la representación del diagrama de simulación (o de programación) de un sistema discreto son:

a) Sumador

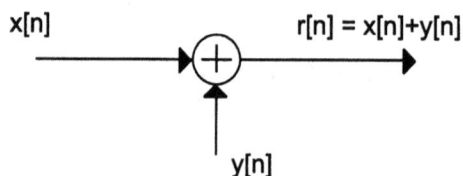

b) Multiplicación por una constante

c) Retardador

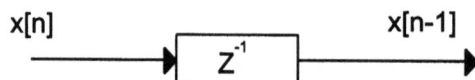

En este bloque se ha utilizado un operador z en lugar del operador D. De momento, considérese que es sólo un cambio de nombre ($z = D$), y más adelante (transformada Z) ya se evidenciará el motivo del cambio.

5.2.5.2. Alternativas de representación

Para ilustrar las principales alternativas para representar el diagrama funcional de un sistema discreto se toma, a título de ejemplo conductor, la ecuación:

$$y[n] = b\,x[n] + a_1\,y[n\text{-}1] + a_2\,y[n\text{-}2] \tag{5.24}$$

a) Indicación de las multiplicaciones como bloques:

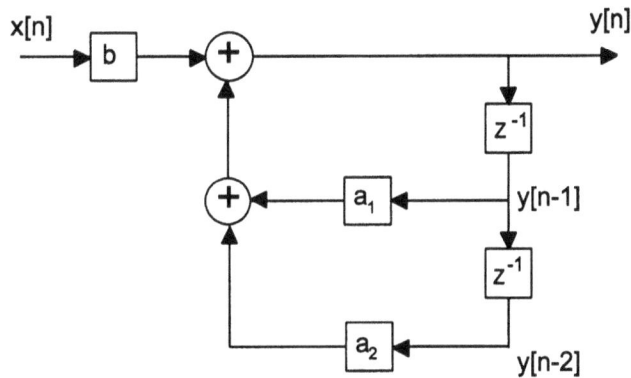

x[n] → b → (+) → y[n]

b) Indicación de las multiplicaciones como ramas de un flujograma:

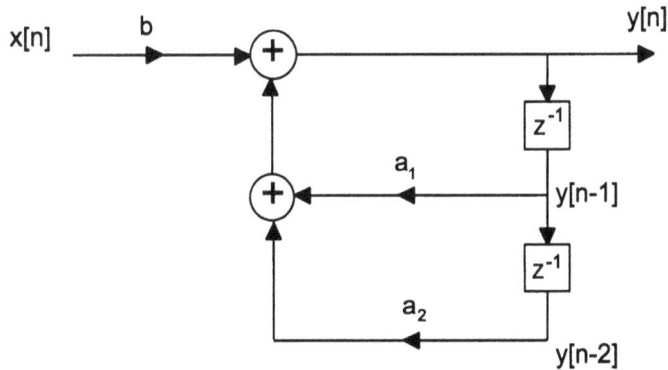

x[n] b → (+) → y[n]

c) Representación total como flujograma:

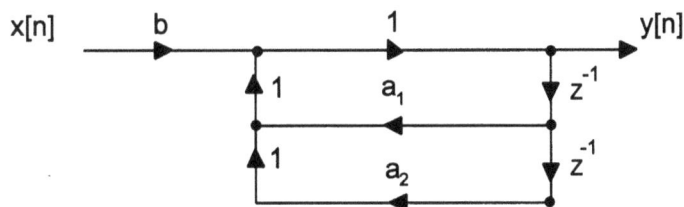

x[n] b → 1 → y[n]

5.2.5.3. Diagramas de programación: tipos de realizaciones

Se describen dos de las principales alternativas para representar un sistema discreto: la programación directa de tipo I y la de tipo II.

Otras posibles realizaciones, como la programación en paralelo y en celosía (*lattice*), se posponen a otros capítulos, una vez se hayan introducido nuevas herramientas que facilitarán su presentación.

a) Forma directa I:

Partiendo de la ecuación en diferencias:

$$y[n] = a_1y[n-1]+a_2y[n-2]+...+a_Ny[n-N]+b_0x[n]+b_1x[n-1]+...+b_Mx[n-M] \qquad (5.25)$$

la lectura directa de la ecuación lleva al diagrama siguiente, donde se destacan las partes FIR e IIR del sistema.

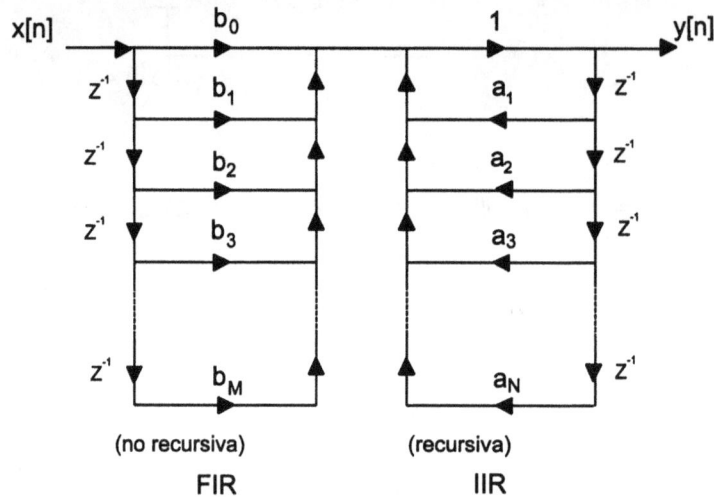

Si no existiera la parte IIR, se tendría la *representación transversal*, o *forma directa* de un filtro FIR:

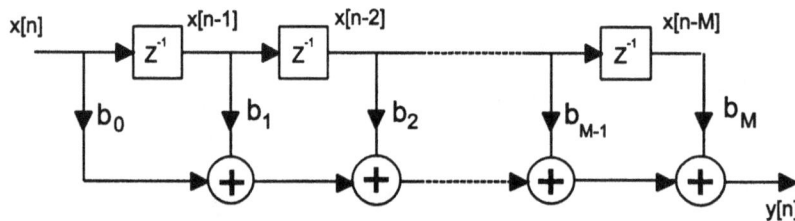

Nótese que esta estructura es fácil de programar en un ordenador. Si $x[n]$ es la entrada al algoritmo (por ejemplo, es la salida de un conversor A/D), basta con ir leyendo las muestras de $x[n]$ al mismo tiempo que se desplazan en memoria las lecturas anteriores, multiplicar todos los valores por su correspondiente factor b_i y sumar los resultados.

Pero la programación en ordenador no es la única vía de realización. En el mercado, se encuentran dispositivos analógicos que producen retardos (bloques z^{-1}), normalmente basados en tecnología de transferencia de carga entre condensadores (CTD) o en ondas acústicas de superficie (SAW). El esquema funcional de un retardador analógico por desplazamiento de carga es el de la figura 5.7, donde los interruptores MOS –gobernados por un reloj digital– van transfiriendo la carga entre los sucesivos condensadores, de modo que la señal a la salida quede retardada respecto a la de entrada un tiempo igual a la suma del retardo de cada transferencia. Su funcionamiento recuerda al de varios módulos de muestreo y mantenimiento, como los vistos en el apartado 4.2, operando en cascada.

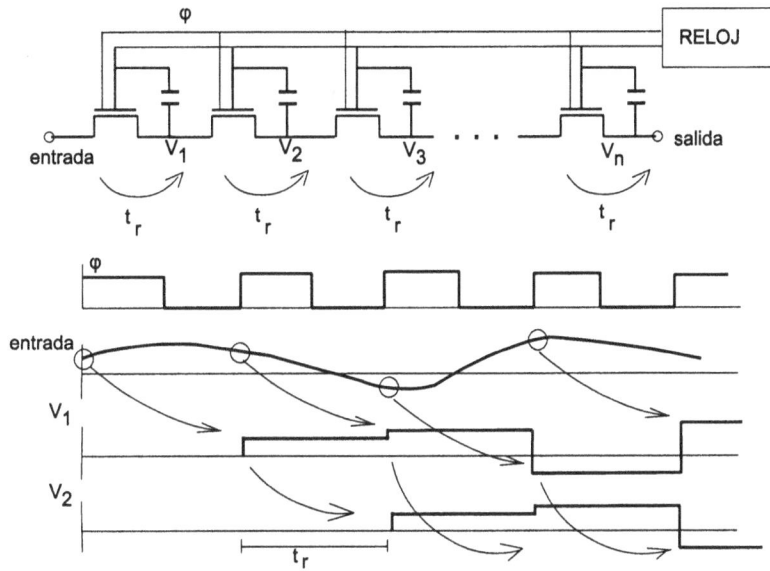

Fig. 5.7. Retardador por desplazamiento de carga

A su vez, los dispositivos CTD pueden ser simples (cada chip produce un retardo elemental, z^{-1}) o compuestos (cada chip puede implementar todo el filtro transversal). En el primer caso, los coeficientes b_i se pueden ajustar mediante amplificadores operacionales (váse la figura 5.8).

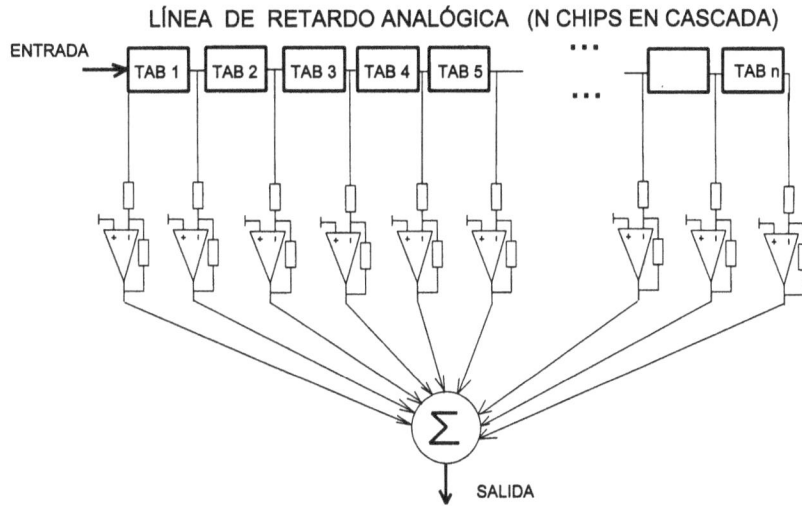

Fig. 5.8. Ajuste de los coeficientes de un filtro transversal mediante resistencias

Los CTD compuestos, que típicamente permiten velocidades de muestro de varias decenas de MHz, son soluciones a medida (*custom*), que resultan económicas sólo para grandes series y en las que se puede especificar el valor de cada coeficiente b_i en el encargo del filtro al fabricante.

b) Forma directa II:

Partiendo de la forma directa I, y aplicando la conmutatividad de bloques conectados en cascada de los sistemas LTI, se llega a la forma directa II:

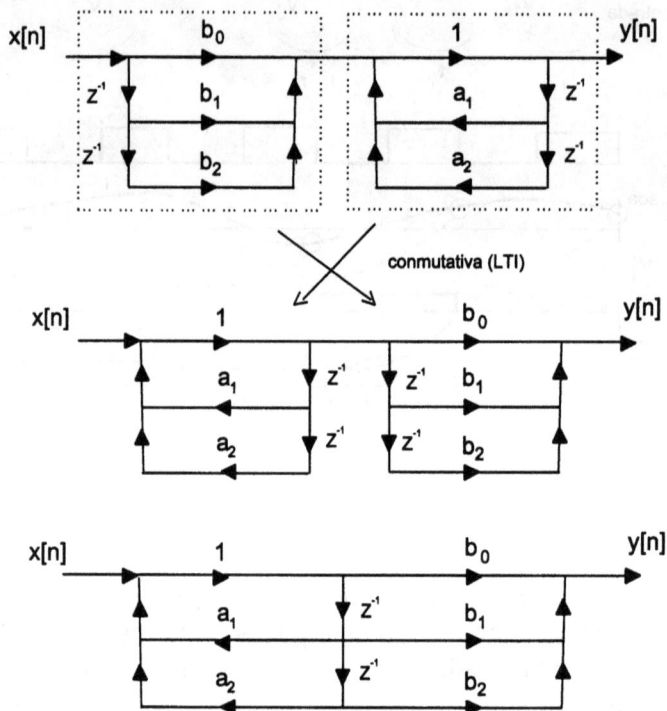

En los gráficos anteriores se ha supuesto que *N* es igual a *M*. Si no fuera así, algunos coeficientes serían cero.

Esta segunda forma de realización directa contiene un menor número de retardadores. Si esta estructura se programa en un computador (sea un ordenador, un microcomputador o una DSP), la reducción del número de retardadores conlleva una disminución de la capacidad de memoria necesaria para la programación. Si, por el contrario, se opta por programar la estructura mediante una línea de retardo analógica, la circuitería queda reducida como consecuencia de la reducción del número de dispositivos retardadores.

Factores de selección del tipo de realización:

Los factores principales que determina el uso de uno u otro diagrama de programación son:

- El número de operaciones (criterio de tiempo).
- El número de retardadores (criterio de coste)
- La propagación de errores de truncamiento y redondeo en los cálculos (criterio de precisión)
- La sensibilidad (criterio de fiabilidad y estabilidad del algoritmo).

Más adelante se volverá a insistir en estos aspectos de selección.

5.3. Análisis en el dominio transformado. Transformada Z

En este apartado se introduce una potente herramienta para el análisis de los sistemas discretos: la transformada Z. Aparte de simplificar el cálculo de las respuestas temporales de los sistemas LTI, esta transformada también es una herramienta básica para el análisis de su estabilidad y de la forma de su respuesta frecuencial. Con ella también se pueden abordar otros tipos de diagramas de programación y estructuras realimentadas, difíciles de formular e imposibles de evaluar sólo con las herramientas vistas en el apartado anterior.

Para aplicaciones de control, la forma más intuitiva de introducir la transformada Z es a partir de la transformada de Laplace de una secuencia. Ello es así porque la práctica totalidad de las aplicaciones en control son causales. Sin embargo, en procesado de señal (por ejemplo, para comunicaciones) las operaciones con secuencias no causales también se producen con cierta asiduidad (como es el caso de la realización de filtros ideales). El procesado no causal puede provocar una cierta extrañeza a quien esté sólo habituado al procesado analógico, donde la anticausalidad es sinónimo de irrealizabilidad, pero ello no debe extrañar: basta con pensar que se ha almacenado una secuencia en la memoria de un ordenador. Si el procesado en tiempo real no es un requisito, una vez guardadas las muestras se pueden procesar tanto "hacia delante" como "hacia atrás". Supongamos, por ejemplo, que se procesa una imagen en una cámara de vídeo a fin de ofrecer una mejor calidad al usuario: si se digitaliza la imagen, se almacena y posteriormente se procesa (aunque sea de forma no causal), la sensación subjetiva del usuario puede ser de instantaneidad si el procesado ha sido lo suficientemente veloz. En este apartado, se hace un enfoque de la transformada Z en el que se consideran tanto situaciones causales como no, y se evidencia su estrecha relación con la transformada de Laplace para secuencias causales.

5.3.1. Respuesta de un sistema discreto a exponenciales complejas

Supóngase un sistema, definido por su respuesta impulsional $h[n]$, que se excita con una entrada del tipo $x[n] = z^n$, donde z es un complejo cualquiera descrito de la forma módulo-argumental: $z = r\,e^{j\Omega}$, y r la magnitud de z y Ω su argumento.

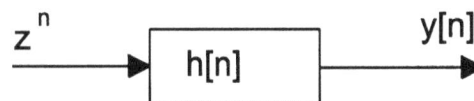

Fig. 5.9. Excitación compleja

La respuesta $y[n]$ del sistema será:

$$y[n] = z^n * h[n] = \sum_{k=-\infty}^{\infty} h[k]\, z^{n-k} = z^n \sum_{k=-\infty}^{\infty} h[k]\, z^{-k} = z^n\, H(z) \qquad (5.26)$$

donde se ha definido $H(z)$, la transformada Z de $h[n]$, como:

$$Z(h[k]) = \sum_{k=-\infty}^{\infty} h[k]\, z^{-k} = H(z) \qquad\qquad (5.27)$$

Nótese que la salida $y[n]$ para *esta entrada en particular*, $x[n] = z^n$, es el producto de dicha entrada por $H(z)$. Más adelante se retomaran las implicaciones de esta circunstancia.

5.3.2. Relación entre las transformadas de las secuencias de entrada y de salida en un sistema LTI

Sea un sistema LTI como el de la figura, con una sola entrada y sin condiciones iniciales:

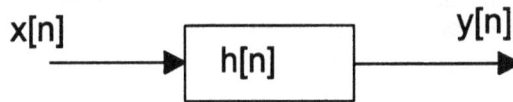

Fig. 5.10. Sistema LTI

en el que la transformada Z de la salida viene determinada por:

$$Z(y[k]) = Y(z) = \sum_{n=-\infty}^{\infty} y[n]\, z^{-n} = \sum_{n=-\infty}^{\infty} \left(\sum_{k=-\infty}^{\infty} x[k]\, h[n-k] \right) z^{-n} =$$

$$= \sum_{n=-\infty}^{\infty} \sum_{k=-\infty}^{\infty} x[k]\, z^{-n}\, h[n-k] \qquad\qquad (5.28)$$

y, realizando el cambio $n-k = m$; $n = m+k$,

$$Y(z) = \sum_{m=-\infty}^{\infty} \sum_{k=-\infty}^{\infty} x[k]\, z^{-k}\, z^{-m}\, h[m] = X(z)\, H(z) \qquad\qquad (5.29)$$

se obtiene $H(z)$ como la *función de transferencia de un sistema discreto* (relación entre las transformadas de la salida y de la entrada):

$$H(z) = \frac{Y(z)}{X(z)} \qquad\qquad (5.30)$$

Es decir, mediante la transformada Z se podrá determinar la salida $Y(z)$ de un sistema discreto como el producto de la transformada de la entrada por $H(z)$, sin tener que recurrir a la operación de convolución en el dominio temporal. Los lectores habituados a la transformada de Laplace para el análisis de sistemas continuos seguramente ya intuirán que ello aportará otras ventajas, como el uso de diagramas de polos y ceros, y los análisis de estabilidad y de respuesta frecuencial. Cuando se haya profundizado un poco más en esta transformada, se irán analizando estos aspectos.

5.3.3. Definición

La transformada Z (bilateral) de una secuencia $x[n]$ viene dada por (véase la ecuación 5.27):

$$X(z) = \sum_{n=-\infty}^{\infty} x[n]\, z^{-n} \tag{5.31}$$

donde $X(z)$ es una función de variable compleja definida mediante una serie de potencias.

Para secuencias causales,[1] se define la transformada Z unilateral, equivalente a la definición anterior pero con el límite inferior del sumatorio igual a cero.

$$X(z) = \sum_{n=0}^{\infty} x[n]\, z^{-n} \tag{5.32}$$

5.3.4. Transformada Z unilateral: relación con la transformada de Laplace

Supóngase que se ha obtenido un secuencia discreta causal $x[n]$ como resultado de un proceso de muestreo de una señal analógica. Recuperando la inclusión del tiempo T en la variable independiente de la formulación se tiene que $x[n] = x_s(t) = \{x(0),\ x(T),\ x(2T),...\}$, siendo $x_s(t)$ la señal muestreada.

Como se ha visto en el capítulo 4, puede describirse la función $f_s(t)$ como el producto de la señal analógica de entrada $f(t)$ con un tren de deltas de Dirach:

$$x_s(t) = \sum_{n=0}^{\infty} x(nT)\, \delta(t-nT) \tag{5.33}$$

---

[1] Se entiende por *secuencias causales* aquellas que se pueden interpretar como la respuesta impulsional de un sistema causal. Estrictamente, la causalidad es un atributo de los sistemas, no de las señales, y se dice que un sistema es causal si y sólo si su respuesta impulsional no se adelanta a la excitación: $h[n] = 0,\ \forall\, n < 0$. Generalizando, también se dice que un secuencia $x[n]$ es causal si $x[n] = 0,\ \forall\, n < 0$.

Recordando que la transformada de Laplace unilateral de la función $\delta(t)$ es $L\{\delta(t)\} = 1$, y que, por la propiedad de traslación en el tiempo, $L\{\delta(t-nT)\} = e^{-nTs}$, se puede escribir:

$$L\{x_s(t)\} = \sum_{n=0}^{\infty} x(nT)\, e^{-nTs} \qquad (5.34)$$

donde se ha aplicado la propiedad de linealidad de la transformada de Laplace.

Comparando esta última expresión con la definición de la trasformada Z, es inmediato comprobar que, si se fuerza la igualdad:

$$z^{-1} = e^{-Ts} \qquad (5.35)$$

puede interpretarse la transformada Z de $x[n]$, $X(z)$, como la transformada de Laplace de la secuencia muestreada $f_s(t)$

Una primera lectura de esta igualdad es que la variable z^{-1} tiene la interpretación física de un operador de retardo en el tiempo de T segundos (período de muestreo). Pero aún se puede profundizar más en la relación entre la transformada Z y la transformada de Laplace. Detallando la variable s en el plano complejo, se tiene que $s = \sigma + j\omega$. Así, se puede identificar la variable z como:

$$z = e^{T\sigma}\, e^{j\omega T} \qquad (5.36)$$

En el apartado 5.3.1 se había llegado a la transformada Z partiendo de un complejo genérico $z = r\, e^{j\Omega}$. Comparando esta expresión con la anterior, se identifican dos términos:

$$r = e^{T\sigma}$$
$$e^{j\Omega} = e^{jwT} \;\Rightarrow\; \Omega = \omega T \qquad (5.37)$$

es decir, el radio r está relacionado con el término σ la variable s (recuérdese que los sistemas continuos causales son estables para $\sigma < 0$ –semiplano izquierdo del plano S– e inestables para $\sigma > 0$). La variable Ω, que es el argumento del complejo z, coincide con la frecuencia discreta $\Omega = \omega T$ introducida en el apartado 3.2 como frecuencia discreta de una senoide.

De ello ya puede intuirse que el módulo r de la variable z estará relacionado con la estabilidad, y que su argumento Ω lo estará con la respuesta frecuencial.

Haciendo la transformación geométrica (mapeado) $z = e^{sT}$, pueden establecerse equivalencias entre ambos planos S y Z, los cuales se ilustran en la figura 5.11.

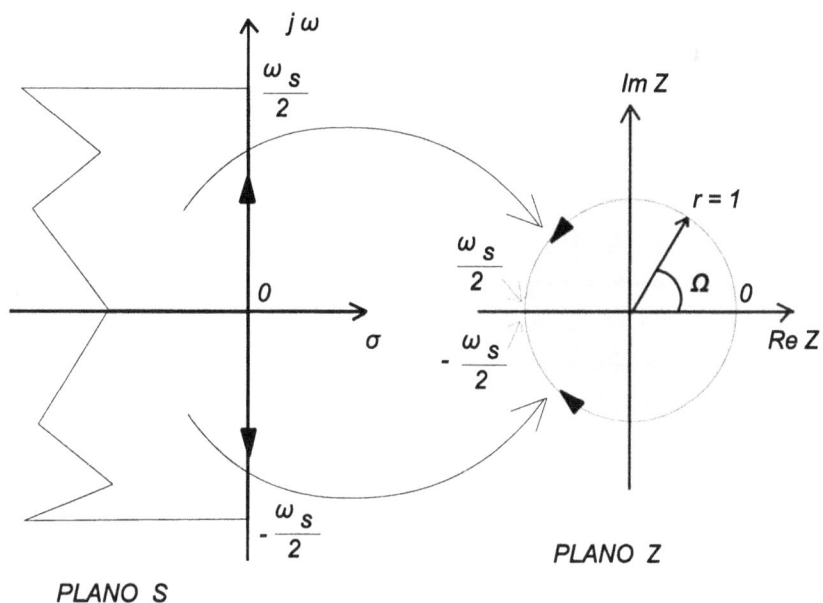

Fig. 5.11. Relaciones entre el plano S y el plano Z

Nótese que el semiplano izquierdo del plano S queda mapeado en un círculo de radio unidad, y que el eje $j\omega$ lo hace sobre su circunferencia. A medida que nos desplazamos sobre el eje $j\omega$, lo hacemos sobre la circunferencia en el plano Z. Al alcanzar la frecuencia $\omega_s/2$, la máxima frecuencia correctamente muestreable a una velocidad $T=2\pi/\omega_s$ (frecuencia de Nyquist), se ha completado una vuelta al círculo. Si, a partir de este punto, se sigue aumentando la frecuencia en el eje $j\omega$, sabemos, por el teorema del muestreo, que se van reproduciendo los alias del espectro en banda base: lo mismo ocurre en el plano Z, pues se van dando vueltas sobre la circunferencia, repitiéndose el mismo punto cada incremento $\Delta\omega = \omega_s$. Nótese la coherencia entre la frecuencia discreta Ω y la continua: en $\Omega = \pi$, se tiene $\omega = \omega_s/2 = \pi/T = \Omega/T$.

En la figura siguiente, donde la línea gruesa corresponde al lugar geométrico de los puntos con coeficiente de amortiguamiento constante, puede observarse cómo se transforma una región determinada del plano S en el plano Z.

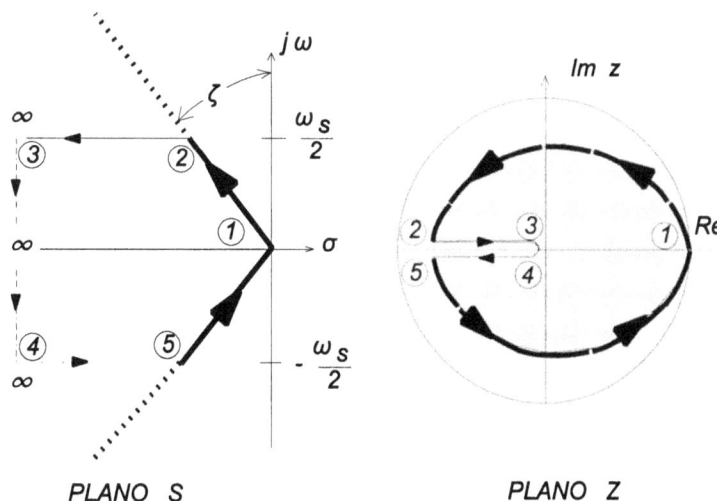

Fig. 5.12. Transformación de puntos entre los dos planos

De la comparación de los dos planos ya pueden avanzarse algunas conclusiones para secuencias causales:

-   Los sistemas descritos mediante la transformada Z son estables si sus polos están en el interior de la circunferencia de radio unidad, es decir, si $|z| < 1$.

-   La presencia de un solo polo fuera del círculo de radio unidad conlleva la inestabilidad del sistema (pero no los ceros).

-   Se obtiene un oscilador discreto si los polos están sobre la circunferencia ($|z| = 1$).

-   La respuesta en régimen permanente senoidal (que se obtiene particularizando $s = j\omega$ en sistemas continuos), se obtiene en la circunferencia de radio unidad ($r = 1$), es decir, cuando $z = e^{j\Omega} = e^{j\omega T}$.

-   La resonancia es tanto más acusada cuanto más cerca están los polos de $H(z)$ a la circunferencia de radio unidad.

La relación entre los planos S y Z que se ha apuntado en el presente apartado se denomina de "invarianza impulsional". Hay otras aproximaciones entre los planos S y Z menos exactas pero más operativas. Estas relaciones entre ambos planos se tratarán en el capítulo dedicado al diseño de filtros digitales.

5.3.5. Ejemplos de obtención de transformadas Z

5.3.5.1. Transformada de una secuencia finita y causal

Sea la secuencia $s[n] = \{ 2, -3, 4, 8, 6, 0, 5\}$, iniciada en $n = 0$ y nula para $n > 6$ y para $n < 0$. Si esta secuencia se asocia a la respuesta impulsional de un sistema, éste será causal ya que la respuesta no se produce antes que la excitación ($s[n] = 0$ para $n < 0$). Gráficamente, la secuencia sólo toma valores no nulos en el semieje positivo ("derecho") del eje de tiempos, por lo que en ocasiones se dice que son secuencias "orientadas a derechas".

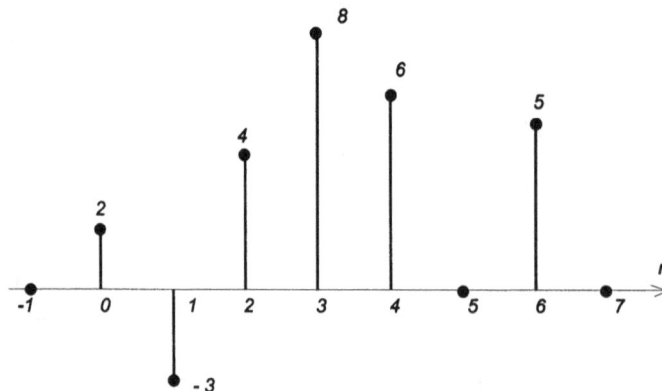

Aplicando directamente la definición de la transformada, se obtiene:

$$S(z) = 2 - 3z^{-1} + 4z^{-2} + 8z^{-3} + 6z^{-4} + 5z^{-6}$$

Como es inmediato comprobar, $S(z)$ es finita para todos los valores de z, excepto para $z = 0$.

5.3.5.2. Transformada de una secuencia finita y no causal

Se considera ahora la secuencia $s[n] = \{1, 4, 0, -3, 2]$, iniciada en $n = -8$ y finalizada en $n = -4$. Para $n > -4$ y para $n < -8$, $s[n] = 0$.

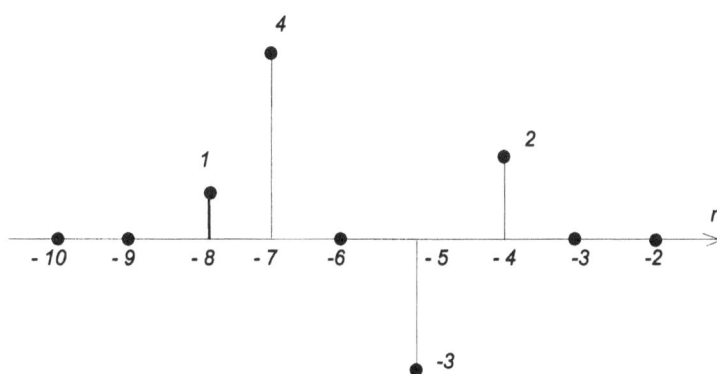

Si esta secuencia fuera la respuesta impulsional de un sistema, se habría adelantado 8 muestras a la aparición de la excitación: sería la salida de un sistema no causal. Como la secuencia sólo tiene valores no nulos en el semieje negativo ("izquierdo") del tiempo, se denomina "orientada a izquierdas". Su transformada Z es, aplicando directamente la definición de la transformada:

$$S(z) = z^8 + 4z^7 - 3z^5 + 2z^4$$

Obsérvese que $S(z)$ está definida para todos los valores de z, excepto para $z = \infty$.

5.3.5.3. Transformada de una secuencia finita y no causal, con repuesta bilateral

Si la secuencia $s[n] = \{1, 3, 9, -1, 7, 2\}$ estuviera centrada entre los instantes $n = -2$ y $n = 3$, y fuera cero para el resto de valores de n, su representación gráfica ocuparía parte del semieje positivo de tiempos y parte del negativo (secuencia que se denomina *bilateral*). Esta secuencia no podría ser la respuesta impulsional de un sistema causal, pues las muestras en $n = -2$ y en $n = -1$ se habrían anticipado a la excitación.

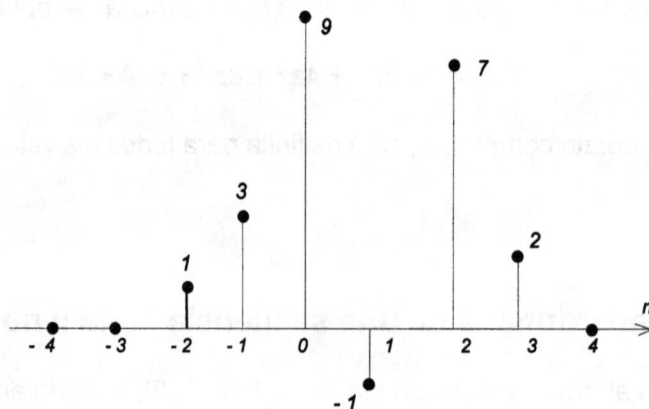

En este caso, la transformada Z es:

$$S(z) = z^2 + 3z^1 + 9 - z^{-1} + 7z^{-2} + 2z^{-3}$$

la cual converge para todos los puntos del plano Z, excepto para $z = 0$ y para $z = \infty$.

5.3.5.4. Transformada del impulso unitario

Considérese el impulso unitario $s[n] = \delta[n]$. Su transformada es inmediata:

$$S(z) = \sum_{n=-\infty}^{\infty} \delta(n)\, z^{-n} = z^{-0} = 1 \qquad (5.38)$$

Esta transformada presenta convergencia para todo valor de z (y la región de convergencia será todo el plano Z).

Transformadas de secuencias de duración infinita

5.3.5.5. Transformada de un escalón unitario

Si ahora se considera un escalón unitario, $u[n] = 1$ para $n \geq 0$, y cero para $n < 0$, se tiene:

$$Z(u[n]) = U(z) = \sum_{n=0}^{\infty} z^{-n} = \frac{1}{1 - z^{-1}} \qquad (5.39)$$

Es importante destacar que el sumatorio anterior sólo converge si $|z| > 1$. En este caso, se dice que la región de convergencia (ROC) de la transformada Z del escalón unitario es la zona exterior a una circunferencia de radio unidad. O, en otras palabras, es una circunferencia de radio igual al polo (raíz del denominador) de la función $U(z)$.

5.3.5.6. Transformada de una secuencia exponencial

Sea la secuencia $s[n] = e^{-an} \cdot u[n]$, con $a > 0$. Su transformada Z será:

$$Z(e^{-an} u[n]) = \sum_{n=0}^{\infty} e^{-an} z^{-n} = \sum_{n=0}^{\infty} (e^{-a} z^{-1})^n = \frac{1}{1 - e^{-a} z^{-1}} \qquad (5.40)$$

En este caso la ROC está definida por $|z| > e^{-a}$. Sino el sumatorio diverge y la transformada no está definida. Nótese otra vez que la ROC es la zona del plano Z exterior a una circunferencia cuyo radio es el polo de la función $S(z)$.

Se propone como ejercicio comprobar que la trasformada de la función anterior retardada q muestras, $s[n-q]$, es la misma que se acaba de obtener, pero con el término z^{-q} en el numerador.

5.3.5.7. Transformada de dos funciones potenciales

Sea la función $s[n] = a^n u[n] + b^n u[n]$, con $a > b > 0$. Su transformada será:

$$S(z) = \sum_{n=0}^{\infty} a^n z^{-n} + \sum_{n=0}^{\infty} b^n z^{-n} = \sum_{n=0}^{\infty} (az^{-1})^n + \sum_{n=0}^{\infty} (bz^{-1})^n =$$

$$= \frac{1}{1 - az^{-1}} + \frac{1}{1 - bz^{-1}} = \frac{z}{z - a} + \frac{z}{z - b} \qquad (5.41)$$

La convergencia del primer sumatorio viene dada por la condición $|z| > a$, y la del segundo por $|z| > b$. Como $a > b$, la condición más restrictiva para la ROC es $|z| > a$. Es decir, la ROC es la zona exterior a una circunferencia de radio igual al mayor polo de $S(z)$. Dado que $s[n] = 0$ para $n < 0$, la señal $s[n]$ puede corresponder a la respuesta impulsional de un sistema causal.

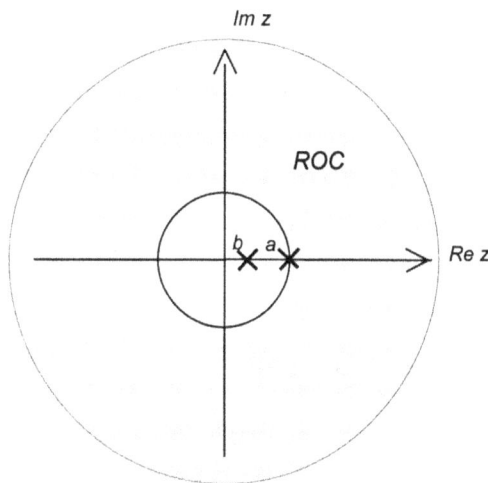

Fig. 5.13. ROC (zona sombreada) de la ecuación 5.41

5.3.5.8. Transformada de una secuencia infinita orientada a izquierdas

Sea la función $s[n] = -a^n u[-n-1]$. Esta secuencia es nula para todo valor de $n > 0$ (es una secuencia orientada a la izquierda del eje de tiempos). Si fuera la respuesta impulsional de una sistema, habría que entender que se anticipa infinitas muestras antes de la llegada del impulso excitatriz: sería la respuesta de un sistema no causal.

Su trasformada Z es:

$$S(z) = -\sum_{n=-\infty}^{-1} a^n z^{-n} = (n = -m) = -\sum_{m=1}^{\infty} a^{-m} z^m = -a^{-1} z \sum_{m=0}^{\infty} a^{-m} z^m =$$

$$= -a^{-1} z \frac{1}{1 - a^{-1}z} = \frac{1}{1 - az^{-1}} = \frac{z}{z - a} \tag{5.42}$$

La convergencia viene dada por $|a^{-1}z| < 1$, o $|z| < |a|$, es decir, la ROC queda definida en el *interior* de una circunferencia de radio $|a|$.

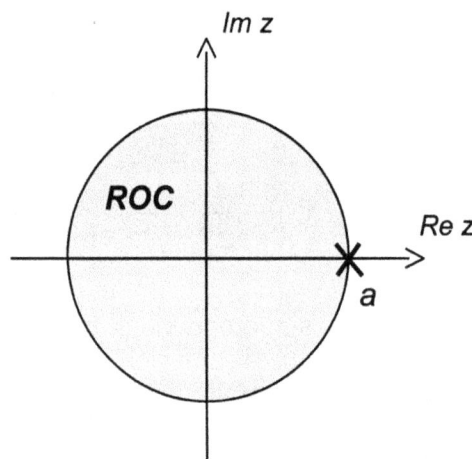

Fig. 5.14. ROC del sistema de la ecuación 5.42

Nótese que el resultado obtenido es el mismo que el del apartado 4.2.5.7 para $b = 0$, a pesar de que ahora sea una secuencia no causal. Por ello, no es suficiente especificar la transformada Z de un sistema; es preciso, además, indicar la función de convergencia para definir completamente su transformada.

5.3.5.9. Transformada de una secuencia infinita bilateral

Supónganse dos secuencias, $s_1[n]$, orientada a derechas, y $s_2[n]$, orientada a izquierdas:

$$s_1[n] = (1/3)^n \qquad n \geq 0$$

$$s_2[n] = 5^n \qquad n < 0$$

Y se forma una secuencia s[n] como la suma de las dos secuencias anteriores. Si esta secuencia s[n] fuera la respuesta impulsional de un sistema, presentaría un término causal[2] asociado a la parte de $s_1[n]$, ya que esta parte de la respuesta se produce después de la excitación δ[n], y otro claramente anticausal debido a la parte de $s_2[n]$. Se dice que s[n] es una secuencia bilateral o "no orientada".

Su transformada Z es la siguiente:

$$S(z) = \sum_{n=-\infty}^{1} 5^n z^{-n} + \sum_{n=0}^{\infty} (\frac{1}{3})^n z^{-n} =$$

$$= \frac{z}{z-5} + \frac{z}{z-\frac{1}{3}}$$

Observando los dos sumatorios, se ve que el término anticausal converge para $|z|<|5|$, mientras que el causal lo hace para $|z|> 1/3$. La ROC viene definida por un anillo en el plano Z.

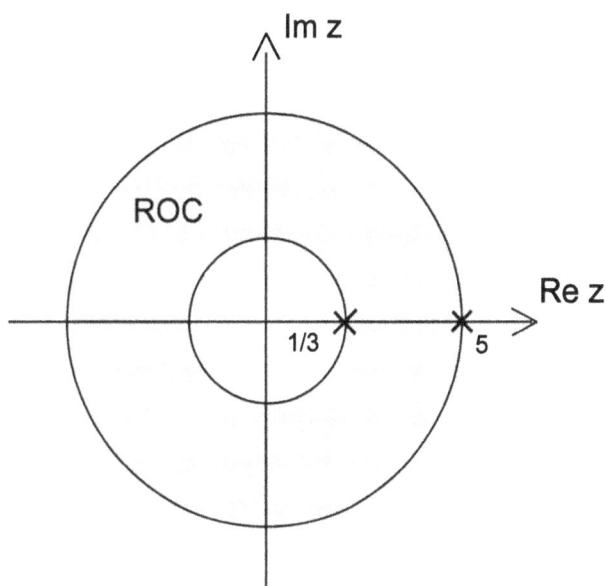

Fig.5.15. ROC de una secuencia bilateral

---

[2] Se ha afirmado que es causal porque se conoce la expresión de s[n] = (1/3)n. Si la expresión de s[n] no fuera conocida deberíamos limitarnos a decir que *podría* ser causal, ya que el hecho de que la respuesta se produzca después de la excitación es condición necesaria, pero no suficiente, de causalidad. Para tener seguridad sobre la causalidad, habría que ver también si en el cálculo del valor de cada muestra intervienen o no valores futuros de la entrada o de la salida (es decir, no disponibles aún en el instante del cálculo).

TABLA DE TRANSFORMADAS Z

SEÑAL	RESPUESTA TEMPORAL	TRANSFORMADA Z	ROC
IMPULSO	$\delta[n]$	1	Todo z
	$\delta[n-n_o]$, $n_o>0$	z^{-n_o}	$|z|>0$
	$\delta[n+n_o]$, $n_o>0$	z^{n_o}	$|z| < \infty$
ESCALON UNITARIO	$u[n]$	$\dfrac{1}{1-z^{-1}}$	$|z|>1$
	$-u[-n-1]$	$\dfrac{1}{1-z^{-1}}$	$|z|<1$
POTENCIAL	$a^{\,n}u[n]$	$\dfrac{1}{1-az^{-1}}$	$|z|>|a|$
	$-a^{\,n}u[-n-1]$	$\dfrac{1}{1-az^{-1}}$	$|z|<|a|$
EXPONENCIAL	$e^{\alpha n}u[n]$	$\dfrac{1}{1-e^{\alpha}z^{-1}}$	$|z|>|e^{\alpha}|$
POTENCIAL PONDERADA	$(n+1)a^{\,n}u[n]$	$\dfrac{1}{(1-az^{-1})^2}$	$|z|>|a|$
SENO CAUSAL	$(\sin(\beta n))u[n]$	$\dfrac{(\sin\beta)z^{-1}}{1-2(\cos\beta)z^{-1}+z^{-2}}$	$|z|>1$
COSENO CAUSAL	$(\cos(\beta n))u[n]$	$\dfrac{1-(\cos\beta)z^{-1}}{1-2(\cos\beta)z^{-1}+z^{-2}}$	$|z|>1$
SENO AMORTIGUADO	$r^{\,n}(\sin(\beta n))u[n]$	$\dfrac{r(\sin\beta)z^{-1}}{1-2r(\cos\beta)z^{-1}+r^2z^{-2}}$	$|z|>r$
COSENO AMORTIGUADO	$r^{\,n}(\cos(\beta n))u[n]$	$\dfrac{1-r(\cos\beta)z^{-1}}{1-2r(\cos\beta)z^{-1}+r^2z^{-2}}$	$|z|>r$

5.3.6. Convergencia de la transformada Z

La ROC (*Region of Convergence*) es la zona del plano Z que engloba todos los valores de la variable z para los cuales la transformada converge.

De los ejemplos anteriores se puede inferir que las secuencias de duración finita convergen en todos los puntos del plano Z, a excepción, según su causalidad, de los puntos $z = 0$ (causales) o $z = \infty$ (anticausales). Para secuencias causales de duración infinita, la ROC es la zona exterior a un círculo cuyo radio es el valor del mayor polo de la función. Si la secuencia es de duración infinita pero no es causal, la región de convergencia queda definida por un anillo en el plano Z.

Puede realizarse un estudio más generalizado considerando una secuencia $s[n]$ como la de la figura 5.16, formada por una parte orientada a derechas, y otra parte orientada a izquierdas. Lógicamente, si esta secuencia es la respuesta impulsional de un sistema, la presencia de la parte orientada a izquierdas ya permite afirmar su no causalidad (respuesta anticipada a la excitación).

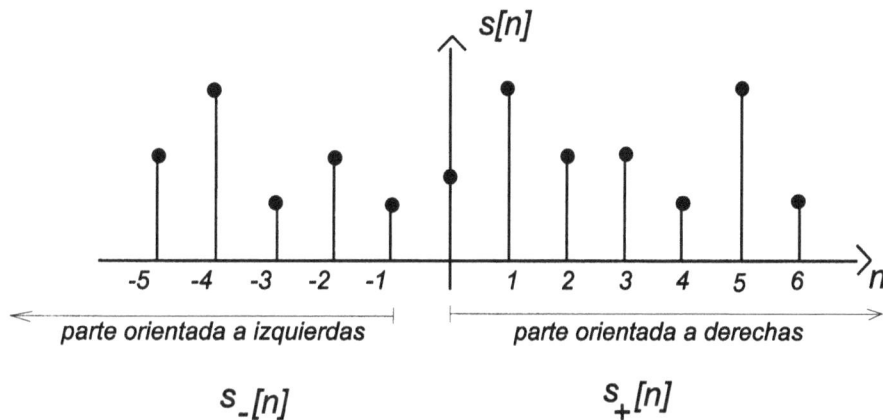

Fig. 5.16. Secuencia bilateral

Puede separarse la transformada Z en dos partes:

$$S[z] = \sum_{n=-\infty}^{-1} s_-[n]z^{-n} + \sum_{n=0}^{\infty} s_+[n]z^{-n} = \sum_{n=-\infty}^{-1} s_-[n]\, r^{-n} e^{-jn\Omega} +$$

$$+ \sum_{n=0}^{\infty} s_+[n]\, r^{-n} e^{-jn\Omega} = \{m = -n\} = \sum_{m=1}^{\infty} s_-[-m]\, r^{m} e^{jm\Omega} + \sum_{n=0}^{\infty} s_+[n]\, r^{-n} e^{-jn\Omega}$$

$$\leq \sum_{m=1}^{\infty} |s_-[-m]|\, r^{m} + \sum_{n=0}^{\infty} |s_+[n]|\, r^{-n} \tag{5.43}$$

Si las cotas de cada parte son:

$$|s_-[n]| < MR_-^n \qquad |s_+[n]| < NR_+^n \qquad (5.44)$$

$$S(z) \le M \sum_{m=1}^{\infty} R_-^{-m} r^m + N \sum_{n=0}^{\infty} R_+^n r^{-n} \qquad (5.45)$$

El primer término es convergente para valores de z tales que $|R_-^{-1} r| < 1$, y la ROC viene definido para $|r| < |R_-|$. Con ello podemos concluir que la parte anticausal de la secuencia queda definida en el interior de una circunferencia de radio R_-. El segundo término converge cuando $|R_+ r^{-1}| < 1$, es decir, cuando $|r| > |R_+|$. Así, la ROC para la secuencia orientada a derechas queda definido en el exterior de una circunferencia de radio R_+.

Por tanto, la convergencia de la secuencia global viene dada en el interior de un anillo: $R_+ < r < R_-$

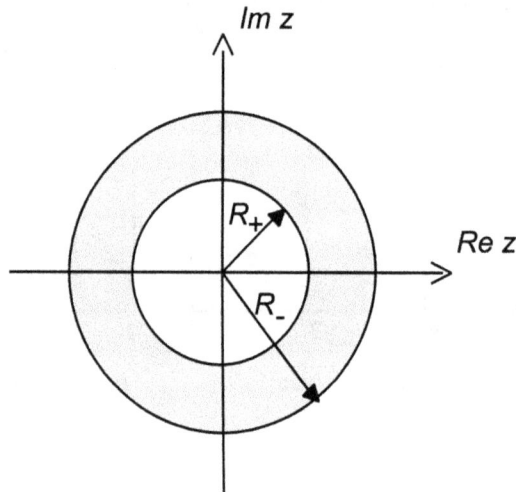

Fig. 5.17. ROC de la secuencia bilateral

5.3.7. Estabilidad

Un sistema estable (en sentido BIBO) debe cumplir la condición de que su respuesta impulsional sea absolutamente sumable:

$$\sum_{n=-\infty}^{\infty} |h[n]| < \infty \qquad (5.46)$$

Su transformada $H(z)$ también debe estar acotada. En el caso de un sistema causal:

$$|H(z)| = \left| \sum_{n=0}^{\infty} h[n]) z^{-n} \right| < \infty \Rightarrow \sum_{n=0}^{\infty} |h[n]| \, |z^{-n}| < \infty \qquad (5.47)$$

Esta acotación se obtiene sólo si $|z| \geq 1$. Nótese que el valor mínimo de la variable z para el que se cumple que, si $|h[n]|$ es absolutamente sumable, su transformada está acotada es $|z| = 1$.

Por otro lado, se ha visto en las transformadas de los ejemplos anteriores que, para un sistema causal, la ROC se define en el exterior de una circunferencia cuyo radio es el valor del polo más alejado del origen en el plano Z, llegando hasta $|z| = \infty$. Combinando la forma de la ROC con la condición anterior de $|z| \geq 1$, o más concretamente $|z_{min}| = 1$, se deduce que, por coherencia, *para que un sistema causal sea estable, sus polos p_i deben estar dentro de la circunferencia de radio unidad, $|p_i| < 1$.*

Hay formas más intuitivas para llegar a la conclusión anterior. Una es ver que, en la ecuación (5.47), si $|z| < 1$ entonces $|z^{-n}| \to \infty$, por lo que la única posibilidad de mantener acotada $H(z)$ es que $h[n]| \to 0$ cuando $n \to \infty$, contrarrestando así el crecimiento de $|z^{-n}|$. Otra forma es recordar las relaciones entre la transformada de Laplace y la transformada Z, que se ha visto en el apartado 5.3.4, mediante las cuales el semiplano izquierdo del plano S (zona de polos estables) se convertía en el interior de la circunferencia de radio unidad.

En el caso en que todos los polos están en el interior de la circunferencia, la respuesta impulsional tiende a cero. Si algún polo está sobre la circunferencia, el sistema puede ser estable en sentido BIBO, pero la respuesta impulsional no tiende a cero. En el apartado 5.3.10 se verán las relaciones entre las respuestas impulsionales y la posición de los polos.

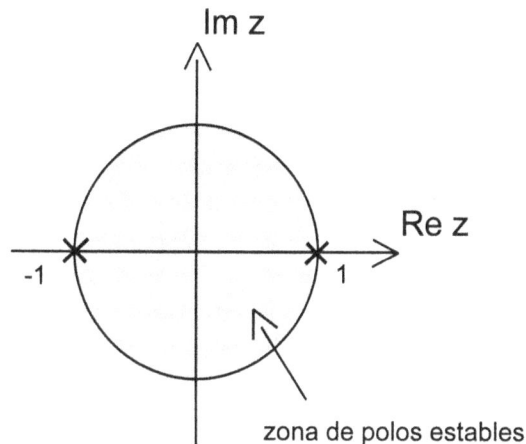

Fig. 5.18. Zona de polos estables para un sistema causal

La siguiente figura muestra la posición de los polos de un sistema causal estable (ninguno está en el exterior del círculo de radio unidad).

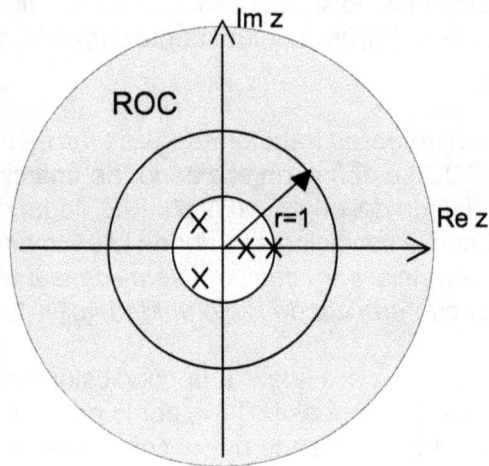

Fig. 5.19. ROC de un sistema causal estable. La ROC incluye la circunferencia de radio unidad

Un ejemplo de sistema causal inestable sería el de la figura siguiente, donde un polo está ubicado en el exterior de la circunferencia de radio unidad.[3]

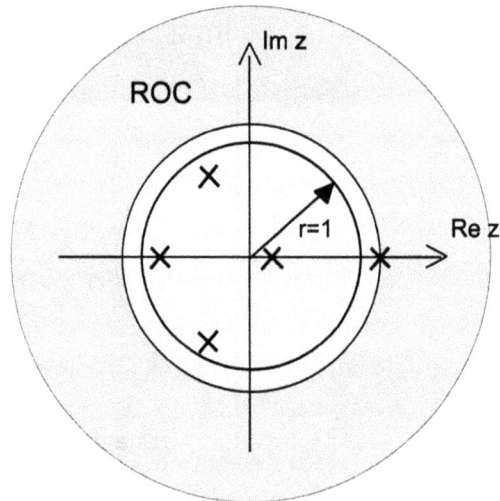

Fig. 5.20. Sistema causal inestable

En el caso de sistemas anticausales, la condición de estabilidad es la contraria: ningún polo puede estar en el interior de la circunferencia de radio unidad para que el sistema anticausal sea estable.

---

[3] Para determinar la estabilidad de sistemas cuya respuesta impulsional sea finita, la comprobación de que la suma del módulo de todas las muestras de $h[n]$ es finita (estabilidad en sentido BIBO: respuesta impulsional absolutamente sumable) lleva a un camino más directo que el cálculo de su transformada Z.

5.3.8. Propiedades de la transformada Z

Las siguientes propiedades de la transformada Z, que son las que tendrán interés a lo largo del texto, se deducen fácilmente de la propia definición de la transformada:

5.3.8.1. Linealidad

Si $X_1(z)$ y $X_2(z)$ son las transformadas Z de dos secuencias $x_1[n]$ y $x_2[n]$, respectivamente, se cumple:

$$Z(a_1\, x_1[n] + a_2\, x_2[n]) = a_1\, X_1(z) + a_2\, X_2(z) \tag{5.48}$$

siendo a_1 y a_2 dos constantes cualesquiera.

5.3.8.2. Desplazamiento en el tiempo

Si una secuencia $x[n]$ tiene la transformada $X(z)$, un desplazamiento de n_0 muestras de $x[n]$ tiene la misma transformada, afectada por un factor z^{-n_0}

$$Z(x[n - n_0]) = z^{-n_0}\, X(z) \tag{5.49}$$

Nótese que, si $x[n]$ es la respuesta impulsional de un sistema, un retardo de n_0 muestras es equivalente a la aparición de n_0 polos en el origen ($z = 0$) de $X(z)$.

Demostración:

$$X(z) = \sum_{n=-\infty}^{\infty} x[n - n_0]\, z^{-n} = \{m = n - n_0\} = \sum_{m=-\infty}^{\infty} X(m)\, z^{-(m+n_0)} = z^{-n_0}\, X(z)$$

5.3.8.3. Inversión del eje de tiempos

Sea $X(z)$ la transformada de $x[n]$. Entonces, la transformada de la secuencia $x[-n]$ será:

$$X(z) = \sum_{n=-\infty}^{\infty} x[-n]\, z^{-n} = \{m = -n\} = \sum_{m=-\infty}^{\infty} X(m)\, (z^{-m})^{-1} = X\left(\frac{1}{z}\right) = X(z^{-1}) \tag{5.50}$$

Es decir,

$$x[-n] \;\leftrightarrow\; X(z^{-1}) \tag{5.51}$$

5.3.8.4. Teorema del valor inicial

Si $x[n]$ es una secuencia "orientada a derechas": $x[n] = 0$ para $n < 0$, puede deducirse el valor inicial de la secuencia $x[0]$ a partir de $X(z)$, según la relación:

$$x[0] = \lim_{z \to \infty} X(z) \tag{5.52}$$

Demostración:

$$X(z) = \sum_{n=0}^{\infty} x[n] z^{-n} = x[0] + x[1] z^{-1} + x[2] z^{-2} + \ldots = \{z \to \infty\} = x[0]$$

5.3.8.5. Teorema del valor final

Sea una secuencia $x[n]$ nula para $n < 0$. Su valor límite cuando n tiende a infinito puede determinarse con la expresión:

$$\lim_{z \to 1} (1 - z^{-1}) X(z) = x[\infty] \tag{5.53}$$

Este teorema tiene gran interés para determinar la respuesta en régimen permanente de sistemas lineales.

Demostración:

$$(1 - z^{-n}) X(z) = Z(x[n] - x[n-1]) = \sum_{n=0}^{\infty} (x[n] - x[n-1]) z^{-n} =$$

$$= \lim_{N \to \infty} \sum_{n=0}^{N} (x[n] - x[n-1]) z^{-n} = \{z \to 1\} =$$

$$= \lim_{N \to \infty} \sum_{n=0}^{N} (x[n] - x[n-1]) = \lim_{N \to \infty} x[N] = x[\infty]$$

5.3.8.6. Convolución de secuencias

Esta propiedad es de capital importancia al operar con sistemas lineales, pues nos permite evitar la operación de convolución en el dominio temporal para determinar la salida de un sistema o para simplificar diagramas de bloques. El operador convolutivo se convierte en una multiplicación en el dominio transformado:

$$x_1[n] * x_2[n] \leftrightarrow X_1(z) \, X_2(z) \tag{5.54}$$

Demostración:

$$y[n] = x_1[n] * x_2[n] = \sum_{k=-\infty}^{\infty} x_1[k] x_2[n-k]$$

$$Y(z) = \sum_{n=-\infty}^{\infty} \left\{ \sum_{k=-\infty}^{\infty} x_1[k] x_2[n-k] \right\} z^{-n} = \{n-k=m\} =$$

$$\sum_{m=-\infty}^{\infty} \sum_{k=-\infty}^{\infty} x_1[k] x_2[m] z^{-(m+k)} = Z(x_1[n]) Z(x_2[n]) = X_1(z) X_2(z)$$

5.3.8.7. Multiplicación por una secuencia exponencial

Si se multiplica la secuencia temporal $x[n]$ por una exponencial a^n, pudiendo ser a un término real o complejo, se cumple que:

$$a^n x[n] \leftrightarrow X(z/a) \tag{5.55}$$

Demostración:

$$Z\{a^n x[n]\} = \sum_{n=-\infty}^{\infty} a^n x[n] z^{-n} = \sum_{n=-\infty}^{\infty} x[n] (z/a)^{-n} = \{z' = z/a\} = H(z') = H(z/a)$$

5.3.8.8. Diferenciación de $X(z)$

Si $X(z)$ es la transformada de un secuencia $x[n]$, se cumple la equivalencia siguiente entre el dominio temporal y el transformado:

$$n x[n] \leftrightarrow -z \frac{dX(z)}{dz} \tag{5.56}$$

Demostración:

Si se deriva $X(z) = \sum_{n=-\infty}^{\infty} x[n] z^{-n}$ respecto a z, se tiene:

$$\frac{d}{dz}[X(z)] = \sum_{n=-\infty}^{\infty} x[n](-n) z^{-n-1}$$

Multiplicando ahora por $-z$ a ambos lados de la igualdad, queda demostrado el teorema:

$$-z \frac{d}{dz}[X(z)] = \sum_{n=-\infty}^{\infty} (n x[n]) z^{-n}$$

5.3.9. Transformada Z de una ecuación en diferencias. Polos y ceros de la función de transferencia

Considérese la ecuación en diferencias finitas:

$$\sum_{k=0}^{N} a_k \, y[n-k] = \sum_{j=0}^{M} b_j \, x[n-j] \qquad (5.57)$$

Transformando ambos lados de la ecuación, y aplicando las propiedades de linealidad y de desplazamiento en el tiempo, se tiene:

$$\sum_{k=0}^{N} a_k \, z^{-k} \, Y(z) = \sum_{j=0}^{M} b_j \, z^{-j} \, X(z) \;\rightarrow$$

$$\rightarrow\; Y(z) \sum_{k=0}^{N} a_k \, z^{-k} = X(z) \sum_{j=0}^{M} b_j \, z^{-j} \qquad (5.58)$$

A partir de esta expresión, se obtiene la función de transferencia, ya introducida en el apartado 5.3.2, como:

$$H(z) = \frac{Y(z)}{X(z)} = \frac{\displaystyle\sum_{j=0}^{M} b_j \, z^{-j}}{\displaystyle\sum_{k=0}^{N} a_k \, z^{-k}} \qquad (5.59)$$

Los polos de la función de transferencia (raíces del denominador) vienen dados por:

$$\sum_{k=0}^{N} a_k \, z^{-k} = 0 \; . \quad \text{Y los ceros por} \quad \sum_{j=0}^{M} b_j \, z^{-j} = 0 \; .$$

Recuérdese que si el sistema es causal, los polos deben estar en el interior del círculo de radio unidad para que el sistema sea estable. Los ceros pueden estar dentro o fuera del círculo.

Ejemplo:

Sea el sistema descrito por la ecuación:

$$y[n] = a \, y[n\text{-}1] + b \, y[n\text{-}2] + x[n] + c \, x[n\text{-}1]$$

Su transformada Z es:

$$Y(z) = a \, z^{-1} \, Y(z) + b \, z^{-2} \, Y(z) + X(z) + c \, z^{-1} \, X(z)$$

de donde:

$$H(z) = \frac{Y(z)}{X(z)} = \frac{1 + cz^{-1}}{1 - az^{-1} - bz^{-2}} = \frac{z(z+c)}{z^2 - az - b}$$

Este sistema tiene dos ceros, uno en el origen ($z = 0$) y otro en $z = -c$. Los polos son las raíces de la ecuación $z^2 - az - b = 0$. Según los valores de a y de b se tratará de un sistema estable o no.

Su diagrama de programación (tipo II) es:

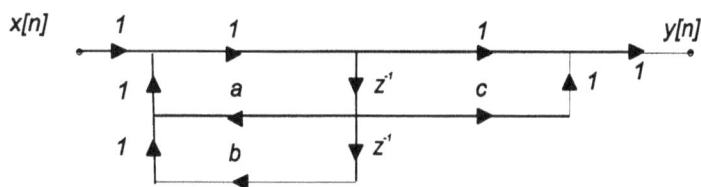

Dando valores, si $a = 0,5$, $b = 0,4$ y $c = 0,2$, los ceros estarán en: $z_1 = 0$, $z_2 = -0,2$, y los polos en $p_1 = 0,93$ y $p_2 = -0,43$.

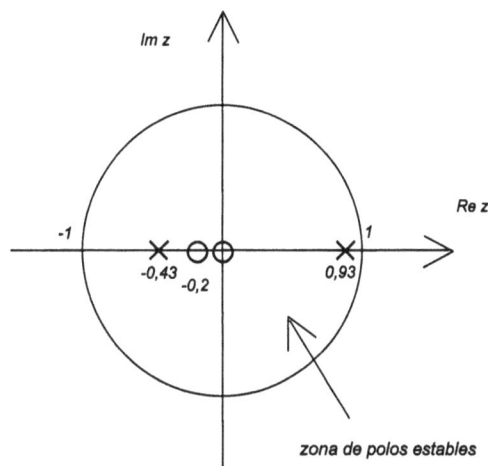

zona de polos estables

Todos los polos están en el interior de la circunferencia de radio unidad: es un sistema estable. Puede verse su respuesta impulsional descomponiendo $H(z)$ en varios sumandos:

$$H(z) = \frac{z(z+0,2)}{z^2 - 0,5z - 0,4} = \frac{z(z+0,2)}{(z-0,93)(z+0,43)} = \frac{Az}{z-0,93} + \frac{Bz}{z+0,43}$$

Los valores $A = 0,8309$ y $B = 0,169$ cumplen la ecuación. Usando la tabla anterior de transformadas, se puede descomponer la respuesta impulsional $h[n] = Z^{-1}(H(z))$ en dos términos:

$$h[n] = Z^{-1}\left(\frac{0,8309\,z}{z-0,93}\right) + Z^{-1}\left(\frac{0,169\,z}{z+0,43}\right) =$$

$$= 0,8309\,(0,93)^n\,u[n] + 0,169\,(-0,43)^n\,u[n]$$

Obsérvese que ambos términos son funciones potenciales que van decreciendo con el valor de *n*. Sin embargo, el primero (que corresponde a un polo en el semieje real positivo en el plano Z) no alterna los signos de las muestras, lo que sí hace el segundo término (polo en el semieje real negativo).

5.3.10. Relación entre la posición de los polos y la respuesta impulsional

Con ayuda de la tabla anterior de transformadas Z de funciones habituales, y obviando los ceros de las transformadas, pueden establecerse las relaciones cualitativas de la figura siguiente, donde se ilustra la posición de los polos y la forma gráfica de la respuesta impulsional.

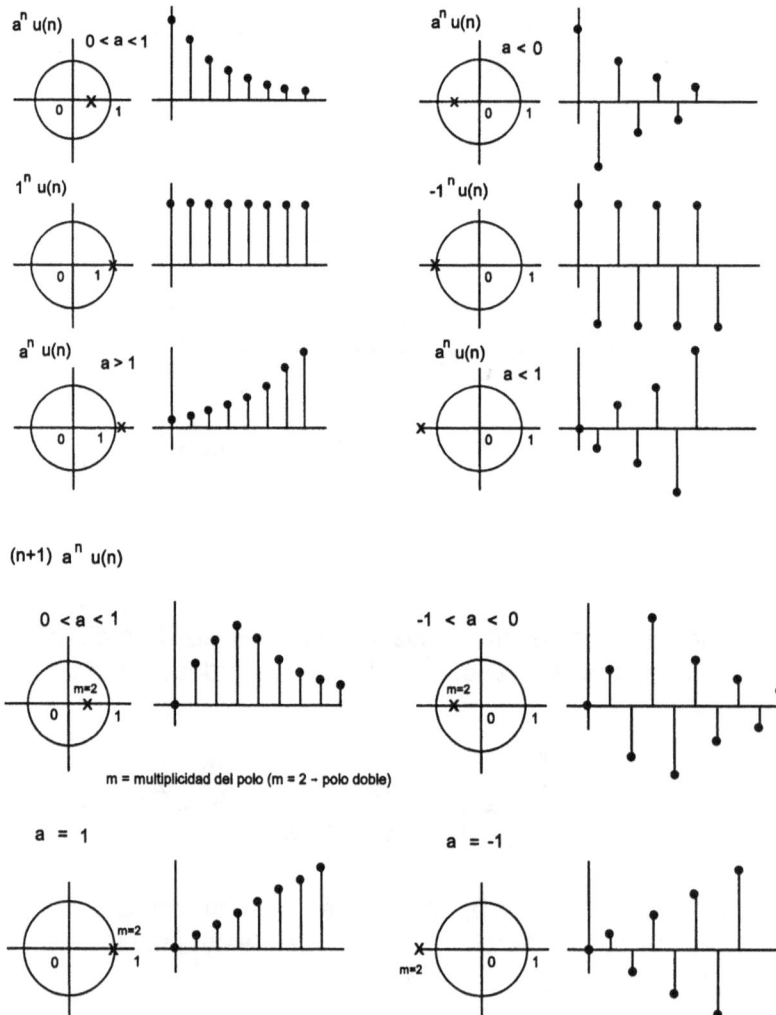

$$r^n \cos(\beta n)\, u(n)$$

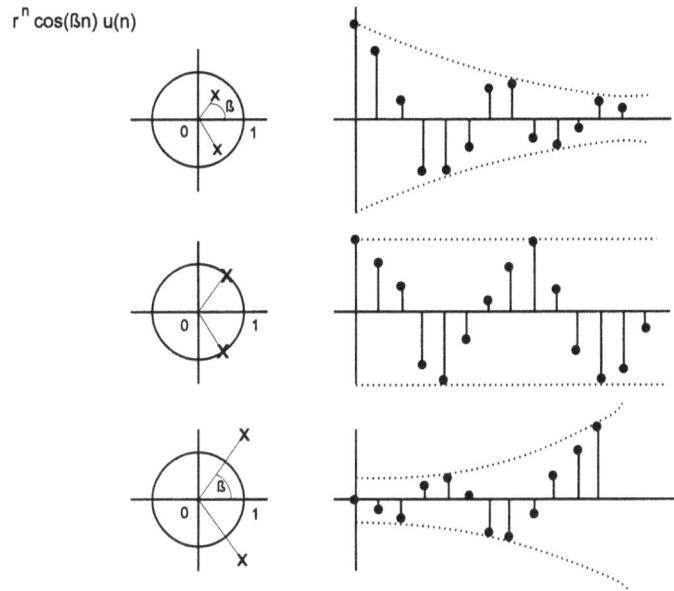

Fig. 5.21. Relaciones entre la posición de los polos y la forma de la respuesta impulsional

De la figura anterior pueden inferirse las situaciones siguientes:

- Los polos simples van asociados a respuestas de tipo potencial, con signos alternados si están ubicados en el semieje real negativo.

- Los polos complejos conjugados presentan respuestas senosoidales.

- Los polos simples o complejos conjugados sobre la circunferencia de radio unidad conllevan respuestas que no se extinguen con el tiempo (mantenidas). Si son dobles ($m = 2$), la respuesta impulsional tiende a infinito.

- Todos los polos situados en el interior de la circunferencia de radio unidad, tanto si son simples como dobles, presentan respuestas que tienden a cero.

Si se considera la relación entre la transformada de Laplace y la Z (apartado 5.3.4.), no son de extrañar las conclusiones anteriores, excepto en lo que respecta a la respuesta asociada a los polos en el semieje real negativo del plano Z. Este semieje no tiene equivalencia con los sistemas continuos.

5.3.11. Transformada Z inversa

La expresión formal de la transformada Z inversa, que se denota Z^{-1}, es la siguiente integral de contorno:

$$x[n] = \frac{1}{2\pi j} \oint X(z) z^{n-1} dz \qquad (5.60)$$

donde el contorno de integración es una circunferencia centrada en el origen del plano Z, recorrida en sentido antihorario. Ello requiere efectuar operaciones de integración compleja sobre un contorno, algo simplificables aplicando teoremas sobre los residuos encerrados en él. Pero, en cualquier caso, el uso de la definición formal es engorrosa, por lo que no insistiremos en ella. Lo mismo pasaba con la transformada de Laplace, en que era más operativa la descomposición en fracciones parciales con la que se traducía un problema complejo en varios problemas simples (desarrollo de Heaviside).

Hay dos métodos principales para la obtención práctica de la transformada inversa Z^{-1}: la expansión en serie de potencias, que puede llevar a expresiones no cerradas, y la descomposición en fracciones parciales, que es el método más comúnmente empleado. Para funciones especiales hay un tercer método, basado en el desarrollo en serie de Taylor. A continuación se introducen estos métodos con ejemplos:

- Expansión en serie de potencias (método de división directa)

Este método se basa en ir desarrollando en serie de potencias de z la función $X(z)$, para después deducir directamente de la definición de la transformada Z el valor de cada muestra de $x[n]$ al ir variando n.

Una función $X(z) = N(z)/D(z)$, siendo $N(z)$ el numerador y $D(z)$ el denominador, se puede expresar como:

$$X(z) = \frac{N(z)}{D(z)} = cociente + \frac{resto}{D(z)} \qquad (5.61)$$

Si se va dividiendo sucesivamente el resto de cada división por el denominador de $X(z)$, se obtiene una serie de potencias de z.

Sea, por ejemplo, la función $X(z) = z / (z\text{-}0,1)$. Haciendo sucesivas divisiones, se tiene:

$$
\begin{array}{ll}
z & \underline{|\, z - 0,1} \\
\underline{-(z-0,1)} & 1 \\
\quad 0,1 & \underline{|\, z - 0,1} \\
\underline{-(0,1 - 0,001\, z^{-1})} & 0,1\, z^{-1} \\
\quad\quad 0,001\, z^{-1} & \underline{|\, z - 0,1} \\
\underline{-(0,001\, z^{-1} - 0,1^3\, z^{-2})} & 0,1^2\, z^{-2} \\
\quad\quad\quad 0,1^3\, z^{-2} & \underline{|\, z - 0,1} \\
& 0,1^3\, z^{-3}
\end{array}
$$

$$X(z) = 1 + 0,1\, z^{-1} + 0,1^2\, z^{-2} + 0,1^3\, z^{-3} + ...$$

Comparando esta serie con la definición de la transformada Z:

$$X(z) = \sum_{n=-\infty}^{\infty} x[n]\, z^{-n}$$

puede irse deduciendo el valor de las sucesivas muestras de $x[n]$:

$x[0] = 1$
$x[1] = 0,1$
$x[2] = 0,1^2$
.....

En este ejemplo es fácil expresar el resultado con una fórmula cerrada:

$$x[n] = 0,1^n\, u[n]$$

De todos modos, esta posibilidad de poder expresar el resultado de forma compacta no es habitual, debiéndose dejarse como un sumatorio de los resultados de las sucesivas divisiones.

- Descomposición en fracciones parciales

El método de descomposición en fracciones parciales es el más común, y consiste en expandir $X(z)$ en una suma de funciones más elementales, directamente antitransformables a partir de tablas elementales. Supónganse una transformada $X(z)$ de la forma:

$$X(z) = \frac{K(z^w + c_{w-1} z^{w-1} + c_{w-2} z^{w-2} + \ldots + c_1 z + c_0)}{z^n + d_{n-1} z^{n-1} + \ldots + d_1 z + d_0} = \frac{KN(z)}{D(z)}$$

Si $w \geq n$, antes de expandir $X(z)$ en una suma de funciones hay que dividir previamente $N(z)$ por $D(z)$ hasta que el resto de la división sea, al menos, un grado menor que $D(z)$.

Ejemplo:

Sea la transformada de una secuencia $y[n]$:

$$Y(z) = \frac{2 - 3,5z^{-1} + 2,5z^{-2} - 0,5z^{-3}}{1 - 1,5z^{-1} + 0,5z^{-2}}$$

El numerador es de tercer orden ($w = 3$), igual que el denominador ($n = 3$). Hay que dividir $N(z) / D(z)$ hasta que el resto de la división sea inferior en, al menos, un grado respecto a $D(z)$.

$$2\,z^3 - 3{,}5\,z^2 + 2{,}5\,z - 0{,}5 \quad\Big|\quad z^3 - 1{,}5\,z^2 + 0{,}5\,z$$

$$-2\,z^3 + 3\,z^2 - z \qquad\qquad\qquad 2$$

$$-0{,}5\,z^2 + 1{,}5\,z - 0{,}5$$

$$Y(z) = 2 - \frac{0{,}5z^2 - 1{,}5z + 0{,}5}{z\,(z^2 - 1{,}5z + 0{,}5)}$$

$$z^2 - 1{,}5z + 0{,}5 = (z - 1)(z - 0{,}5)$$

$$Y(z) = 2 - \frac{0{,}5z^2 - 1{,}5z + 0{,}5}{z(z - 1)(z - 0{,}5)} = 2 - R(z)$$

Descomponiendo ahora a $R(z)$ en fracciones parciales:

$$R(z) = \left(\frac{A}{z} + \frac{B}{z - 1} + \frac{C}{z - 0{,}5}\right)$$

$$A = \lim_{z \to 0} z\,R(z) = \frac{0{,}5}{0{,}5} = 1$$

$$B = \lim_{z \to 1}(z - 1)\,R(z) = \frac{0{,}5 - 1{,}5 + 0{,}5}{0{,}5} = -1$$

$$C = \lim_{z \to 0{,}5}(z - 0{,}5)\,R(z) = 0{,}5$$

con lo que:

$$Y(z) = 2 - \frac{1}{z} + \frac{1}{z - 1} - \frac{0{,}5}{z - 0{,}5} = 2 - \frac{1}{z} + \frac{z}{z - 1}z^{-1} - \frac{0{,}5z}{z - 0{,}5}z^{-1}$$

y, con ayuda de las tablas de transformadas elementales y recordando que el término z^{-1} supone un retardo de una muestra, se tiene:

$$y[n] = 2\,\delta[n] - \delta[n - 1] + \{1 - (0{,}5)^n\}\,u[n - 1]$$

- Descomposición en serie de Taylor

En el caso de funciones no racionales, una alternativa es hacer un desarrollo en serie de Taylor de la función y determinar la transformada inversa a partir del desarrollo en serie.

Ejemplo: Sea la función $x[n] = \delta[n] + a\,\delta[n-N]$, con $|a|<1$, cuya transformada Z es inmediata, $X(z) = 1 + a\,z - N$.

Si ahora se define una función $\hat{X}(z) = \ln(X(z))$ denominada[4] *CEPSTRUM* de $x[n]$, se tiene que la secuencia cepstral $\hat{x}[n] = Z^{-1}\{\hat{X}(z)\}$, particularizada para este ejemplo concreto, $\hat{x}[n] = Z^{-1}\{\ln(1+az^{-N})\}$, puede obtenerse a partir de un desarrollo en serie de Taylor. En efecto, denominando $y = a\cdot z\text{-}N$, se desarrolla una función $f(y) = \ln(1 + y)$:

$$f(y)\big|_{y=0} = f(0) + f'(0)y + f''(0)\frac{y^2}{2!} + \ldots + f^{n-1}(0)\frac{y^{n-1}}{(n-1)!} + \ldots =$$

$$= \sum_{n=0}^{\infty} f^n(0)\frac{y^n}{n!}$$

siendo: $f(0) = 0$,

$$f'(v) = 1/(1+v) \to f'(0) = 1$$
$$f''(v) = -1/(1+v)^2 \to f''(0) = -1$$
$$f'''(v) = 2/(1+v)^3 \to f'''(0) = 2$$
$$\ldots\ldots$$
$$f^n(0) = (-1)^{n+1}(n\text{-}1)!, \quad n \geq 1$$

Así, la función $f(y)$ será:

$$f(y) = \ln(1+y) = \sum_{n=1}^{\infty}(-1)^{n+1}\frac{(n-1)!}{n!}y^n = \sum_{n=1}^{\infty}(-1)^{n+1}\frac{1}{n}y^n$$

y finalmente:

$$\ln(1+az^{-N}) = \sum_{n=1}^{\infty}(-1)^{n+1}\frac{1}{n}a^n z^{-nN}$$

con lo que $\hat{x}[n] = Z^{-1}\{\ln(1+az^{-N})\} = (-1)^{n+1}a^n/n$, en los instantes $n = N$, $2N$, $3N$, $4N$, ... , y cero en el resto.

---

[4] El nombre de CEPSTRUM viene de girar las primeras letras de *SPECtrum* y es el logaritmo neperiano del espectro. Tiene utilidad, entre otros ámbitos, en el análisis y la síntesis de señales de voz.

Ejemplo de utilización del *CEPSTRUM*: Síntesis y codificación de voz

(Nota preliminar. En este ejemplo, adelantan conceptos y términos que en este capítulo aún no se han estudiado, con el doble objetivo de ir introduciendo aplicaciones prácticas de algunos temas tratados hasta ahora y de ir motivando al lector para futuros capítulos.)

Supongamos que estamos diseñando una máquina expendedora de bocadillos, que debe preguntar que tipo de bocadillo se desea e indicar el número del pulsador correspondiente a cada elección (se estima un tiempo de 25 segundos para este proceso). Una vez seleccionado el bocadillo, nos indica que debemos recogerlo, junto con el cambio, y nos da las gracias (proceso que dura 8 segundos). En total, se deben sintetizar 33 segundos de voz. Una primera aproximación al diseño podría basarse en un locutor que pronunciara las diferentes frases delante de un micrófono conectado a un sistema de adquisición (con un conversor A/D de 8 bits), que fuera guardando en una memoria los sucesivos códigos digitales. Instalando en cada máquina expendedora una copia de esta memoria con un conversor D/A, podrían reproducirse automáticamente las frases pronunciadas por el locutor. Suponiendo que lo hiciéramos con una calidad semejante a la telefónica, con una frecuencia vocal máxima de 3.400 Hz, y muestreando al límite de la condición de Nyquist, la frecuencia de muestreo ideal seria de 2*3.400 Hz = 6.800 Hz. Dado que esta frecuencia de muestreo requeriría un filtro ideal para la reconstrucción de la señal, dejamos una pequeña banda de guarda entre los alias de la señal muestreada para poder usar filtros reales, aumentando así la frecuencia de muestreo a 8 kHz. Codificando cada muestra con 8 bits, serían necesarios 64.000 bits para almacenar cada segundo de grabación. En total, para los 33 segundos se necesitarían 2.112.000 bits. Esta cantidad de memoria empieza a ser considerable, ya que sólo almacena poco más de medio minuto de voz. Si el número de posibles mensajes que puede proporcionar la máquina se va aumentando (por ejemplo, con mensajes de espera, sugerencias comerciales, etc.), pueden llegar a necesitarse cantidades importantes de memoria.

De igual forma, si estos mensajes tuvieran que transmitirse por un canal de comunicaciones, éste debería permitir la transmisión de pulsos a una velocidad de 64 kbits/s. Una alternativa para reducir la cantidad de memoria necesaria para la síntesis de voz, o bien para reducir la velocidad (concepto relacionado con el ancho de banda) para su transmisión, son los *vocoders* (codificadores de voz, *VOice CODERS* en inglés) de los cuales hay varios tipos. Algunos de ellos utilizan el cepstrum para caracterizar la voz, como se introducirá a continuación.

En una primera clasificación, algunos sonidos vocales pueden ser fricativos, como la f o la s, mientras que otros son oclusivos, como es el caso de la a o de la e (podríamos entrar en más detalle en esta clasificación, pero nos basta con distinguir entre los fricativos y los oclusivos para nuestro propósito). La onda acústica generada por la señal de voz es una onda de presión en cuya construcción intervienen las cuerdas vocales, el tracto vocal, la cavidad nasal, la lengua y los labios. La glotis es el espacio interior y medio de la laringe, limitado a los lados por las cuerdas vocales. Si se fuerza que circule aire por la glotis manteniendo tensas las cuerdas vocales se produce una vibración que envía al tracto vocal unos pulsos de aire cuasiperiódicos, básicos para la generación de sonidos oclusivos. Cuanto mayor es la tensión de las cuerdas vocales, mayor es la frecuencia fundamental de la voz (*pitch* de la voz), al igual que ocurre con una guitarra. Por el contrario, para generar sonidos fricativos se dejan abiertas las cuerdas vocales, de forma que al salir el aire se produce una turbulencia que excita el tracto vocal como si se tratara de un ruido de banda ancha. Un modelo para la producción de la voz podría ser el de la figura 5.22, donde el interruptor selecciona entre un generador de pulsos periódicos (para los sonidos oclusivos) u otro de ruido (para los fricativos).

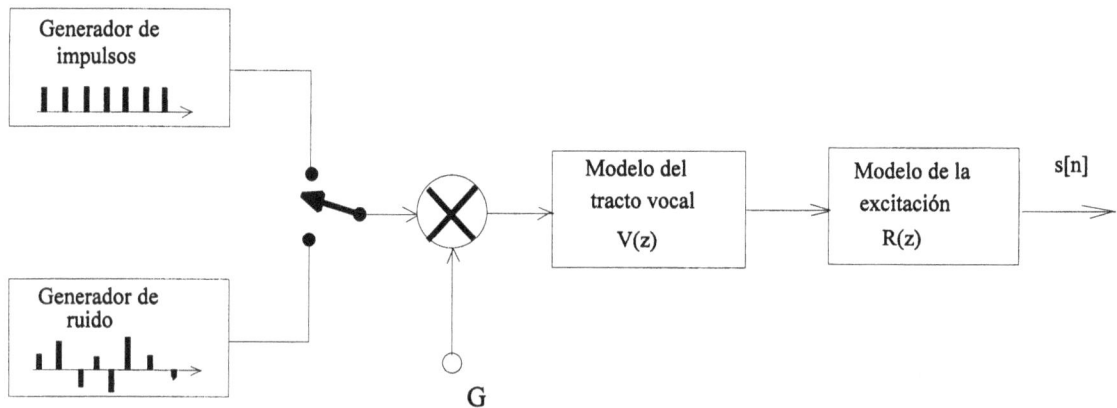

Fig. 5.22. Modelo lineal del tracto vocal para la síntesis de la voz

El factor *G* es un parámetro que modela la intensidad de la excitación vocal (fuerza de la voz) y el tracto vocal tiene una función de transferencia *V(z)* que relaciona el volumen de aire en la glotis con el volumen de aire que llega a los labios. El modelo de radiación modela la presión del aire en los labios, y se puede aproximar por una primera diferencia de retorno. Para los sonidos oclusivos, la función de transferencia de *V(z)* sólo contiene polos y por lo general, es modelable como un sistema de sexto orden (tres polos complejos conjugados).

$$V(z) = \frac{1}{1 - \sum_{i=1}^{p} a_i z^{-1}}$$

Para los fricativos, la función de transferencia suele presentar también ceros, aunque menos polos. La forma de la respuesta frecuencial de tracto vocal viene determinada por los coeficientes a_i.

Por otro lado, las señales de voz son cuasiestacionarias, es decir, sus características espectrales y estadísticas prácticamente no varían si se analizan sobre segmentos cortos de tiempo. Empíricamente, si las estadísticas y el comportamiento espectral de una señal de voz se mantienen constantes durante intervalos de tiempo inferiores a los 25 ms, el mensaje se entiende perfectamente.

Tal como se ha definido el cepstrum de una secuencia $x[n]$, $c(z) = Z^{-1}\{\ln (X(z))\}$, parece difícil de aplicar ya que esta definición conlleva la determinación previa de $X(z)$. Sin embargo, como se verá en los capítulos siguientes, en régimen permanente hay una estrecha relación entre la transformada discreta de Fourier (DFT) de una secuencia y su transformada Z. Así, un método práctico para obtener la secuencia cepstral (denominada _quefrency_, por la misma regla con que se creó el nombre de cepstrum: ahora se desordenan partes de la palabra _frequency_) es el que se refleja en la figura 5.23.

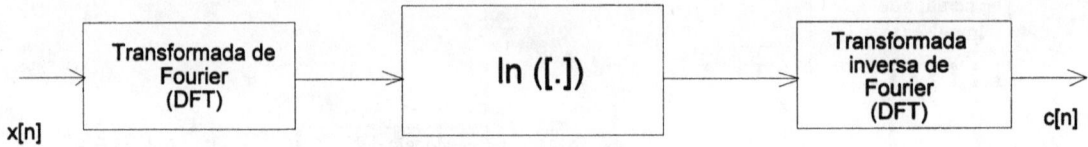

Fig. 5.23. Obtención práctica de la secuencia cepstral c[n]

Si _x_[_n_] es un segmento de una señal de voz, la secuencia _c_[_n_] permite determinar si pertenece a un tramo fricativo (ausencia de _pitch_) u oclusivo. En este segundo caso, también permite determinar la frecuencia del _pitch_ de la voz. Vease con un caso práctico. La señal temporal de la figura 5.24 ha sido captada por un micrófono mientras se pronunciaba la palabra "séptimo".

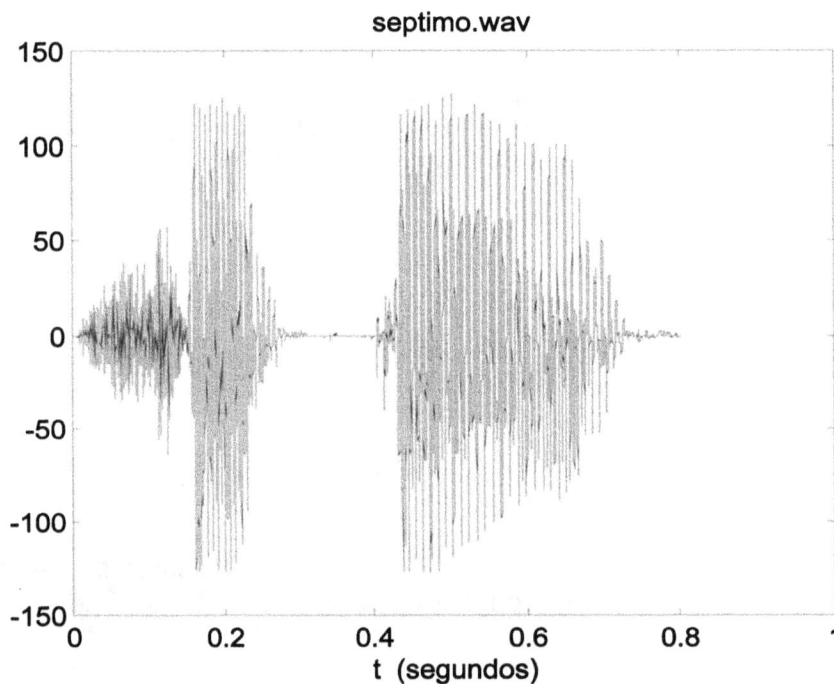

Fig. 5.24. Forma temporal al pronunciar la palabra "séptimo"

cuya transformada de Fourier es la de la figura 5.25:

septimo.wav

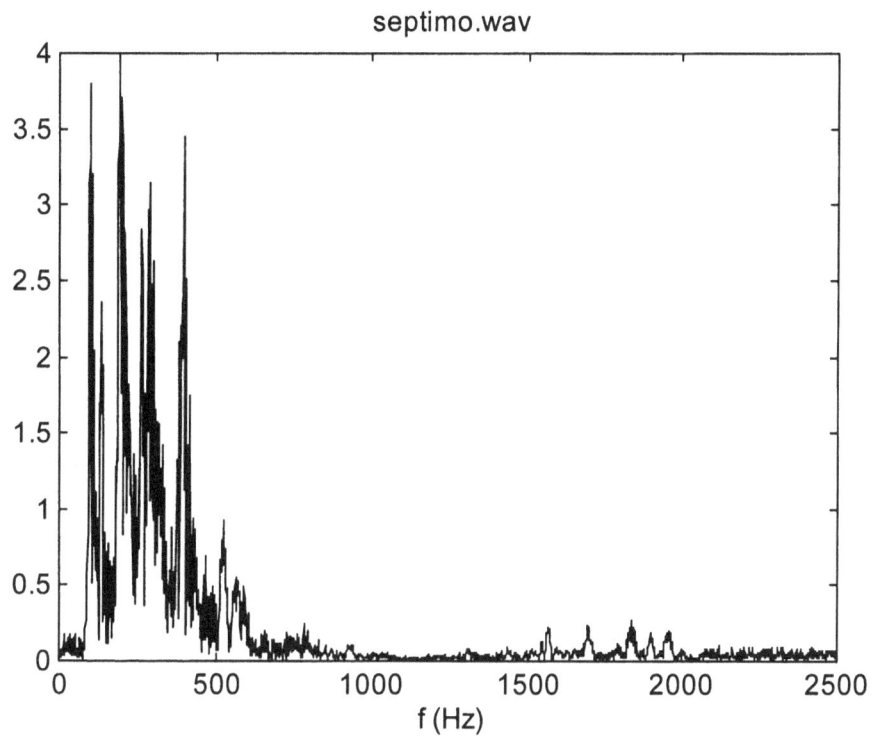

Fig. 5.25. Espectro del módulo de la señal de la figura anterior

Si ahora se toma una trama de 25 ms de duración, como la de la figura 5.26:

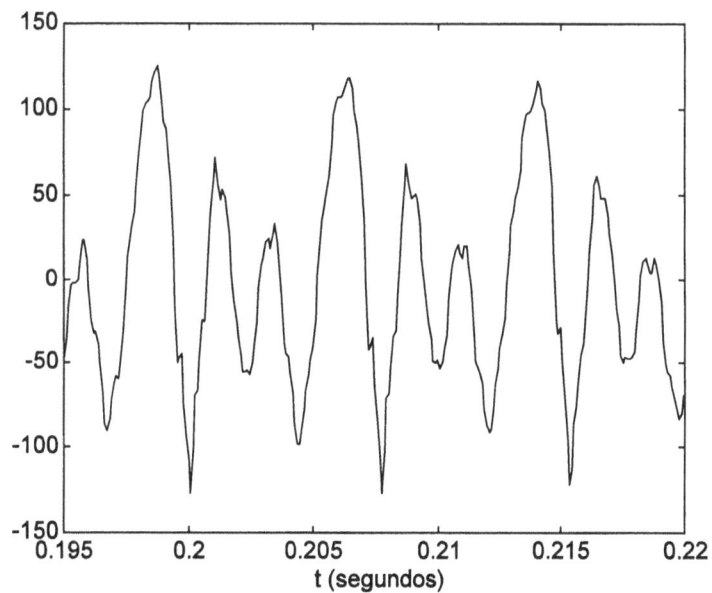

Fig. 5.26. Trama de 25 ms de la palabra pronunciada

y se obtiene la secuencia cepstral de la figura 5.27, vemos que aparecen dos picos separados T_p segundos. La presencia de los picos indica que este tramo es oclusivo, siendo T_p el período del *pitch* de la voz durante el tramo.

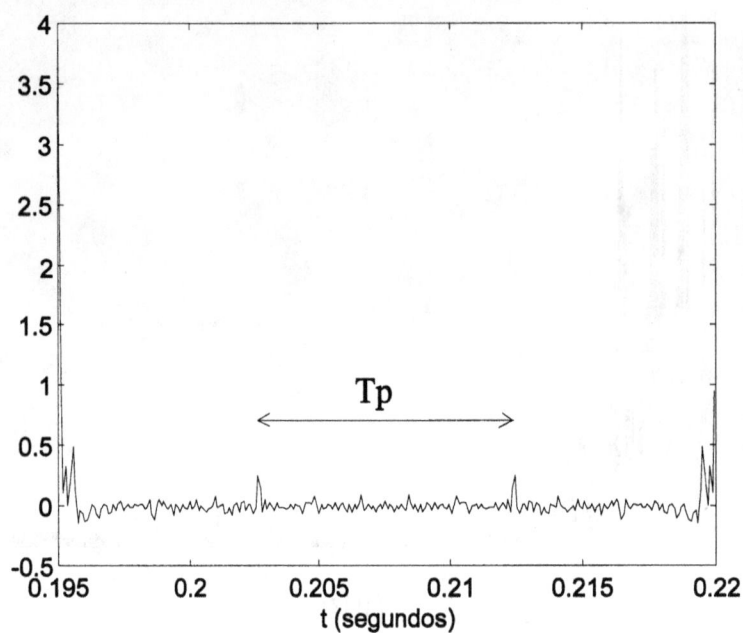

Fig. 5.27. Secuencia cepstral correspondiente a la señal de la figura anterior

Haciendo el mismo proceso con el siguiente segmento de 25 ms de voz:

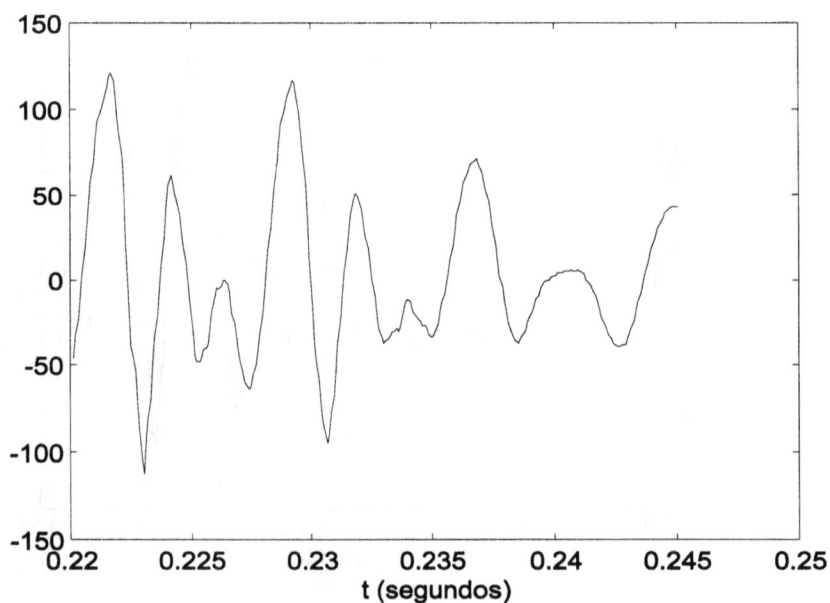

Fig. 5.28. Siguiente tramo de 25 ms

se ve que no aparecen los picos en la secuencia cepstral:

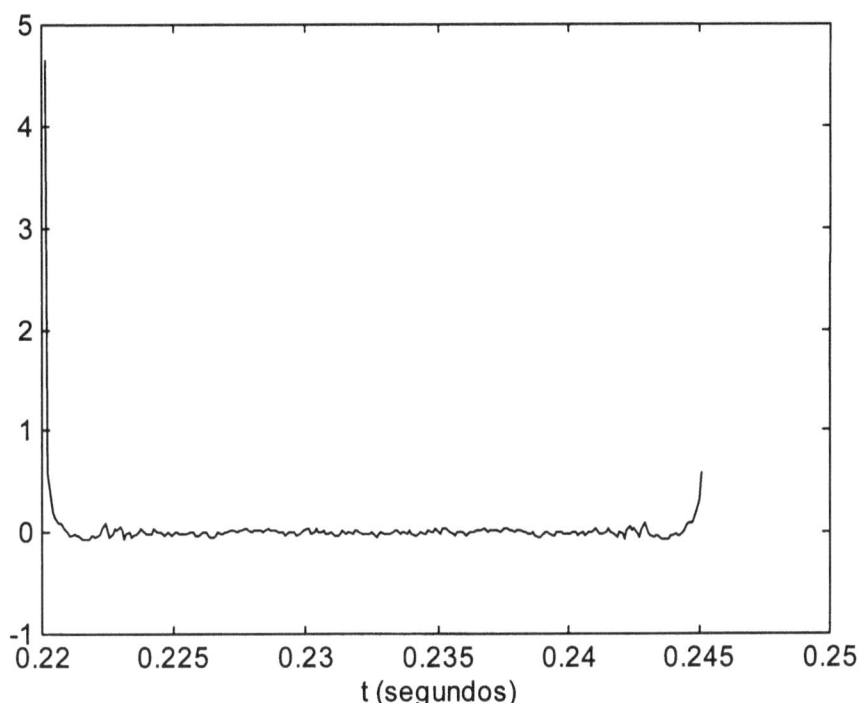

Fig. 5.29. Secuencia cepstral de un sonido fricativo

lo que indica que, en el intervalo comprendido entre los 220 ms y los 250 ms de la palabra que hemos pronunciado, el sonido es fricativo. Repitiendo el mismo proceso para todos los tramos, ya se sabría en qué posición colocar el interruptor de la figura 5.22 para seleccionar el generador más adecuado para la reproducción de cada tramo. Y si es el de impulsos periódicos, también conoceríamos el período T_p al que hay que ajustarlo.

Ahora sólo faltaría ajustar los coeficientes del filtro que modela el tracto vocal para cada tramo para poder reproducir sintéticamente la palabra "séptimo". Una posibilidad sería evaluar la transformada de Fourier de cada tramo (al estudiar la transformada discreta de Fourier ya se revisará la transformación de secuencias temporalmente cortas, STFT). Por ejemplo, en la figura 5.30 se ve la respuesta frecuencial para 8 diferentes intervalos (espectrograma). Nótese que en las tramas de la figura se aprecian unas resonancias a diferentes frecuencias, denominadas *formantes* del tracto vocal. Una posibilidad para obtener los coeficientes a_i de la función de transferencia anterior del tracto vocal, $V(z)$, sería la identificación directa de los formantes (aunque hay métodos más eficientes, como la codificación lineal predictiva, LPC, que se tratará más adelante).

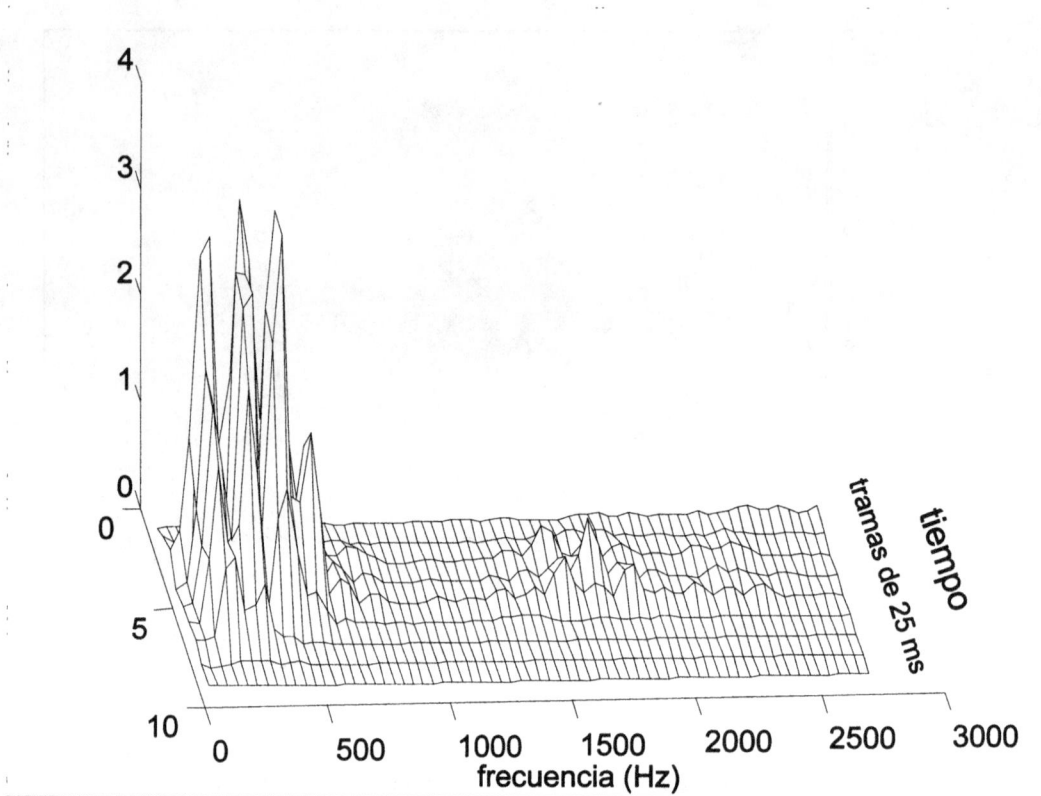

Fig. 5.30. Espectrograma

Volvamos ahora a la máquina expendedora de bocadillos. Los 33 segundos de voz se pueden dividir en 1.320 tramos de 25 ms. Una vez analizado y parametrizado cada tramo, para su reproducción puede plantearse el uso de un *vocoder* que utilice:

- 1 bit para decidir la posición del interruptor (selección del generador).
- 15 bits para fijar el período del *pitch* del generador de impulsos.
- 96 bits para codificar los coeficientes del modelo del tracto vocal (se suponen 6 coeficientes codificados con 16 bits).

es decir, que utilice un total de 112 bits por tramo. Como en total hay 1.320 tramos, la cantidad de memoria necesaria para el almacenamiento de la voz (o, mejor dicho, de los parámetros para su síntesis) sería de 147.840 bits. Este resultado destaca frente a los 2.112.000 bits que se habían calculado al principio.

Y si el objetivo fuera transmitir los mensajes, esta transmisión podría efectuarse a una velocidad de 112 bits cada 25 ms, es decir, a 4.480 bps (bits por segundo). Con los 64 kbps obtenidos anteriormente, podrían establecerse unas 14 comunicaciones vocales si se procesan con un *vocoder*.

5.3.12. Diagramas de programación en paralelo y en cascada

En el apartado 5.2.5.3 se han introducido los diagramas de programación en forma directa I y II, y en apartado 5.3.13 se estudiará un sistema realimentado. Ahora se analizan otros dos diagramas de programación: el paralelo y el de programación en cascada.

La *programación en paralelo* es inmediata a partir de la descomposición en fracciones parciales de la $H(z)$, tal como ya se ha hecho en el apartado anterior como método para hallar una transformada Z inversa. Tómese, como ejemplo conductor, un sistema cuya $H(z)$ es:

$$H(z) = \frac{3 - 2z^{-1} + 4z^{-2} + 1z^{-3} + 2z^{-4}}{1 - 2,3z^{-1} + 1,7z^{-2} - 0,4z^{-3}}$$

Su desarrollo en fracciones parciales nos lleva a:

$$H(z) = 3 - \frac{5}{z} + \frac{80}{z-1} + \frac{45,83}{z-0,5} - \frac{115,93}{z-0,8}$$

(Nota. Puede efectuarse este desarrollo con ayuda del programa Matlab: después de introducir los coeficientes del numerador y denominador de $H(z)$, utilice la instrucción 'residue' para comprobar el resultado)

ecuación que conduce directamente al diagrama de programación en paralelo de $H(z)$, tal como se muestra en la figura siguiente:

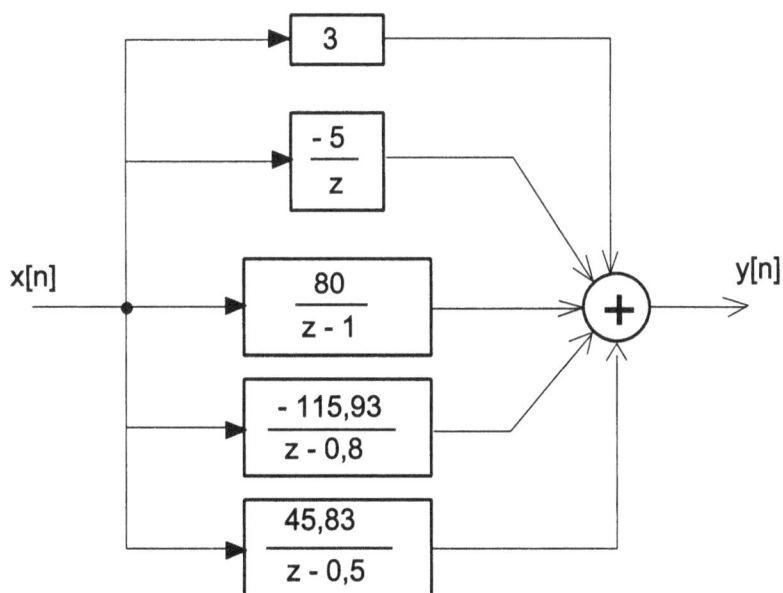

A su vez, dentro de la programación en paralelo, pueden volver a descomponerse los bloques formados por un polo simple mediante estructuras de programación directa.

La *programación en cascada* presupone una descomposición en factores de $H(z)$, fácil de obtener a partir de la factorización de sus polos y ceros. Por ejemplo, el sistema

$$H(z) = \frac{z+5}{4(z^2+3z+1)}$$

se puede descomponer como:

$$H(z) = \frac{z+5}{4(z+1)(z+2)} = \frac{1}{4}\frac{z+5}{z+1}\frac{1}{z+2}$$

de donde se deduce el diagrama de programación en cascada. Nótese que el segundo y el tercer factor se han programado en forma directa de tipo II dentro de la cascada.

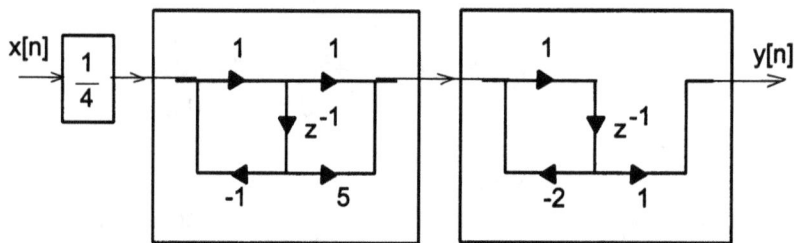

El mérito del diagrama de programación directa es, como indica su nombre, la facilidad de representación directamente desde la ecuación en diferencias o de la $H(z)$. La programación en paralelo permite localizar un polo de $H(z)$ en cada rama (los ceros quedan enmascarados en la formulación), pudiéndose reprogramar el valor de un determinado polo sin alterar a los restantes. Ello también se puede hacer en la programación en cascada, la cual también facilita la localización de los ceros de la función de transferencia. Pero, en contrapartida, la programación en cascada es muy sensible a la variación de algún coeficiente, ya que esta variación puede quedar magnificada por amplificaciones de otras partes posteriores de la cascada. Esta sensibilidad debe tenerse en consideración en elementos de cálculo donde los truncamientos y redondeos de las operaciones sean importantes. No es recomendable cuando haya polos o ceros críticos (por ejemplo, filtros digitales paso banda con polos muy cercanos a la zona de inestabilidad del filtro).

5.3.13. Función de transferencia de un sistema realimentado

Recordando que la salida de un sistema LTI es la convolución de la entrada por su respuesta impulsional, y usando la propiedad de convolución de la transformada Z, es fácil obtener la función de transferencia de un sistema realimentado como el de la figura 5.31, donde todos los subsistemas que lo componen son discretos.

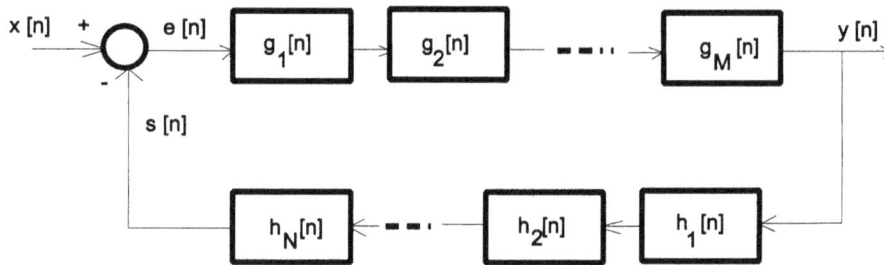

Fig. 5.31. Sistema realimentado

Las salidas de los bloques conectados en cascada son:

$$y[n] = g_1[n] * g_2[n] * \ldots * g_M[n] * e[n]$$
$$s[n] = h_1[n] * h_2[n] * \ldots * h_N[n] * y[n] \tag{5.62}$$

Aplicando la propiedad de convolución, se obtiene:

$$Y(z) = \{G_1(z)\, G_2(z) \ldots G_M(z)\}\, E(z) = G(z)\, E(z)$$
$$S(z) = \{H_1(z)\, H_2(z) \ldots H_N(z)\}\, Y(z) = H(z)\, Y(z) \tag{5.63}$$

con lo que se puede simplificar el diagrama anterior.

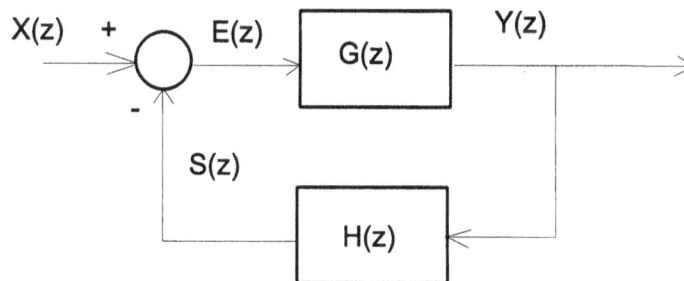

Fig. 5.32. Simplificación de la figura anterior

En la figura 5.32 se ve que:

$$Y(z) = E(z)\, G(z)$$
$$S(z) = Y(z)\, H(z)$$
$$E(Z) = X(z) - S(z) \tag{5.64}$$

de donde se deduce que la función de transferencia global es:

$$\frac{Y(z)}{X(z)} = \frac{G(z)}{1 + G(z)H(z)} \tag{5.65}$$

5.3.14. Simplificación de esquemas de bloques

En ocasiones, el modelo de un sistema es complejo, formado por varios bloques que a su vez están interconectados con combinaciones de estructuras en cascada, en paralelo y realimentadas. En este caso conviene resumir en un solo bloque a todo el modelo, para lo que es aconsejable seguir las pautas siguientes:

1. Simplificar las estructuras evidentes (bloques en serie y en paralelo).

2. Si aparecen estructuras con lazos imbricados entre sí, aplicar movilidad de bloques a fin de dejar estructuras claras para su simplificación.

3. Ir reduciendo de forma sistemática desde los lazos más interiores hasta los exteriores.

Veamos estos pasos mediante un ejemplo. Se trata de simplificar el esquema:

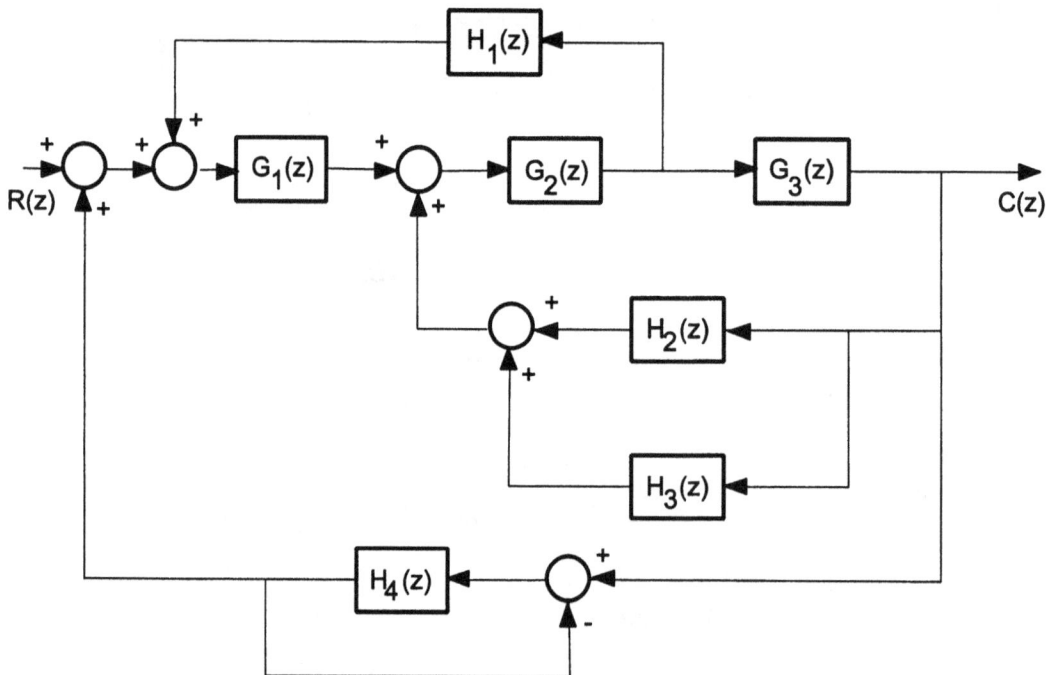

En primer lugar, se simplifican los bloques en paralelo H_2 y H_3, y la realimentación unitaria de H_4 (dicho así porque el camino de realimentación tiene amplificación unitaria).

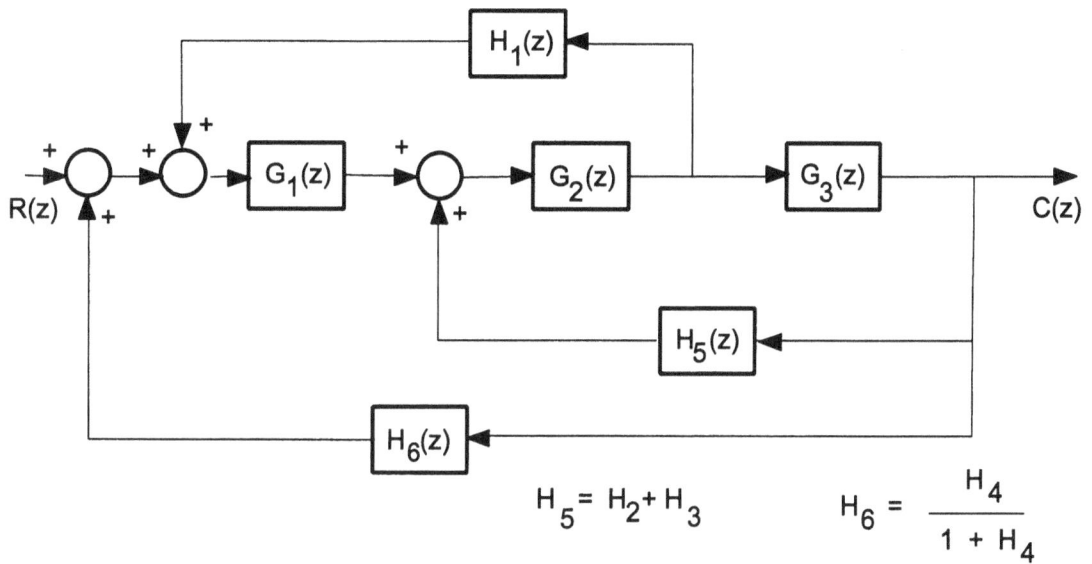

$$H_5 = H_2 + H_3 \qquad\qquad H_6 = \frac{H_4}{1 + H_4}$$

Ahora se tiene un lazo (H_1) imbricado entre G_2 y G_3, lo que dificulta su simplificación. Aplicando movilidad al bloque H_1, se tiene:

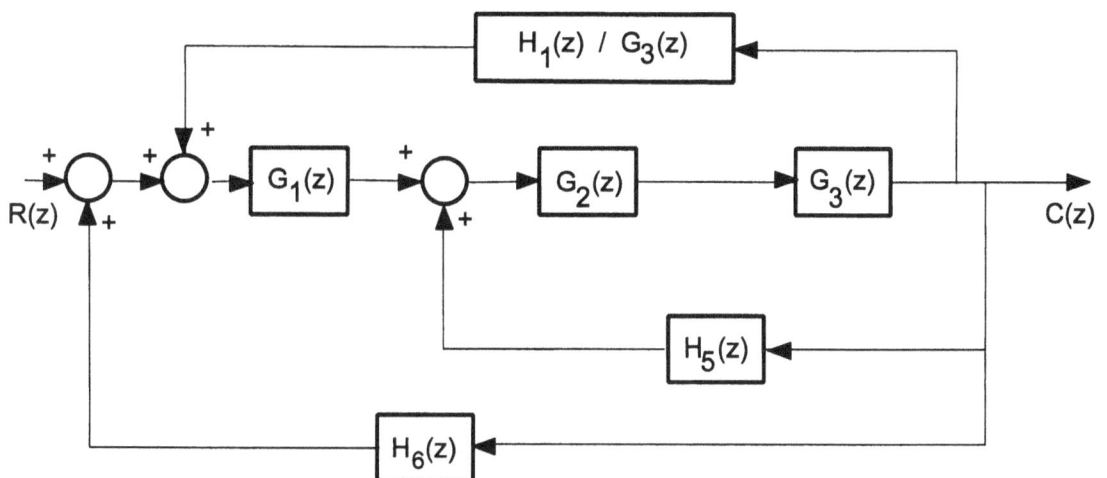

con lo cual pueden simplificarse los bloques en cascada G_2 y G_3 realimentados a través de H_5:

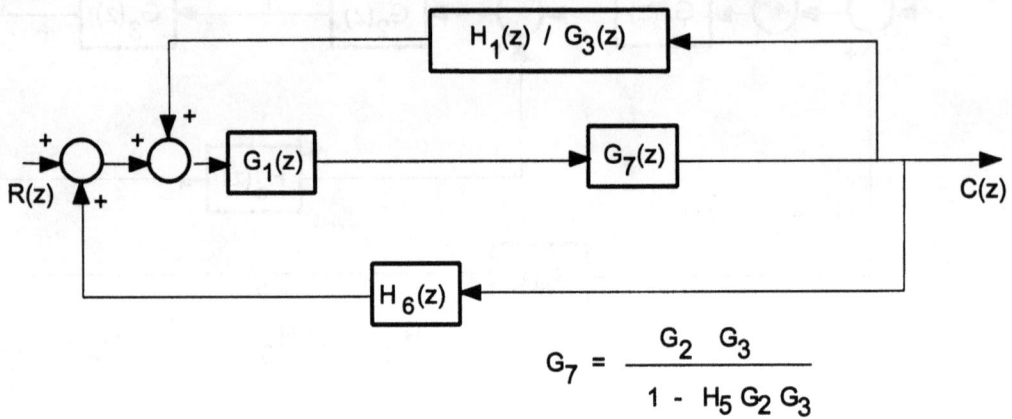

$$G_7 = \frac{G_2 \; G_3}{1 \; - \; H_5 \, G_2 \, G_3}$$

Simplificando la realimentación del lazo superior, queda:

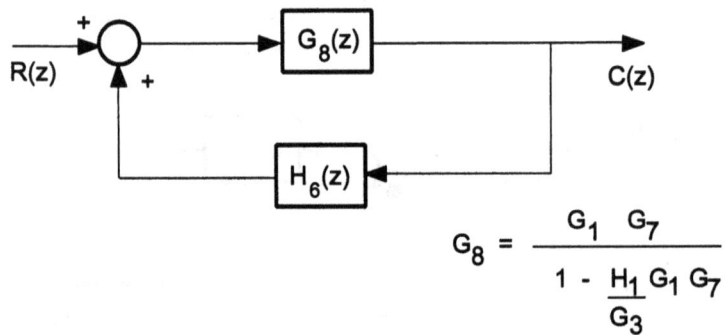

$$G_8 = \frac{G_1 \; G_7}{1 \; - \; \dfrac{H_1}{G_3} \, G_1 \, G_7}$$

con lo que sólo queda una realimentación elemental que lleva al sistema resultante de la figura:

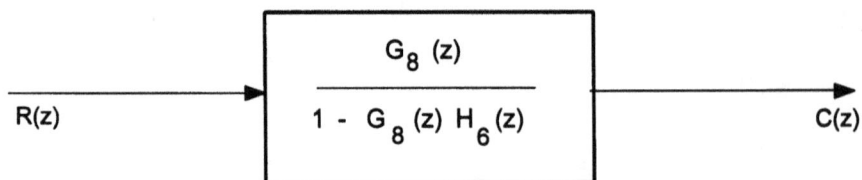

EJERCICIOS

(Nota. Resuelva los ejercicios 5.1 a 5.13 sin usar la transformada Z.)

5.1.   Calcule la convolución $y[n] = x[n] * y[n]$ de los pares de señales siguientes:

   a) $x[n] = \alpha^n u[n]$; $y[n] = \beta^n u[n]$, $\alpha \neq \beta$
   b) $x[n] = 2^n u[-n]$; $y[n] = u[n]$
   c) $x[n]$ e $y[n]$ como en la figura

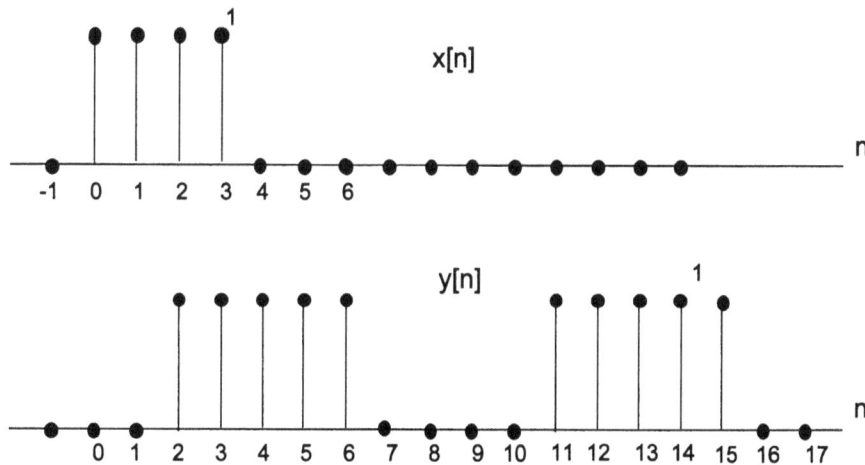

(Nota. Pruebe de resolver los casos *a* y *b* de forma gráfica y, a partir de los primeros valores, llegue a una expresión general.)

5.2.   De la respuesta impulsional $h[n]$ de un sistema LTI se sabe que es cero excepto en el intervalo $N_0 \leq n \leq N_1$. De la entrada $x[n]$, también se sabe que es cero excepto en el intervalo $N_2 \leq n \leq N_3$. En consecuencia, la salida $y[n]$ debe ser cero excepto en cierto intervalo $N_4 \leq n \leq N_5$. Determine N_4 y N_5 en función de N_0, N_1, N_2 y N_3.

5.3.   Considere dos sistemas LTI con respuestas impulsionales respectivas $h_1[n]$ y $h_2[n]$ dadas por:

$$h_1[n] = (-\tfrac{1}{2})^n u[n] \qquad\qquad h_2[n] = u[n] + \tfrac{1}{2}u[n-1]$$

Ambos sistemas se conectan en cascada, como muestra la figura:

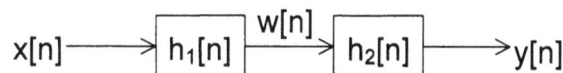

   a)   Tomando $x[n] = u[n]$, calcule $y[n]$ calculando primero $w[n] = x[n] * h_1[n]$ y después $y[n]$ como $y[n] = w[n] * h_2[n]$.

b) Encuentre ahora $y[n]$ convolucionando primero $h_1[n]$ con $h_2[n]$ (es decir, obteniendo una $h_{eq}[n]$) y calculando después $y[n]$ como $y[n] = x[n] * h_{eq}[n]$. Compruebe que el resultado coincide con el del apartado anterior.

5.4. Considere la interconexión de sistemas LTI mostrada en la figura.

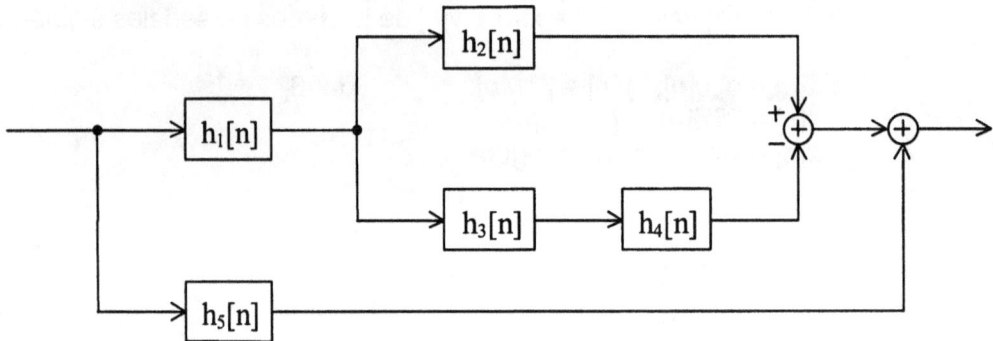

a) Exprese la respuesta impulsional global $h[n]$ en función de $h_1[n]$, $h_2[n]$, $h_3[n]$, $h_4[n]$ y $h_5[n]$.

b) Determine $h[n]$ cuando:

$$h_1[n] = 4(½)^n(u[n]-u[n-3])$$

$$h_2[n] = h_3[n] = (n+1)u[n]$$

$$h_4[n] = δ[n-1]$$

$$h_5[n] = δ[n]-4δ[n-3]$$

5.5. Considere la conexión en cascada de tres sistemas LTI mostrada en la figura:

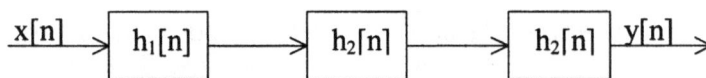

La respuesta impulsional de $h_2[n]$ viene dada por:

$$h_2[n] = u[n]-u[n-2]$$

y la respuesta impulsional del sistema completo es:

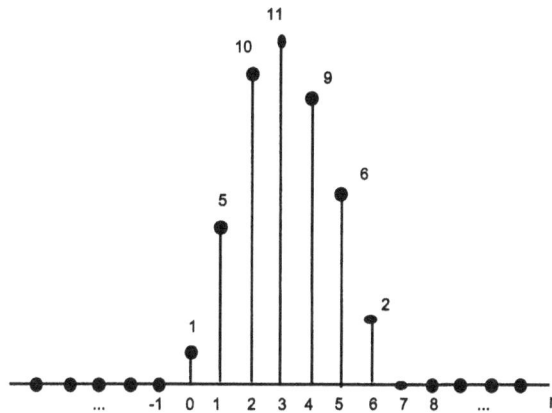

a) Encuentre la respuesta impulsional $h_1[n]$.

b) Determine la respuesta del sistema completo a la entrada $x[n] = \delta[n]-\delta[n-1]$.

5.6. a) Considere dos sistemas A y B, donde A es un sistema LTI con respuesta impulsional $h[n] = (\frac{1}{2})^n u[n]$. El sistema B es también lineal, pero variante en el tiempo, y su salida viene dada por $z[n] = n \cdot w[n]$ cuando la entrada es $w[n]$.

Demuestre que la propiedad de conmutatividad no se mantiene para estos dos sistemas. Para ello, calcule la respuesta de cada uno de los esquemas mostrados en la figura a una excitación $x[n] = \delta[n]$.

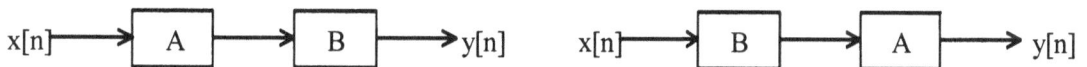

b) Suponga que sustituimos el sistema B por un sistema cuya relación de entrada-salida venga dada por:

$$z[n] = w[n]+2$$

Repita los cálculos del apartado a en este caso y justifique el resultado.

5.7. Determine si cada una de las afirmaciones siguientes es cierta o falsa.

Justifique su respuesta, es decir, demuéstrelo si es cierto o ponga un contraejemplo si resulta falso.

a) Si la respuesta impulsional de un sistema LTI, $h[n]$, es periódica y no cero, entonces el sistema es inestable.

b) El inverso de un sistema LTI causal es siempre causal.

c)   Si $|h[n]| \leq K$ para todo n, con $K \neq 0$, entonces el sistema es inestable.

d)   Si un sistema LTI tiene una respuesta $h[n]$ de duración finita y acotada, entonces el sistema es estable.

e)   Si un sistema LTI es causal, entonces es estable.

f)   Si un sistema LTI es estable, entonces es causal.

g)   Un sistema LTI es causal si y sólo si su respuesta al escalón unidad $u[n]$ es cero para $n < 0$.

5.8.   Considere un sistema LTI inicialmente en reposo y descrito por la ecuación en diferencias siguiente:

$$y[n] + 3\,y[n\text{-}1] = x[n] + 10\,x[n\text{-}3]$$

Resolviendo la ecuación de forma recursiva (numéricamente), encuentre los diez primeros valores de la salida cuando la entrada es:

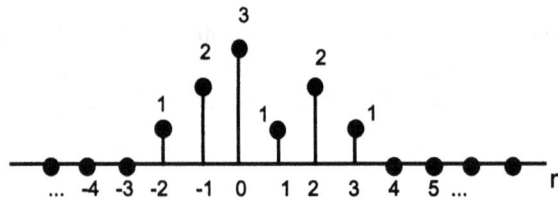

5.9.   Determine la realización en la forma directa II para cada uno de los siguientes sistemas LTI:

a) $2y[n]\text{-}y[n\text{-}1]+2y[n\text{-}3] = x[n]\text{-}5x[n\text{-}4]$

b) $y[n] = x[n]\text{-}2x[n\text{-}1]+3x[n\text{-}3]\text{-}4x[n\text{-}4]$

c) $y[n] = \text{-}3y[n\text{-}1]\text{-}10y[n\text{-}2]+6y[n\text{-}3]$

d) $y[n] = \text{-}3y[n\text{-}1]\text{-}10y[n\text{-}2]+6y[n\text{-}3]+x[n]\text{-}x[n\text{-}1]+2x[n\text{-}3]\text{-}3x[n\text{-}4]$

5.10.   Considere los sistemas cuyos diagramas de bloques se muestran a continuación:

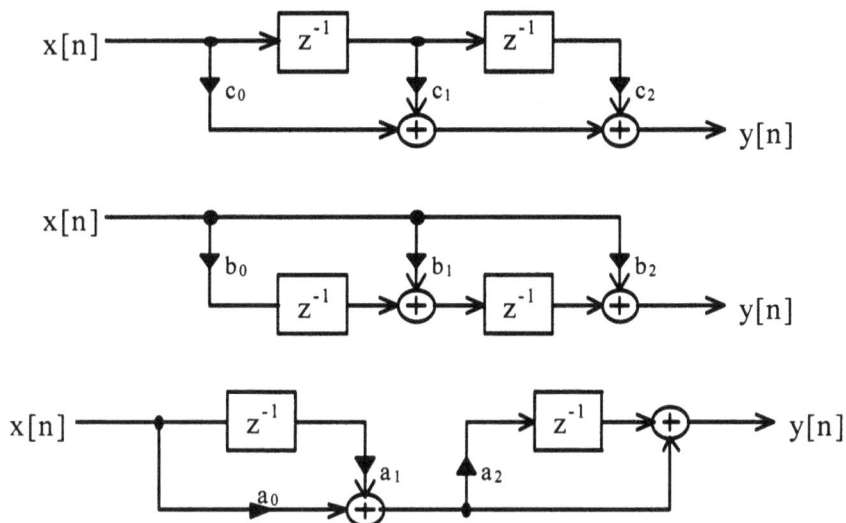

a)	Determine sus ecuaciones en diferencias.

b)	¿Es posible elegir los coeficientes de forma que $h_1[n] = h_2[n] = h_3[n]$?

c)	Identifique el tipo de sistema al que corresponden (FIR o IIR).

d)	¿Alguno de ellos será siempre estable, independientemente del valor de los parámetros *a*, *b* o *c*?

5.11.	Dado el diagrama siguiente:

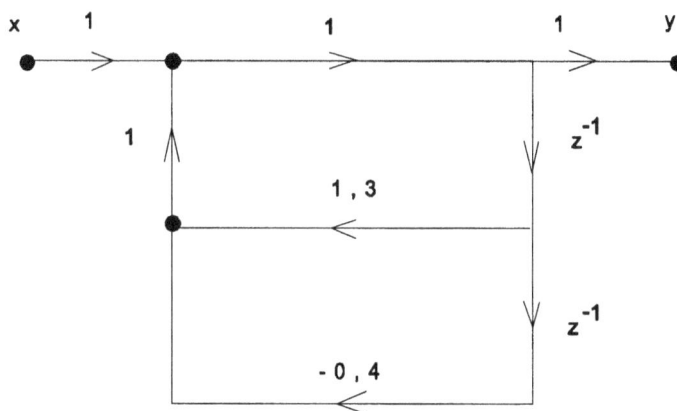

se pide:

a)	Obtener la ecuación en diferencias que relaciona *y*[*n*] con *x*[*n*].

b)	Determinar analíticamente la respuesta para:

$$x[n] = 0$$
$$y[0] = 1$$
$$y[-1] = 0$$

5.12. Sea un sistema descrito por la ecuación en diferencias:

$$y[n] - (1/4)\, y[n\text{-}1] = x[n]$$

siendo:

$$x[n] = (1/2)^n\, u[n]$$

Determine la respuesta $y[n]$, identificando los términos de las respuestas libre y forzada, si se sabe que el sistema es causal (con ello, obtenga los valores de $y[0]$ y de $y[\text{-}1]$ si resuelve el ejercicio por ecuaciones en diferencias).

5.13. Determine la respuesta impulsional $h[n]$ de un sistema LTI, sabiendo que, frente a una entrada como la señal $x[n]$ de la figura, responde con la secuencia $y[n]$. Indique si el sistema es estable y si es causal.

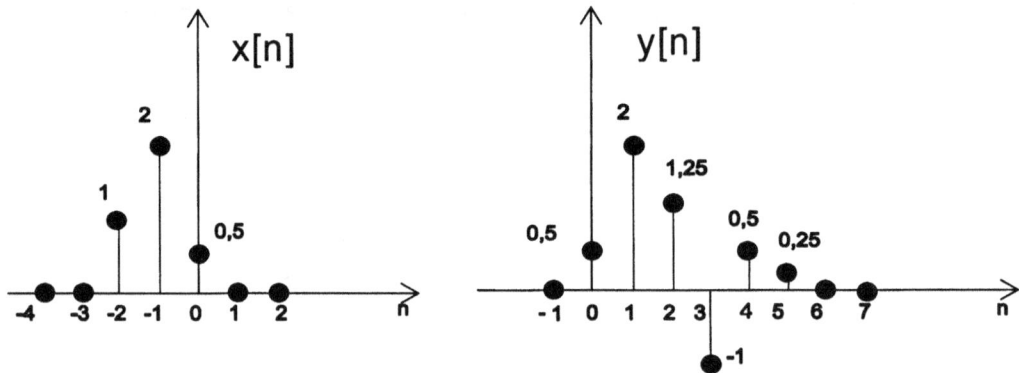

(EJERCICIOS DE TRANSFORMADA Z)

5.14. Determine la transformada Z para cada una de las secuencias siguientes:

a) $x[n] = (\tfrac{1}{2})^n u[n]$ b) $x[n] = -(\tfrac{1}{2})^n u[n\text{-}1]$ c) $x[n] = (-\tfrac{1}{2})^n u[n]$

d) $x[n] = \delta[n]$ e) $x[n] = \delta[n\text{-}1]$ f) $x[n] = (\tfrac{1}{2})^n (u[n]-u[n\text{-}10])$

5.15. Obtenga la transformada Z de $x[n] = \text{sen}\,(\Omega\, n)\, u[n]$.

5.16. Determine la transformada Z inversa de las funciones siguientes:

a) $X(z) = \dfrac{1}{1 + \dfrac{1}{2}\, z^{-1}}$ b) $X(z) = \dfrac{1}{1 - \dfrac{1}{2}\, z^{-1}}$

c) $X(z) = \dfrac{1 - \dfrac{1}{2} z^{-1}}{1 + \dfrac{3}{4} z^{-1} + \dfrac{1}{8} z^{-2}}$ d) $X(z) = \dfrac{1 - \dfrac{1}{2} z^{-1}}{1 + \dfrac{1}{2} z^{-1}}$

e) $X(z) = (1 + 3z^{-1})(1 - z^{-1})$ f) $X(z) = \ln(1 - 4z)$

g) $X(z) = \operatorname{sen}(z)$

5.17. Para cada una de las secuencias siguientes, determine la transformada Z (aplicando las propiedades de esta transformada) y el diagrama de polos y ceros, y dibuje la región de convergencia.

       a) $x[n] = a^n u[n] + b^n u[n] + c^n u[-n-1]$, $|a| < |b| < |c|$

       b) $x[n] = n^2 a^n u[n]$

       c) $x[n] = (1+n) u[n]$

       d) $x[n] = n a^n \cos(\Omega_0 n) u[n]$

5.18. Determine la convolución de las señales siguientes utilizando la transformada Z.

       a) $x_1[n] = (\tfrac{1}{4})^n u[n-1]$ $x_2[n] = (1+(\tfrac{1}{2})^n) u[n]$

       b) $x_1[n] = u[n]$ $x_2[n] = \delta[n] + (\tfrac{1}{2})^n u[n]$

       c) $x_1[n] = (\tfrac{1}{2})^n u[n]$ $x_2[n] = \cos(\pi n) u[n]$

5.19. La ecuación en diferencias para un sistema LTI general puede darse de la forma:

$$y[n] = a_1 y[n-1] + a_2 y[n-2] + \ldots + a_N y[n-N] + b_0 x[n] + b_1 x[n-1] + \ldots + b_L x[n-L]$$

    a)   Si con los coeficientes b_k ($k = 0 \ldots L$) el sistema es estable, ¿puede hacerse inestable variando los valores de dichos coeficientes?

    b)   Suponga que $a_k = 0$ ($k = 1 \ldots N$). El sistema resultante ¿es estable, inestable, o depende de los valores de los coeficientes b_k?

5.20. Considere el sistema de la figura con $h[n] = a^n u[n]$. Determine la respuesta $y[n]$ a la excitación $x[n] = u[n+2] - u[n-5]$

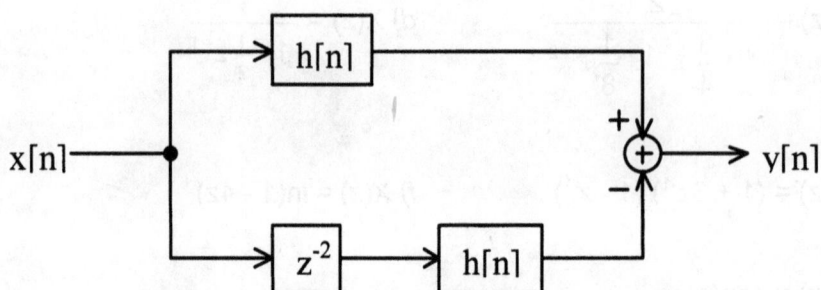

5.21. Considere el sistema discreto descrito por la siguiente ecuación en diferencias:

$$y[n] = -0,5y[n-1]+x[n]+0,5y[n-2]$$

a)   Compruebe que la respuesta impulsional toma la forma:

$$h[n] = \frac{1}{3}(\frac{1}{2})^n u[n] + \frac{2}{3}(-1)^n u[n]$$

b)   Dibuje la realización del sistema en su forma directa II.

c)   Determine si se trata de un sistema estable o inestable.

5.22. Un sistema discreto es realizado utilizando la estructura mostrada en la figura:

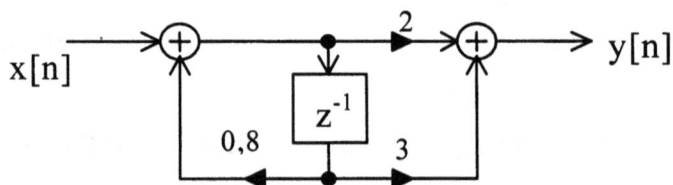

a)   Determine la respuesta impulsional.

b)   Obtenga una realización para el sistema inverso (el que produce *x*[*n*] con entrada *y*[*n*]).

c)   ¿Cuál es el intervalo de valores en que se puede modificar al coeficiente de 0,8 manteniendo estable el sistema?

5.23. Para cada uno de los sistemas siguientes:

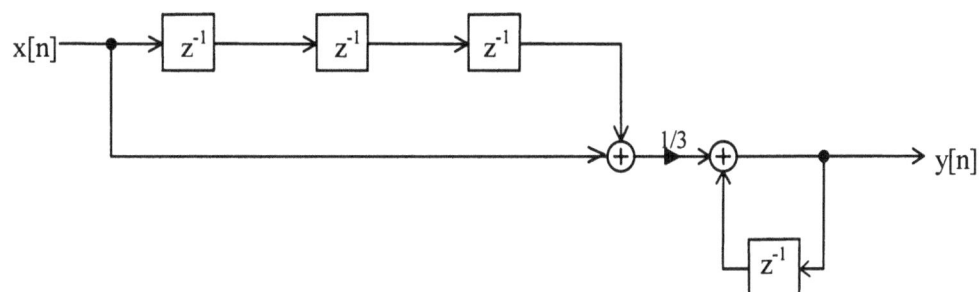

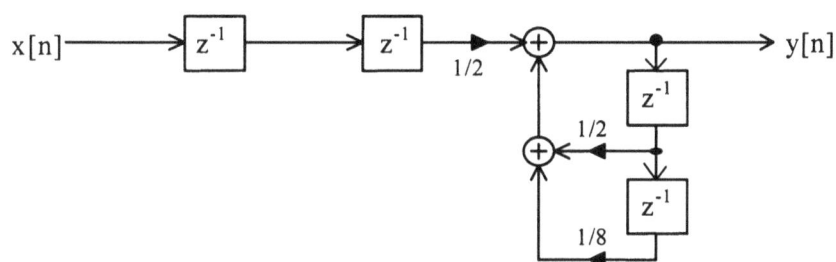

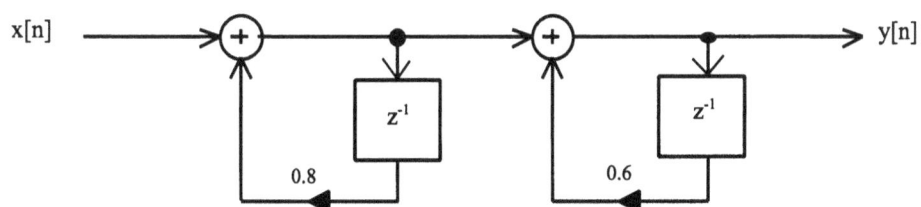

a) Determine la ecuación en diferencias que relaciona $x[n]$ e $y[n]$.

b) Clasifique los sistemas según se trate de sistemas FIR o IIR.

c) Encuentre la respuesta impulsional $h[n]$ del último sistema.

5.24. Un sistema LTI, con respuesta impulsional $h[n]$, es excitado con la secuencia $x[n]$ de la figura. Si su salida es $y[n]$, ¿cuál es la respuesta impulsional, $h[n]$, del sistema? Indique si el sistema es estable y si es causal.

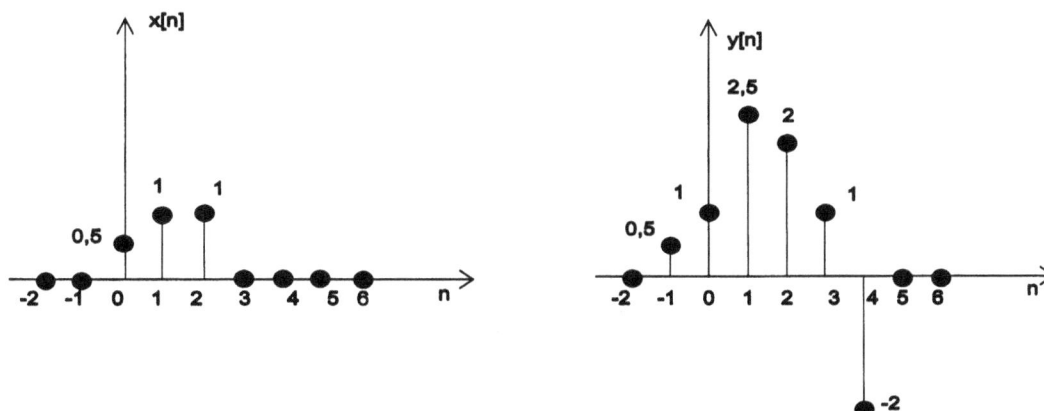

5.25. El diagrama de polos y ceros que se muestra en la figura corresponde a la transformada Z de una secuencia causal $x[n]$. Dibuje el diagrama de polos y ceros de $Y(z)$, siendo $y[n] = x[n-3]$.

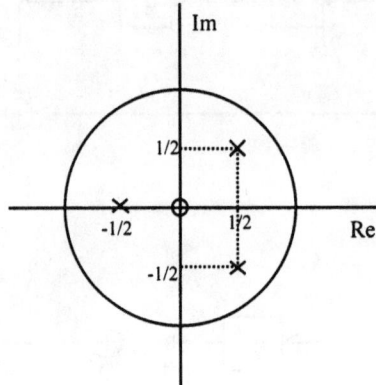

Nota. Sólo hay un cero en $z = 0$.

5.26. Sea $x[n]$ la secuencia cuyo diagrama de polos y ceros se muestra a continuación.

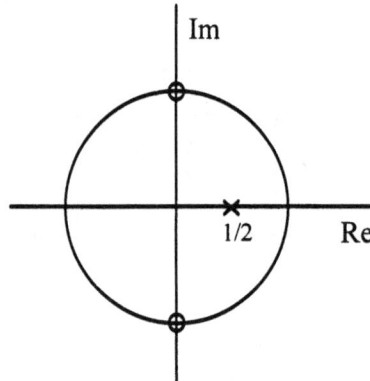

Dibuje el diagrama de polos y ceros para la secuencia $y[n] = (\frac{1}{2})^n x[n]$. (Nota. Hay una propiedad de la transformada Z que le facilitará la resolución es este ejercicio.)

5.27. Se desea diseñar un oscilador digital que genere una secuencia de la forma $y[n] = A \cdot \cos(2\pi n/N + \varphi)$ utilizando el esquema de la figura. Determine los valores de a_1 y a_2 para ello.

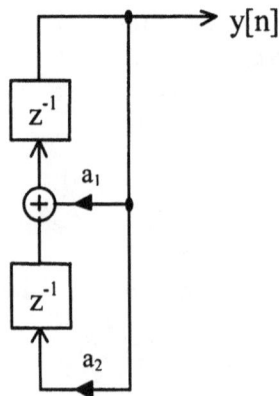

¿Cómo arrancaría este oscilador?

5.28. Considere un sistema LTI con respuesta impulsional $h[n]$ y entrada $x[n]$ dadas por:

$$h[n] = \begin{cases} a^n, & n \geq 0 \\ 0, & n < 0 \end{cases}$$

$$x[n] = \begin{cases} 1, & 0 \leq n \leq N-1 \\ 0, & fuera \end{cases}$$

a)   Determine la salida $y[n]$ por evaluación explícita de la convolución de $x[n]$ y $h[n]$.

b)   Determine la salida $y[n]$ calculándola como la transformada inversa de $Y(z)$.

5.29. Para un sistema LTI, la salida $y[n]$ cuando $x[n] = u[n]$ toma la forma:

$$y[n] = (1/4)^{n-1} u[n]$$

a)   Encuentre $H(z)$, transformada Z de la respuesta impulsional del sistema, y dibuje su diagrama de polos y ceros.

b)   Encuentre la respuesta impulsional del sistema, $h[n]$.

c)   ¿Es estable el sistema?

5.30. La función de transferencia de un sistema LTI causal es:

$$H(z) = \frac{1 - z^{-1}}{1 + \frac{3}{4}z^{-1}}$$

Si la entrada al sistema viene dada por:

$$x[n] = (\tfrac{1}{2})^n u[n] + u[-n-1]$$

a)   Encuentre la respuesta impulsional del sistema para todo valor de n.

b)   Encuentre la salida $y[n]$ para todos los valores de n.

c)   ¿Es estable el sistema?

5.31. Demuestre que los sistemas descritos por las ecuaciones en diferencias a y b son equivalentes:

a) $y[n] = 0{,}2\, y[n-1] + x[n] - 0{,}3\, x[n-1] + 0{,}02\, x[n-2]$

b) $y[n] = x[n] - 0{,}1\, x[n-1]$

5.32. Determine la respuesta impulsional del sistema de la figura, teniendo en cuenta que:

$$h_1[n] = (\frac{1}{3})^n\, u[n],\ h_2[n] = (½)^n\, u[n]\ y\ h_3[n] = (\frac{5}{8})^n\, u[n]$$

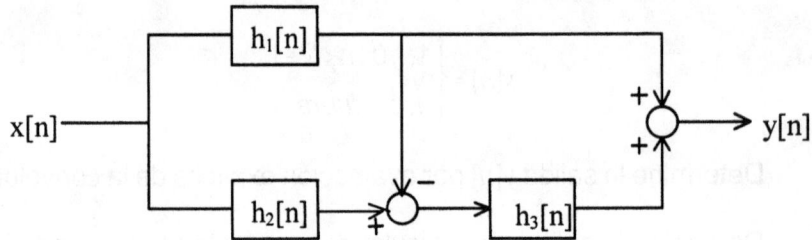

5.33. Determine la respuesta impulsional y la respuesta al escalón (respuesta inicial) de los sistemas causales siguientes. Dibuje los diagramas de polos y ceros, y determine cuáles de ellos son estables.

a) $y[n] = y[n-1] -½\, y[n-2] + x[n] + x[n-1]$

b) $H(z) = \dfrac{z^{-1}(1+z^{-1})}{(1-z^{-1})^3}$

c) $y[n] = 0,6\, y[n-1] - 0,08\, y[n-2] + x[n]$

d) $y[n] = 0,6\, y[n-1] - 1,4\, y[n-2] + x[n]$

5.34. Un sistema causal, lineal e invariante en el tiempo está descrito por la ecuación en diferencias siguiente:

$$y[n] = y[n-1] + y[n-2] + x[n-1]$$

a)   Encuentre la función de transferencia del sistema.

b)   Dibuje el diagrama de polos y ceros.

c)   Determine si se trata de un sistema estable o inestable, justificando la respuesta.

d)   Obtenga la respuesta impulsional del sistema anterior.

5.35. Analice los enunciados siguientes y determine si son falsos o ciertos. Razone las respuestas:

-   *Si un sistema causal tiene una respuesta impulsional finita, entonces todos sus polos están ubicados en z = 0.*
-   *Si todos los polos del sistema están en z = 0, entonces es estable.*
-   *Si el sistema es estable, todos sus polos están en z = 0.*

5.36. La salida $y[n]$ de un sistema LTI viene dada por la ecuación:

$$y[n] = -0,6\ y[n\text{-}1] - 0,05\ y[n\text{-}2] + 0,5\ x[n\text{-}1]$$

a)   Dibujar el diagrama de programación directa de tipo II de la ecuación.

b)   Obtener la transformada Z de la ecuación en diferencias.

c)   Dibujar el diagrama de polos y ceros e indicar si el sistema es estable o no.

d)   Determinar su respuesta impulsional.

5.37. Considere la interconexión de sistemas mostrada en la figura, donde $h[n] = a^n\ u[n]$, $|a| < 1$.

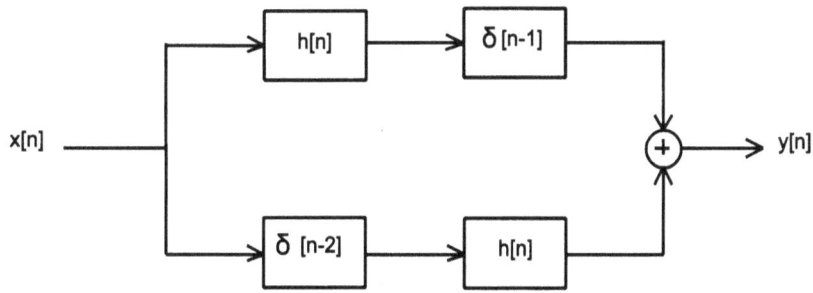

a)   Determine la respuesta impulsional del sistema completo.

b)   Discuta la causalidad y la estabilidad del sistema.

c)   Obtenga una realización del sistema utilizando el mínimo número de elementos (forma directa II).

5.38. Considere el sistema causal definido por el diagrama de polos y ceros que se muestra en la figura:

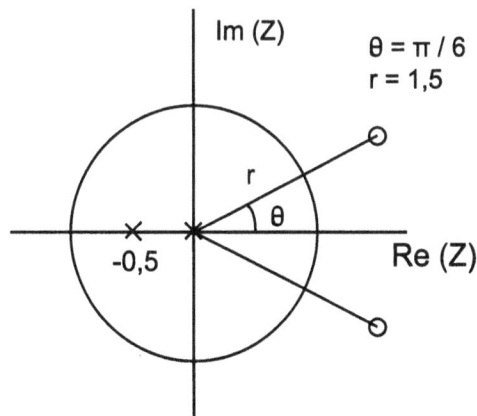

a)   Determine la función de transferencia y la respuesta impulsional sabiendo que $H(1) = 1$.

b) ¿Es estable el sistema?

c) Dibuje una posible implementación (programación) del sistema y determine la correspondiente ecuación en diferencias.

5.39. La autocorrelación de una secuencia discreta $x[n]$ se define como:

$$\Phi_{xx}[n] = \sum_{k=-\infty}^{\infty} x[k]\, x[n+k]$$

Encuentre la transformada Z de $\Phi_{xx}[n]$ a partir de la transformada Z de $x[n]$.
(Solución: $\Phi_{xx}(z) = X(z^{-1})\, X(z)$)

5.40. Un sistema LTI viene descrito por la ecuación en diferencias:

$$y[n] - \frac{1}{2} y[n-1] + \frac{1}{4} y[n-2] = x[n]$$

Utilizando la transformada Z, determine $y[n]$ cuando $x[n] = (1/4)^n u[n]$.

5.41. Simplifique los siguientes esquemas de bloques:

a)

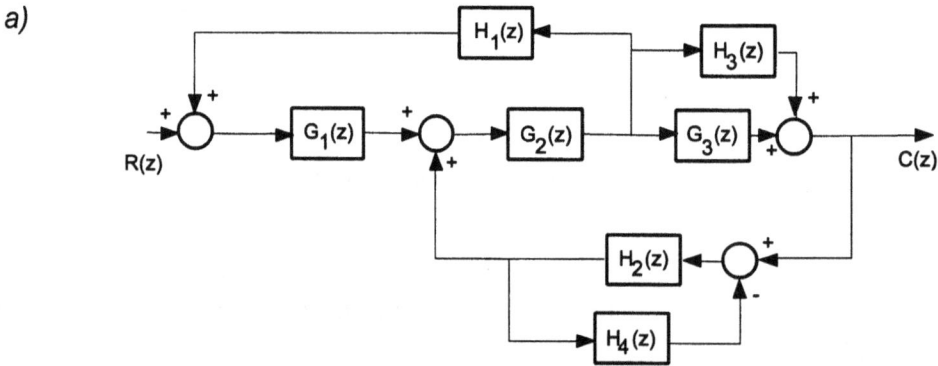

b)

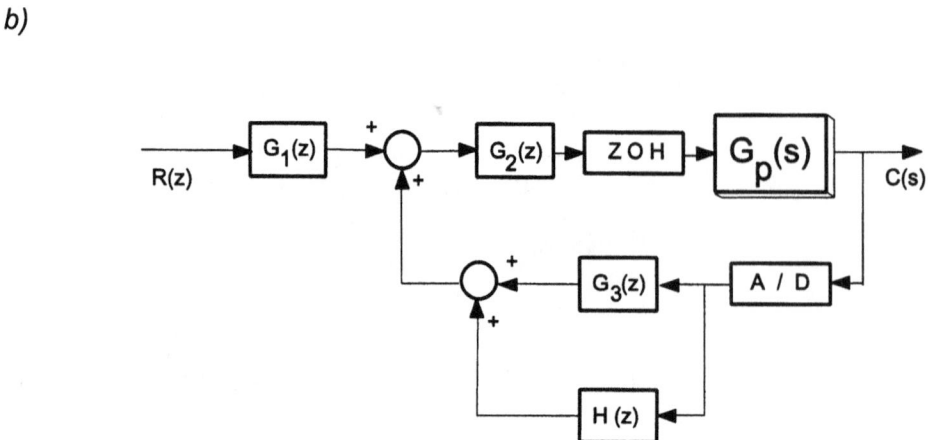

5.42. En un microcomputador se ha programado la ecuación en diferencias siguiente:

$$y[n] = -0,4\ y[n-1] + 0,05\ y[n-2] + 2\ x[n-3]$$

a) Dibuje su diagrama de programación de tipo II.

b) Obtenga la transformada Z de la ecuación implementada.

c) Dibuje el diagrama de polos y ceros, y discuta la estabilidad del sistema.

d) Determine la expresión de la respuesta impulsional.

Por otro lado, no se conoce el período de muestreo al que trabaja el microcomputador. Si a la entrada del conversor A/D se le aplica la señal $x(t) = \cos(200\ t)$, la secuencia que se obtiene en la memoria del ordenador después de haberse efectuado la conversión A/D es: $y[n] = A\cdot\cos n$.

e) Determine el período de muestreo (*T*) a partir de este experimento (utilice el menor período si ha encontrado varios).

f) Determine la amplitud de la salida en régimen permanente del filtro programado a una entrada $x(t) = 3\cdot\sin 100\ t$.

(Nota. Suponga perfectamente compensada la distorsión de apertura.)

5.43. *a)* Discuta, a partir del diagrama de polos y ceros, la estabilidad del sistema causal descrito por la función de transferencia:

$$H(z) = 5\frac{z}{(z-0,9)(z+0,1)}$$

b) Repita el análisis anterior sabiendo que tanto los ceros como los polos pueden tener una tolerancia del 20% respecto de su valor nominal.

5.44. Se pretende diseñar un sistema digital de transmisión de datos encriptados. Para ello se añade en el emisor un sistema encriptador y en el receptor un desencriptador, como muestra la figura:

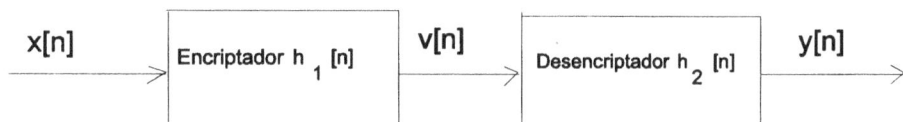

Responda a las cuestiones siguientes:

a) Si se desea que $y[n] = x[n]$, ¿qué relación deben cumplir $h_1[n]$ y $h_2[n]$?

b) Si $h_1[n] = u[n]$, ¿qué captaría una persona que no dispusiera del sistema desencriptador si se transmitiese $x[n] = (1/2)^n u[n]$?

c) Partiendo de $H_1(z)$ –transformada Z de la respuesta impulsional de $h_1[n]$, definida en el apartado anterior–, determine $h_2[n]$ para que se cumpla la condición del apartado *a*.

Habitualmente, los sistemas de encriptado/desencriptado son más complejos que los obtenidos en los apartados anteriores. Imagine que se desea utilizar el sistema encriptador descrito por la siguiente ecuación en diferencias:

$$v[n] = x[n] - 3\,x[n\text{-}1] + 2\,x[n\text{-}3] - 0{,}3\,v[n\text{-}1] + 0{,}4\,v[n\text{-}2]$$

d) ¿Se trata de un sistema recursivo (IIR) o no recursivo (FIR)? ¿Por qué? Sin calcular su respuesta impulsional, determine la longitud de la misma.

e) Dibuje su realización en la forma directa II.

5.45. El electrocardiograma consiste en el registro de la actividad eléctrica generada por el corazón. La señal resultante $s(t)$ tiene contenido en la banda frecuencial comprendida entre 0 y 100 Hz. Por problemas de acoplamiento con la red eléctrica se introduce, junto con dicha señal, una interferencia $i(t)$ de 50 Hz, con lo que la señal total a la entrada del electrocardiógrafo es $x(t) = s(t) + n(t)$. Suponga que se utiliza el esquema de la figura para procesar la señal $x(t)$,

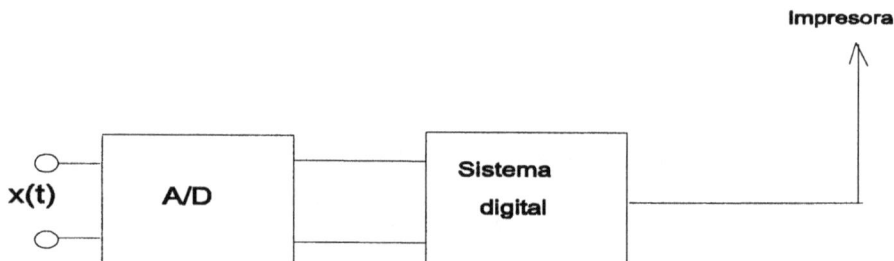

a) ¿Cuál es la frecuencia mínima de muestreo f_s a utilizar en la conversión A/D para que no se produzca *aliasing*?

b) Suponga que una vez muestreada la señal $x(t)$ correctamente, se obtiene una señal discreta $x[n] = s[n] + i[n]$, donde $i[n]$ son muestras de la señal interferente que se desea eliminar. Si $i[n]$ viene dado por:

$$i[n] = A\cos\left[\frac{\pi n}{3}\right]u[n]$$

¿cuál ha sido la frecuencia de muestreo (f_s) utilizada?

Para intentar eliminar $i[n]$ se utiliza un sistema como el de la siguiente figura:

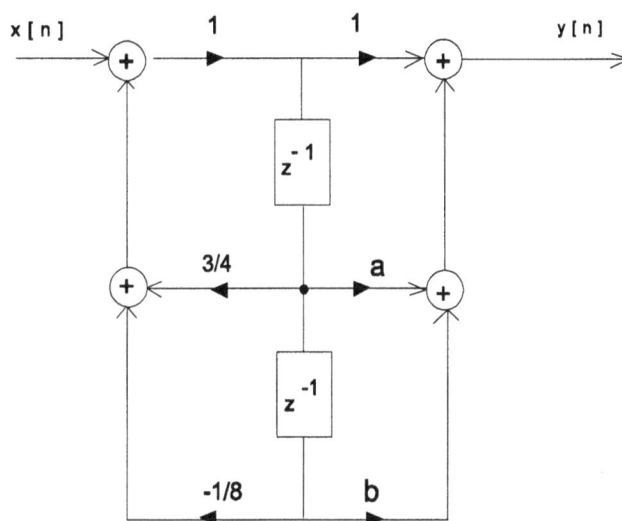

c)   Obtenga la ecuación en diferencias que relaciona $x[n]$ e $y[n]$. ¿Se trata de un sistema causal? Razone la respuesta.

Independientemente del resultado obtenido en el apartado c anterior, suponga que la respuesta impulsional del circuito viene dada por:

$$h[n] = 8\,b\,\delta[n] + (4a + 8b + 2)[\frac{1}{2}]^n u[n] - (4a + 16b + 1)[\frac{1}{4}]^n u[n]$$

d)   Obtenga $H(z)$ como la transformada Z de $h[n]$.

e)   Discuta la estabilidad del sistema anterior en función de $H(z)$.

Sabiendo que la transformada Z de $i[n]$ viene dada por:

$$I(z) = A\frac{1 - 0{,}5z^{-1}}{1 - z^{-1} + z^{-2}}$$

f)   Determine $Y(z)$ cuando la entrada es sólo la interferencia: $x[n] = i[n]$. Exprese, sin necesidad de calcular los residuos, $Y(z)$ como un desarrollo en fracciones parciales. Indique qué términos corresponden a la respuesta libre y cuáles a la repuesta forzada.

g)   Determine el valor que deben tomar los parámetros a y b para que a la salida no aparezcan términos debidos a la respuesta forzada (dicha situación corresponde a la cancelación de la interferencia de red).

Independientemente del resultado obtenido en g, tome para éste y apartados sucesivos los valores $a = 1$, $b = 0$.

h) Determine la salida $y[n]$ cuando la entrada es $x[n] = u[n]$ (función escalón) haciendo uso de la transformada Z.

i) Demuestre que la transformada Z de $i[n] = A\cos[\frac{\pi n}{3}]u[n]$ es

$$I(z) = A\frac{1 - 0,5z^{-1}}{1 - z^{-1} + z^{-2}}$$

5.46. Para determinar la respuesta impulsional de una sala se ha excitado con un altavoz mediante la secuencia $x[n]$. Con un micrófono situado en el otro extremo de la sala, se ha recibido $y[n]$. Determine cuál de las siguientes respuestas $y_1[n]$ o $y_2[n]$ puede corresponder a la señal captada por el micrófono (razone la respuesta) y, a partir de ella, determine la respuesta impulsional de la sala.

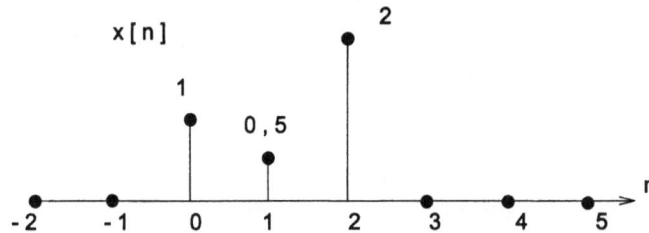

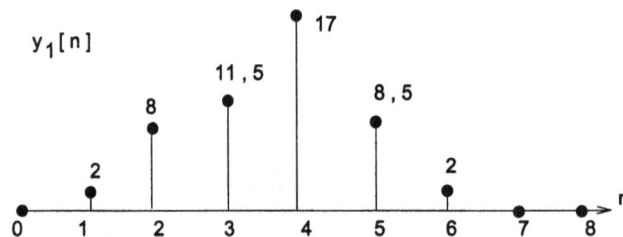

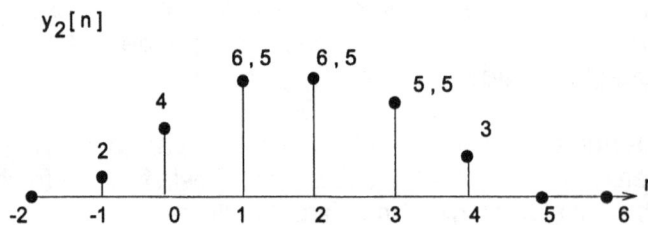

6

SISTEMAS DE CONTROL DIGITAL

6.1. Introducción

En el capítulo anterior se han presentado las estructuras realimentadas, sobre las que se basan la mayoría de sistemas de control. Habitualmente se identifica el término *realimentación* con el esquema de un sistema controlado. Un error por confusión de la parte con el todo, ya que la mayoría de los sistemas controlados lo son en lazo cerrado y, por tanto, implican algún tipo de realimentación

Ahora se van a introducir aspectos básicos de análisis de estructuras realimentadas cuando se intenta modificar el comportamiento de un sistema con el fin de que se adecue a ciertos patrones de comportamiento, principalmente especificados en el dominio temporal.

Ello es de interés en aplicaciones muy diversas. Los sistemas a controlar en aplicaciones reales pueden estar basados en múltiples tecnologías, como la eléctrica, la neumática, la hidráulica o la mecánica, por citar algunos ejemplos. No es objetivo de este texto adentrase en las diferentes tecnologías de procesos industriales, sino una introducción al diseño de los reguladores digitales. Es decir, independientemente del tipo de proceso (del que se partirá de su modelo, deducido o identificado), el objetivo es el análisis y diseño de bloques de procesado digital que, intercalados en algún punto de la cadena de control, permitan conseguir que la dinámica del proceso a controlar (en ocasiones denominado *planta* por antigua tradición de la industria química) sea la deseada. Por ejemplo, los procesadores encargados del control digital de una herramienta de corte por tecnología láser deberán buscar un compromiso en la dinámica del apuntador del haz láser: si ésta es lenta, por ejemplo de primer orden con una constante de tiempo grande, la productividad será baja. Y si es más rápida, pero de segundo orden con oscilaciones puede que deba rechazarse demasiado material por corte incorrecto mientras las oscilaciones no se hayan estabilizado.

El catálogo de problemas donde se aplica la Teoría de Control es muy amplio, y por ello existen multitud de enfoques y estrategias para abordar las soluciones. Así, no será lo mismo un problema de regulación de un sistema determinista (con modelo conocido) que el de uno aleatorio, ni el control de un sistema lineal que el de otro no lineal, o la regulación de uno con una sola entrada y una sola salida (sistema SISO, *single input - single output*), que la de un sistema con múltiples entradas y salidas (sistema MIMO). Incluso la forma de representar los sistemas será distinta según su complejidad y los objetivos de diseño. En unos casos, bastará su función de transferencia; en otros se tendrá que recurrir a su modelado interno mediante variables de estado. Este segundo tipo de modelación es base para el análisis de sistemas MIMO y para el diseño de la mayoría de controladores robustos (caracterizados por unas garantías de estabilidad frente a incertidumbres en el comportamiento del sistema) y no lineales.

También podemos encontrarnos con sistemas invariantes en el tiempo o variantes; en este segundo caso, una alternativa son las estrategias de control adaptativo o predictivo. O bien, frente a especificaciones cualitativas, pueden abordarse soluciones de control óptimo o de control por lógica borrosa (*fuzzy logic*).

Este capítulo se centra en las bases del Control Digital aplicadas sobre sistemas lineales SISO y partiendo de su función de transferencia. En el diseño de controladores digitales se hace una doble aproximación: por un lado, partiendo de unas especificaciones suministradas directamente en el dominio digital y buscando el controlador que obligue a la planta a cumplirlas, y, por otro, suponiendo que ya se tiene un regulador analógico de funcionamiento satisfactorio pero que, por motivos de incorporación de nuevas prestaciones, fiabilidad, estrategia o imagen comercial, se desea implementar de forma digital mediante un microprocesador.

De entre los diferentes caminos para lograr ambos objetivos nos centraremos en dos: el diseño sin sobreimpulso (*dead-beat*) para el diseño directo del controlador digital y el rediseño digital de soluciones analógicas por técnicas de primera diferencia de retorno (*first difference backward*, FDB) y por transformación bilineal. Si bien no se profundizará en las técnicas de diseño indirecto (también denominadas de diseño *vía análisis*), en la parte de análisis se proporcionara una perspectiva sobre ellos. Y para el caso más usual en la industria de la regulación de plantas con modelo desconocido (total o parcialmente), se introducirán los reguladores PID.

Algunos conceptos que se tratan en este capítulo serán profundizados posteriormente, especialmente en el capítulo 10, destinado al diseño de filtros digitales. Ello es así por la coincidencia de algunas técnicas de diseño de filtros y de controladores. Tal es el caso de la técnica de identificación por mínimos cuadrados, que será desarrollada en el capítulo 10, o de las técnicas de discretización de controladores y filtros analógicos.

La repetición de ciertos conceptos entre el presente capítulo y el capítulo 10 se ha hecho con la intención de facilitar la lectura autónoma de cada uno de ellos. Mientras que algunos lectores estarán interesados en ambos enfoques de filtrado y de control, otros pueden estarlo sólo en la parte de diseño de los controladores y reguladores digitales, o bien sólo en la de los filtros digitales. El primer caso (controladores) suele darse cuando el objetivo es el control de procesos o dispositivos, mientras que el segundo es habitual cuando se persigue el filtrado digital de señales para aplicaciones como las de procesado de voz, de imágenes o en comunicaciones.

A lo largo de esta introducción se han utilizado arbitrariamente los términos *controlador* y *regulador*. Si bien las bases de análisis y diseño son las mismas, funcionalmente persiguen objetivos algo distintos. En el caso del regulador, se supone que la consigna (orden o entrada al sistema) es constante, es decir, se trata de una planta de la que se quiere mantener inalterada su dinámica. Por ejemplo, sería el caso del motor que accionara la rotación de un CD, a velocidad constante. Así, la función de un regulador sería compensar perturbaciones internas o externas que pudieran alterar el funcionamiento nominal. Si, por el contrario, la consigna es variante y el objetivo es que el sistema la siga adecuadamente, entonces se habla de un controlador. En sistemas lineales, que son los que se van a estudiar, el valor de la entrada (sea constante o variante) no afecta a la dinámica propia del sistema, por el principio de linealidad. Por ello, cuando se trata de reguladores es usual utilizar la expresión *control de sistemas de consigna cero*. Ello es comprensible si se piensa en modelos incrementales: por "cero" se entiende el funcionamiento nominal, no perturbado, del sistema.

6.2. Ventajas de los sistemas realimentados

Según lo visto en el apartado 5.3.13, la función de transferencia de un sistema realimentado como el de la figura 6.1 es:

$$T(z) = \frac{Y(z)}{X(z)} = \frac{G(z)}{1 + G(z)H(z)} \tag{6.1}$$

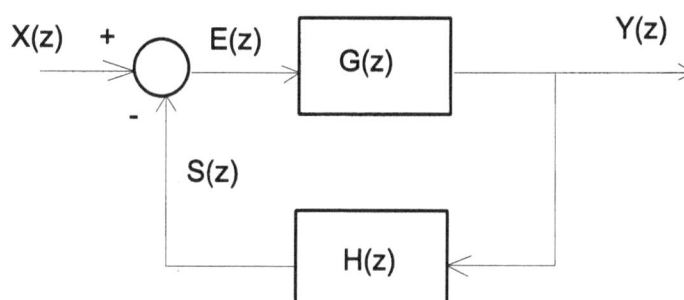

Fig. 6.1. Sistema realimentado básico

Supóngase que $G(z)$ es el modelo en tiempo discreto de una planta analógica que se desea controlar mediante un sistema $H(z)$. De la expresión anterior (6.1) puede verse que, si $H(z) \gg G(z)$ (por ejemplo, que su ganancia sea muy superior para todos los valores de z), la expresión anterior se simplifica en:

$$T(z) = \frac{Y(z)}{X(z)} = \frac{G(z)}{1 + G(z)H(z)} \rightarrow \langle H(z) \gg G(z) , H(z) \gg 1 \rangle \rightarrow \frac{1}{H(z)} \tag{6.2}$$

De modo que la dinámica del sistema resultante sólo depende de $H(z)$ insensibilizándose así de la dinámica de la planta $G(z)$. Ello es de interés cuando ésta presenta dinámicas no deseadas (como alinealidades), pero cuyo uso es inevitable para la aplicación. Piénsese, por ejemplo, en un motor que debe actuar un determinado sistema mecánico o un amplificador de potencia necesario para excitar una antena: ambos son inevitables pero su dinámica seguramente será no lineal (zonas muertas, saturaciones, compresiones de la curva de amplificación...).

Incluso, aunque no se cumpla la condición de $H(z) \gg G(z)$, el propio uso de una estructura realimentada ya *insensibiliza al sistema frente a variaciones paramétricas* en $G(z)$. En efecto, definiendo la sensibilidad del sistema global $T(z)$ respecto a la planta $G(z)$ como:

$$\text{sensibilidad} = \frac{\text{porcentaje de variación de } T(z)}{\text{porcentaje de variación de } G(z)} \tag{6.3}$$

Se tiene:

$$S_G^T = \frac{\delta T / T}{\delta G / G} = \frac{\delta T}{\delta G} \cdot \frac{G}{T} = \frac{(1 - GH) - GH}{(1 + GH)^2} \cdot \frac{G}{G / (1 + GH)} =$$

$$= \frac{1}{1 + GH}$$

(6.4)

Mientras que, si sólo hubiera la planta sin realimentar, $T(z) = G(z)$:

$$S_G^T = \frac{\delta T / T}{\delta G / G} = \frac{\delta T}{\delta G} \cdot \frac{G}{T} = 1$$

(6.5)

claramente superior a la sensibilidad anterior.

Otra posibilidad que ofrecen las estructuras realimentadas es la *modificación de la velocidad de respuesta*. Supongamos que:

$$G(z) = \frac{10 z}{z - 0,5}$$

(6.6)

y que $H(z) = K$. La respuesta impulsional de la planta aislada sería:

$$g(nT) = 10 (0,5)^{nT} u(nT)$$

(6.7)

Mientras que, al realimentar, la respuesta global es:

$$T(z) = \frac{1}{10K + 1} \; \frac{10 z}{z - (0,5 / (10K + 1))}$$

(6.8)

siendo ahora la respuesta impulsional:

$$\frac{10}{10K + 1} \left(\frac{0,5}{10K + 1} \right)^{nT} u(nT)$$

(6.9)

con lo que la fuerza de la función potencial (velocidad) puede regularse con el valor de K (que según la ecuación 6.8 deberá estar acotado a $-0,15 < K < -0,05$ por motivos de estabilidad; sino, el polo estaría fuera de la circunferencia de radio unidad).

Si en este ejemplo se hubiera partido de una planta inestable, como sería el caso de tener un polo fuera de la circunferencia de radio unidad:

$$G(z) = \frac{10z}{z+5} \qquad (6.10)$$

Podría comprobarse otra de las importantes propiedades de la realimentación: *la estabilización del sistema*. En este caso, la función de transferencia sería:

$$T(z) = \frac{1}{10K+1} \quad \frac{10z}{z+(5/(10K+1))} \qquad (6.11)$$

de modo que, con valores de K comprendidos entre 0,4 y -0,6, el sistema en lazo cerrado sería estable.

Precisamente por esta capacidad de los sistemas en lazo cerrado de modificar la dinámica de la planta hay que elegir la frecuencia de muestreo en función de la respuesta en lazo cerrado. Y dado que la selección de la frecuencia de muestreo es un paso previo a los diseños, habrá que hacerlo en función de las especificaciones esperadas del sistema en lazo cerrado.

También los sistemas realimentados son más *robustos frente a perturbaciones o ruidos* externos.

Para verlo, supóngase que la perturbación se añade en el interior de la planta $G(z)$, que se descompone en un modelo con una parte $G_1(z)$, libre de ella, y otra $G_2(z)$ afectada por la perturbación $N(z)$:

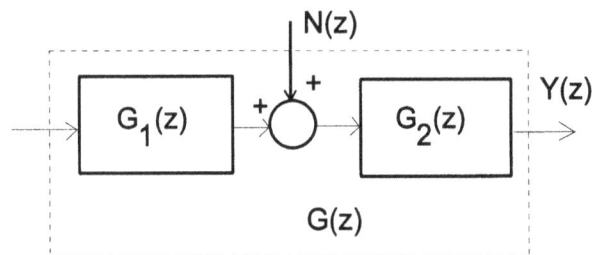

Fig. 6.2. Perturbación externa

En el sistema sin realimentar, la perturbación $N(z)$ se manifestaría a la salida como:

$$Y(z) = G_2(z)\, N(z) \qquad (6.12)$$

mientras que en lazo cerrado:

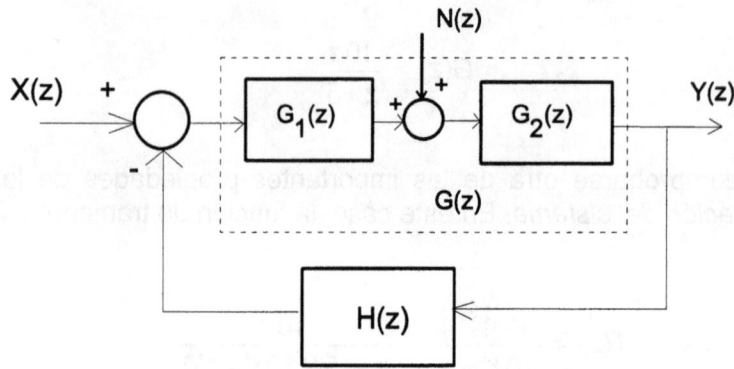

Fig. 6.3. Sistema realimentado con perturbación en la planta

$$Y(z) = \frac{G_2(z)}{1 + G_1(z)\,G_2(z)\,H(z)}\, N(z) \qquad\qquad (6.13)$$

con lo que el efecto de $N(z)$ se notará tanto menos en la salida cuanto mayor sea el valor de $H(z)$ - o el de $G_1(z)$.

6.3. El lazo de control. Modelación de plantas analógicas

Cuando los sistemas a controlar son de tiempo discreto no hay grandes dificultades para su modelado, ya que tanto la propia planta como el controlador se pueden describir en un dominio homogéneo utilizando para ambos la transformada Z. Así, en el caso de un sistema realimentado de control totalmente digital (regulador más planta digitales), puede recurrirse directamente a lo presentado en el apartado 5.3.13 para obtener un modelo analítico sobre el que bordar los diseños.

Sin embargo, esta situación tiene un interés relativo en el caso del control digital ya que los sistemas no suelen estar constituidos sólo por subsistemas de tiempo discreto. Si bien los reguladores son discretos, las plantas suelen ser de tiempo continuo, con lo que nos encontramos ante un escenario híbrido. Piénsese, por ejemplo, en el caso del control digital de un motor de corriente continua que acciona un eje de una máquina: si bien el algoritmo soportado por el microprocesador es digital, la máquina (analógica) funciona en tiempo continuo.

Obviamente, la presencia de subsistemas analógicos conectados a otros digitales conlleva el uso de conversores A/D y D/A. En la figura 6.4 el bloque $G_c(z)$ representa el algoritmo soportado por un microcomputador, y $G_p(s)$ la función de transferencia en tiempo continuo de la planta. Como ya se ha avanzado, con esta palabra se describe el sistema analógico a controlar (motor, columna de destilación, posicionador de un láser, amplificador electrónico, alerones de un avión, etc.). Por simplicidad, la $G_p(s)$ de la figura incorpora los posibles accionadores del sistema (como sería el caso del amplificador de potencia si se tratara de un motor), así como la propia dinámica de los captadores de señal que permiten disponer de la salida $y(t)$ –tacómetros, acelerómetros, barómetros, termostatos, etc. Nótese el efecto de retención de orden cero (ZOH) del conversor D/A.

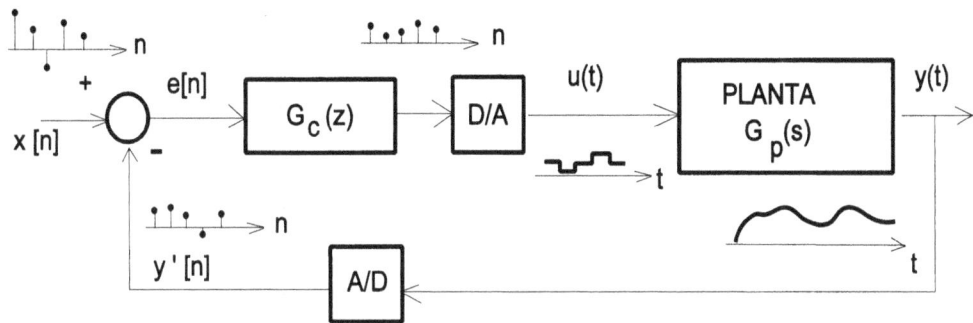

x [n]: consigna digital al sistema (puede proceder de un teclado, un sensor digital,..)

Fig. 6.4. Control digital

Si, en lugar de trabajarse con una consigna digital, ésta fuera analógica, se desplazaría la posición del conversor A/D y el sistema anterior sería:

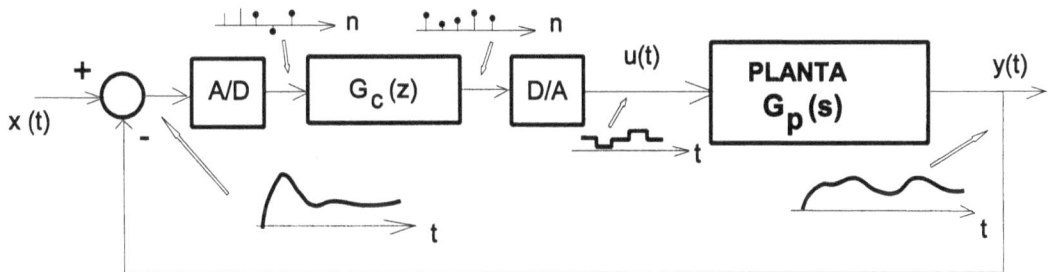

x (t): consigna analógica al sistema

Fig. 6.5. Control digital con consigna analógica

A diferencia de los sistemas en lazo abierto, en que el único efecto negativo del conversor D/A (u operador *hold* de orden cero, ZOH) era la distorsión de apertura, en los sistemas de lazo cerrado el ZOH modifica la dinámica del sistema, e incluso puede llegar a inestabilizarlo.

Recordando que la función de transferencia del ZOH, vista en el apartado 4.4.3, era $H(s) = (1 - e^{-Ts}) / s$, centrémonos ahora en la figura 6.6, que equivale al diagrama de bloques de la figura anterior. El interruptor representa la adquisición de muestras con un período de muestreo de T segundos.

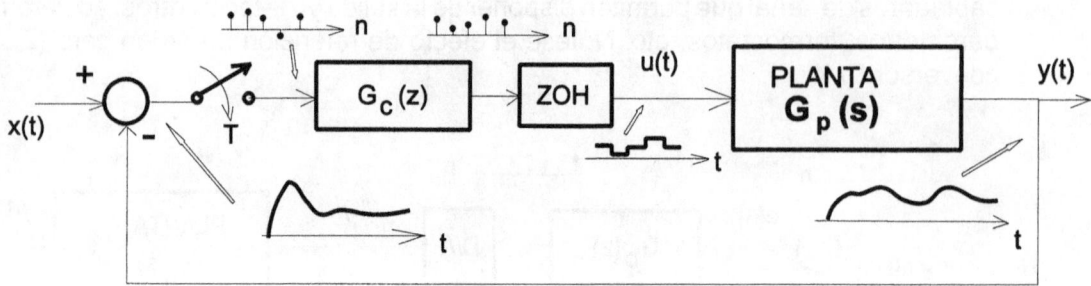

Fig. 6.6. Modificación de la figura anterior

Para poder resumir en un solo bloque a los tres que aparecen en la cadena directa (conexión directa de la entrada a la salida, formada por $G_c(z)$, ZOH y $G_p(s)$), hay que unificar el dominio transformado. Como $G_c(z)$ se obtiene de una secuencia de muestras definidas sólo en los instantes de muestreo, una solución coherente es trabajar con muestras de $u(t)$ y de $y(t)$ calculadas en los mismos instantes de muestreo. Para ello, se podría pensar en antitransformar $G_p(s)$ y, a partir de la respuesta impulsional del sistema continuo $g_p(t)$ particularizada en $t = nT$ ($n = 0,1,2,...$), hallar la transformada Z.

Pero también hay que considerar el ZOH. El numerador de su función de transferencia ($1-e^{-Ts}$) puede describirse en el dominio transformado Z como $1-z^{-1}$ (propiedades de linealidad y de desplazamiento en el tiempo). Y el denominador del ZOH (término s) puede interpretarse como un polo añadido a $G_p(s)$, ya que están conectados en cascada. Así, el sistema anterior puede representarse del modo siguiente:

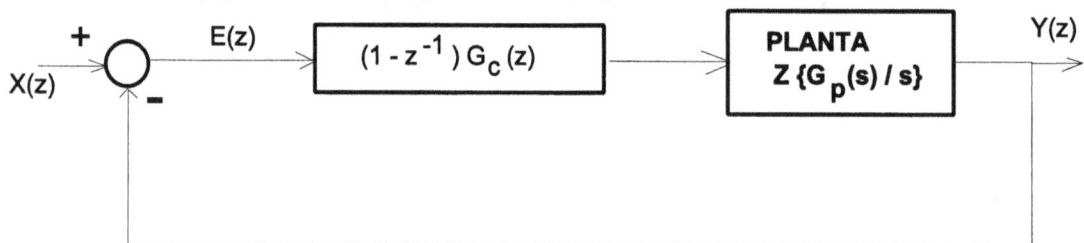

Fig. 6.7. Efectos de la modelación del conversor D/A

La transformada Z de $G_p(s)/s$ se puede obtener muestreando la integral de $g_p(t)$ (por la propiedad de dividir por s la transformada de Laplace) y calculando la transformada Z del resultado. Como este proceso es engorroso, hay tablas para pasar de $G_p(s)/s$ a $G_p(z)$.[1] Además, en el capítulo 10, destinado al diseño de filtros digitales, se verán otras aproximaciones (FDB, bilineal,...) entre el sistema continuo, descrito por su transformada de Laplace, y su transformada Z.

Un último comentario sobre la modelación afecta a la forma en que se programan los algoritmos de control. Supóngase el caso de un microprocesador que, además de controlar la planta, debe ejecutar otras funciones adicionales, como estadísticas de resultados, gestión de comunicaciones o supervisión de alarmas, las cuales consumen

---

[1]   Un buen compendio de estas tablas se encuentra en la revista IEEE *Transactions on Systems, Man and Cybernetics*, vol. SMC-9, núm. 12, diciembre de 1979, págs. 857-858.

un cierto tiempo. Si el microprocesador se centra, en primer lugar, en adquirir la muestra de entrada del conversor A/D y calcular la salida hacia el conversor D/A –salida del algoritmo del controlador $G_c(z)$–, y después efectúa las tareas adicionales, se tiene el cronograma de la figura 6.8a. Si, por el contrario, no saca la salida al conversor D/A hasta después de haber efectuado todas las tareas adicionales, el cronograma será el de la figura 6.8b.

Nótese que, en ambos casos, el período de muestreo T es el mismo, pero en el segundo hay un retardo T desde que se adquiere la entrada (A/D) hasta que se extrae la salida (D/A). Este retardo se modela como un término z^{-1}, de forma que, si se sigue la estrategia de la figura 6.8b, la planta deberá modelarse como:

$$G(z) = z^{-1}\, Z\left(\frac{G_p(s)}{s}\right) \qquad (6.14)$$

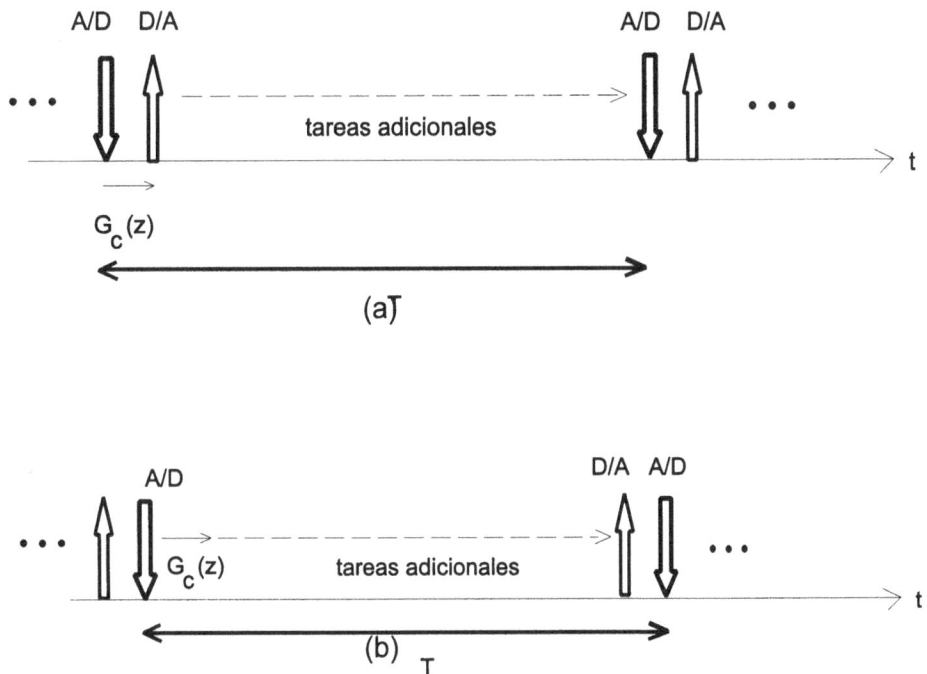

Fig. 6.8. Retardo en la programación del controlador $G_c(z)$

6.3.1. Ejemplo: control digital de un motor de corriente continua (análisis básico)

Supóngase que se tiene un motor de corriente continua (c.c.), del que no se conocen las características dinámicas, el cual acciona a través de unos engranajes reductores de velocidad (incremento del par motor al precio de perder velocidad, como en los cambios de marcha de las bicicletas) una plataforma rotatoria que orienta una antena.

Junto con el motor, se dispone de un tacómetro para medir la velocidad. La constante del tacómetro es de 7 mV/rpm (rpm: revoluciones por minuto).

Es de capital importancia que la orientación de la antena rotatoria sea lo más precisa posible, y se ofrecen diversos algoritmos de control digital. Se trata de estudiar, aplicando propiedades de la transformada Z, la viabilidad de los diversos algoritmos que se ofrecen.

Para identificar la dinámica del motor, junto con su carga mecánica, se efectúa el experimento siguiente: en primer lugar, conectamos una fuente de alimentación capaz de dar la suficiente potencia al motor. Como el sistema mecánico es lento respecto al tiempo de estabilización de la tensión de la fuente, podemos aproximar que hemos aplicado un escalón ideal de tensión al motor (la fuente es de 10 voltios).

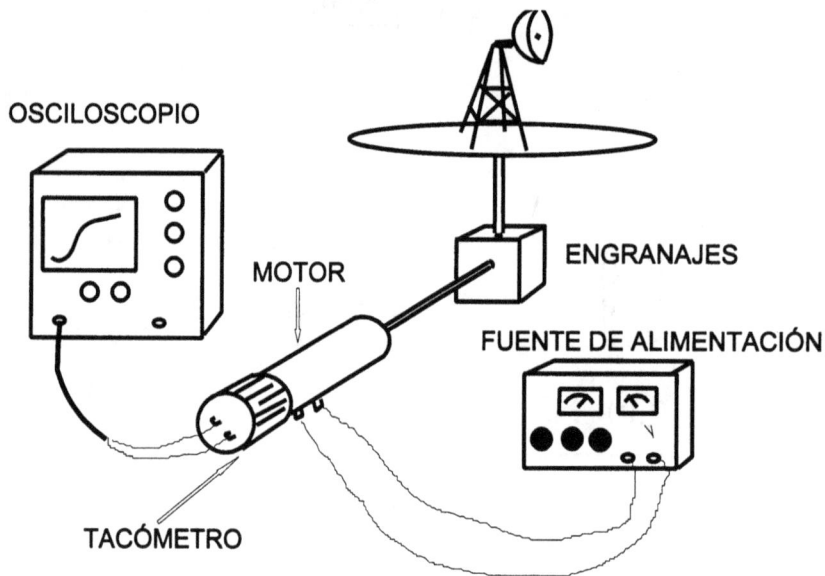

Fig. 6.9. Montaje de laboratorio para la caracterización dinámica de un motor de corriente continua

Conectando un tacómetro a un osciloscopio digital se ha obtenido la gráfica siguiente:

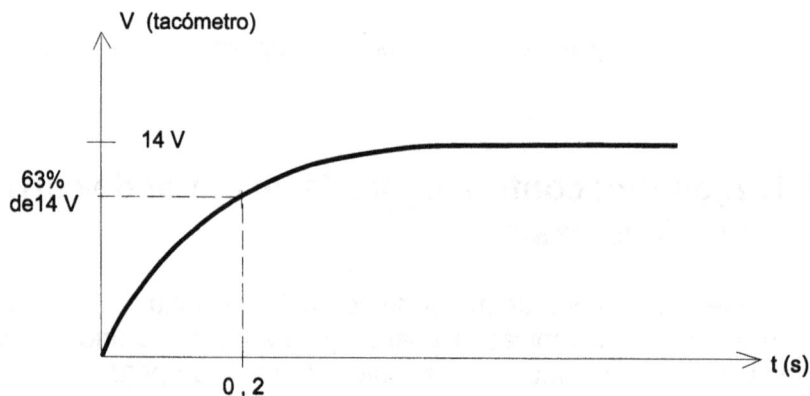

Fig. 6.10. Respuesta de primer orden del motor

correspondiente a una sistema de primer orden con una constante de tiempo $\tau = 0{,}2$ s. Así, la función de transferencia en tiempo continuo del motor con su carga mecánica es:

$$H_{mot}(s) = \frac{K}{s+p} = \frac{K'}{\tau s + 1} = \frac{K'}{0{,}2\,s + 1}$$

siendo K' la amplificación en continua (en régimen permanente) del motor. Por el teorema del valor final de la transformada de Laplace, se tiene que la salida del motor en régimen permanente es:

$$\lim_{s\to 0} s\,\frac{10}{s}\,H(s) = 10\,K'$$

Considerando la constante del tacómetro ($K_T = 7$ mV / rpm), se deduce que 14 V corresponden a 2.000 rpm, obtenidas con la excitación de 10 V. Así, en unidades mks:

$$K' = \frac{2.000\,rpm}{10\,v} = \frac{2.000}{60\cdot 10}\,(\frac{rps}{v}) = [1\ rev = 2\,\pi\ rad] = 20{,}94\ \frac{rad.s^{-1}}{v}$$

$$H_{mot}(s) = \frac{20{,}94}{0{,}2\,s + 1} \simeq \frac{104{,}72}{s+5}$$

El sistema en lazo cerrado que controla la velocidad de giro ($n(t)$) del motor, siguiendo una consigna digital $r[n]$ introducida desde el teclado de un microcomputador, es:

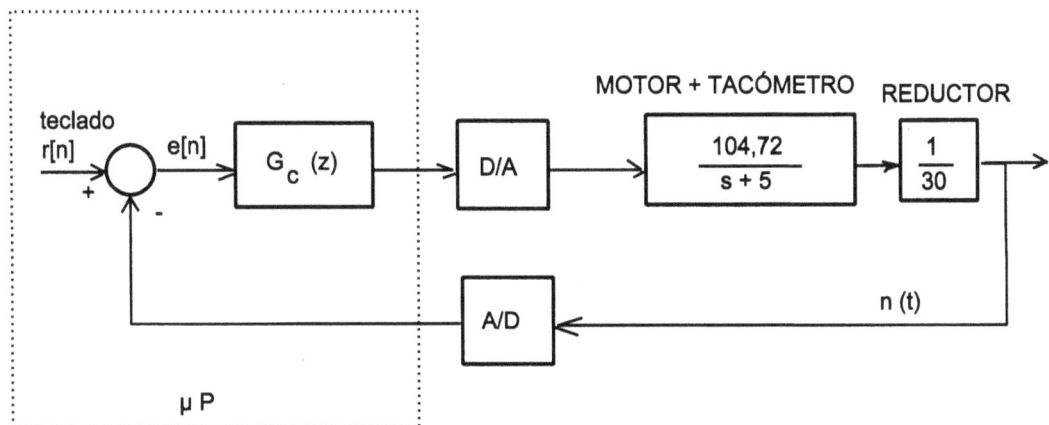

Fig. 6.11. Modelo del sistema en lazo cerrado

El bloque 1/30 corresponde a la reducción mecánica de 1:30. Como la potencia mecánica es $P_{mec} = par \cdot velocidad$, el reductor actúa de forma similar a la de un transformador ideal en sistemas eléctricos: conserva la potencia modificando sus dos componentes, una en sentido inverso de la otra. Como en este caso lo que se reduce es la velocidad, se aumenta el par motor.

MODELACIÓN EN EL DOMINIO DE LA TRANSFORMADA Z

Considerando el efecto de ZOH del conversor D/A, y despreciando los efectos debidos a la cuantificación en el conversor A/D, un primer modelo en el que se mezclan bloques en tiempo continuo y en tiempo discreto es el de la figura siguiente:

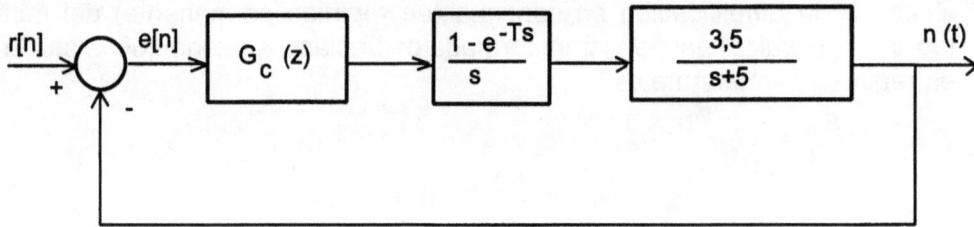

Fig. 6.12. Modelo simplificado

Arreglando la función de transferencia del ZOH como se ha comentado en la figura 6.7, se tiene:

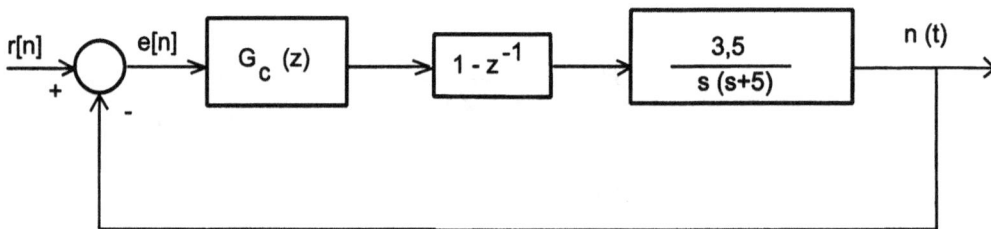

Fig. 6.13. Modelación del ZOH

El bloque en el dominio S se convierte al dominio Z para trabajar todo el lazo con una herramienta homogénea. Este paso podría hacerse de forma rápida aprovechando alguna de las relaciones entre los planos S y Z que se verán posteriormente. Por el momento, se hace antitransformado $H(s)$ para obtener su respuesta impulsional $h(t)$, que después se particularizará en los instantes de muestreo $t = nT$, en los que también está definida la secuencia discreta $r[n]$.

$$H(s) = \frac{3,5}{s(s+5)} = \frac{A}{s} + \frac{B}{s+5}$$

$$A = \lim_{s \to 0} sH(s) = 0,7$$

$$B = \lim_{s \to -5} (s+5)\,H(s) = -0,7$$

$$h(t) = 0,7\,(1 - e^{-5t})\,u(t)$$

Haciendo ahora $t = nT$, siendo T el período de muestreo:

$$h(nT) = 0,7\,(1 - e^{-5nT})\,u(nT) \Rightarrow$$

$$\Rightarrow H(z) = \frac{0,7}{1 - z^{-1}} - \frac{0,7}{1 - e^{-5T}z^{-1}} = \frac{(1 - e^{-5T})\,0,7\,z^{-1}}{(1 - z^{-1})\,(1 - e^{-5T}z^{-1})}$$

con lo que el modelo del sistema en lazo cerrado es:

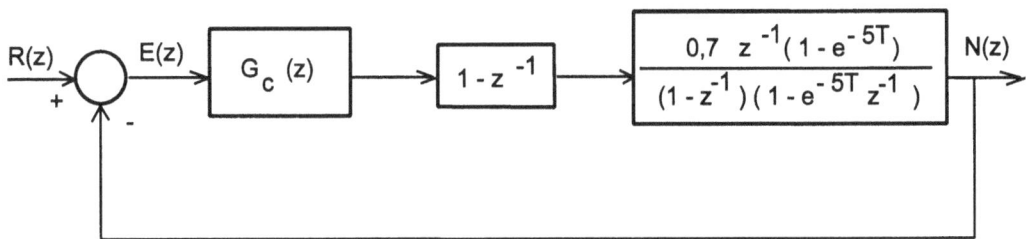

Fig. 6.14. Modelo en el plano Z

y, agrupando bloques que están en cascada en la cadena directa:

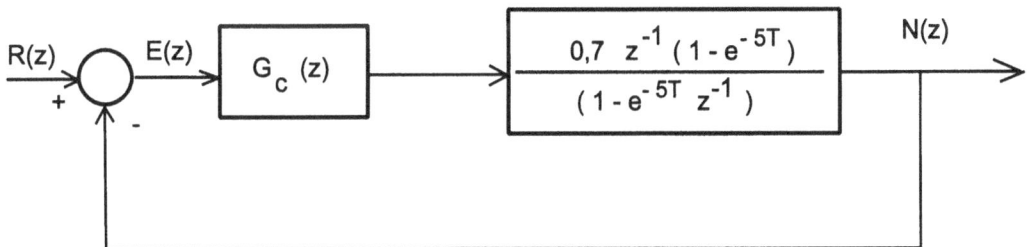

Fig. 6.15. Simplificación de la figura anterior

Operando con los bloques de este sistema realimentado, se tiene que la función de transferencia entre la salida del sistema $N(z)$ –transformada de la velocidad– y la entrada $R(z)$ es:

$$\frac{N(z)}{R(z)} = \frac{0,7\,z^{-1}\,(1 - e^{-5T})\,G_c(z)}{(1 - e^{-5T}z^{-1}) + G_c(z)\,0,7\,z^{-1}\,(1 - e^{-5T})}$$

y, seleccionando un período de muestreo $T = 0,01$ s, mucho menor que la constante de tiempo del motor, se tiene:

$$\frac{N(z)}{R(z)} = \frac{0,034\ z^{-1}\ G_c(z)}{(1 - 0,9512\ z^{-1}) + G_c(z)\ 0,034\ z^{-1}}$$

ESTUDIO DE DIFERENTES CONTROLADORES $G_c(z)$:

a) $G_c(z) = 100\ z^{-1}$ (el microprocesador se limita a retardar cada muestra de entrada un período de muestreo y a multiplicar el resultado por 100).

En este caso, los polos de la función de transferencia están en:

$$z^2 - 0,9512\ z + 3,4 = 0 \ \rightarrow\ z_{1,2} = 0,4756 \pm j\ 1,7815$$

con lo que, al ser exteriores a la circunferencia de radio unidad, el sistema será inestable.

b) $G_c(z) = z^{-1}$

Ahora los dos polos están ubicados en:

$$z^2 - 0,9512\ z + 0,034 = 0 \ \rightarrow z_1 = 0,914, \ \ z_2 = 0,0372$$

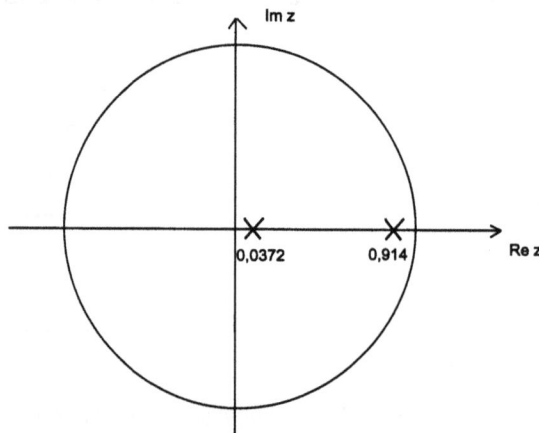

situación que corresponde a un sistema estable sobreamortiguado.

Para ver la precisión con que la antena puede seguir un blanco que se mueva a velocidad constante (consigna constante de velocidad), se supone una entrada $r[n] = u[n]$, o, en el dominio transformado:

$$R(z) = \frac{1}{1 - z^{-1}}$$

Con esta entrada, el valor de la velocidad de rotación de la antena en régimen permanente (valor final) será de:

$$n[\infty] = \lim_{z \to 1} (1 - z^{-1})\, N(z) = \frac{0,034}{0,034 + 0,0488} = 0,4106$$

Como la consigna es un escalón de amplitud unitaria, el error en la velocidad de rotación es del 58,94%.[2]

Se habría llegado al mismo resultado si, en lugar de trabajar con la función de transferencia entre $N(z)$ y $R(z)$, se hubiera hecho con $E(z)/R(z)$. La variable $E(z)$ es la transformada del error, definido como la diferencia entre la consigna de velocidad $R(z)$ y la velocidad real a la salida, $N(z)$.

$$\frac{E(z)}{R(z)} = \frac{R(z) - N(z)}{R(z)} = 1 - \frac{N(z)}{R(z)}$$

Si $R(z) = 1 / (1 - z^{-1})$, se tiene:

$$E(z) = \frac{1 - 0,9512\, z^{-1}}{\left(\left(1 - 0,9512\, z^{-1}\right) + G_c(z)0,034\, z^{-1}\right)\left(1 - z^{-1}\right)}$$

y como $G_c(z) = z^{-1}$,

$$e[\infty] = \lim_{z \to 1} (1 - z^{-1})\, E(z) = 0,5894$$

Puesto que el error debería ser cero, la desviación es del 58,94%.

c) $G_c(z) = 10\, z^{-1} / (1 - z^{-1})$.

Puede comprobarse, siguiendo pasos paralelos a los anteriores, que:

$$e[\infty] = \lim_{z \to 1} (1 - z^{-1})\, E(z) = 0$$

con lo que ya no habría error de seguimiento al blanco. Pero ahora los polos del sistema en lazo cerrado están en $z_{1,2} = 0,9756 \pm j\, 0,5826$, con un módulo de $|z| = 1,136$, lo que convierte al sistema en inestable. Por lo que la anterior afirmación sobre el error es de interpretación absurda, ya que el criterio dominante es la inestabilidad.

---

[2] Puede comprobarse como ejercicio que, con un controlador $G_c(z) = 29 \cdot z^{-1}$, el error se reduciría al 4,72%, al precio de llevar los polos al límite de la estabilidad (circunferencia de radio unidad).

La búsqueda sistemática de una expresión de $G_c(z)$ que cumpla con los requisitos de estabilidad y precisión no es trivial, y es objeto de estudio en la Teoría de Control. Se propone al lector que, como ejercicio, pruebe el controlador $G_c(z) = 10^{-5} z^{-1} / (1 - z^{-1})$, con el que debe obtenerse estabilidad y error cero.

6.4. Análisis

En este apartado se estudian los tres aspectos básicos de análisis de un sistema de control: *precisión, velocidad y estabilidad.*

En primer lugar, se introducen las constantes de error y se relaciona el número de integradores en un sistema con su capacidad para seguir diferentes entradas típicas con error de seguimiento nulo en régimen permanente (precisión del sistema).

La velocidad de un sistema discreto está acotada por la frecuencia de muestreo. Por las relaciones entre el plano S y el plano Z vistas en el capítulo 5, hay una compresión de los polos del eje real del plano S hacia el centro de la circunferencia de radio unidad del el plano Z, y una frecuencia máxima de valor $\omega_s/2$. Dada la relación exponencial entre el plano S y el Z ($z = e^{Ts}$), suelen usarse ábacos para relacionar la respuesta del sistema discreto y la de su equivalente en tiempo continuo.

Para el análisis de estabilidad se presentan la técnica del lugar geométrico de las raíces, así como el criterio de Jury (equivalente al de Routh-Hurwitz para sistemas de tiempo continuo).

6.4.1. Precisión

Por *precisión* de un sistema realimentado se entiende su capacidad para seguir sin error una determinada señal de entrada $R(z)$. Dado el sistema simplificado de la figura 6.16, donde $G(z)$ modela el conjunto planta $-G_p(z)-$ y corrector $-G_c(z)-$, y la realimentación es unitaria:

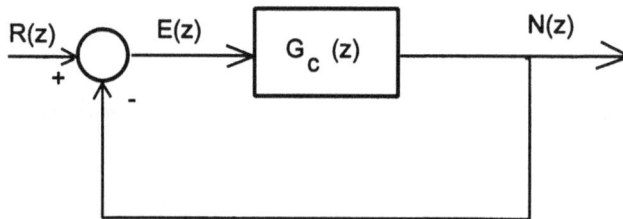

Fig. 6.16. Realimentación unitaria

el error viene dado por:

$$E(z) = \frac{R(z)}{1 + G(z)}$$

(6.15)

y, aplicando el teorema del valor final de la transformada Z, el error en régimen permanente será:

$$e(\infty) = \lim_{z \to 1}(1 - z^{-1})\, E(z) = \lim_{z \to 1}(1 - z^{-1})\frac{R(z)}{1 + G(z)} \qquad (6.16)$$

A continuación se evalúa este error para algunas entradas tipo.

a) Entrada en escalón (o de posición), $r[n] = u[n]$:

$$R(z) = \frac{1}{1 - z^{-1}} \to$$

$$(\infty) = \lim_{z \to 1}(1 - z^{-1})\frac{R(z)}{1 + G(z)} = \lim_{z \to 1}\frac{1}{1 + G(z)} = \frac{1}{1 + G(1)} - \qquad (6.17)$$

$$e(\infty) = \frac{1}{1 + G(1)} = \frac{1}{1 + K_p}\, , \qquad\qquad K_p = \lim_{z \to 1} G(z)$$

K_p es la constante de error de posición. Nótese que cuanto mayor sea K_p menor será el error de seguimiento en régimen permanente a una entrada en escalón.

Si $G(z)$ tuviera un término $(1\text{-}z^{-1})$ en su denominador, debido al controlador o a la propia planta, entonces:

$$e(\infty) = \lim_{z \to 1}\frac{1}{1 + \dfrac{G'(z)}{1 - z^{-1}}} \to \frac{1}{\infty} \to 0 \qquad (6.18)$$

y no habría error de seguimiento al escalón. Como un término $(1\text{-}z^{-1})$ en el denominador puede asimilarse a un integrador (que en el caso analógico sería $1/s$, por la propiedad de integración de la transformada de Laplace –ejemplo 2.4.1), se dice que los sistemas cuya $G(z)$ tiene un polo en $z = 1$ son sistemas con "un integrador". O también se les denomina sistemas de *tipo 1*.

El tipo de un sistema lo determina el número de integradores que contiene, como se verá a continuación.

Si no hay ningún integrador, se habla de sistemas *tipo 0*. Como se ha visto, un sistema de tipo 0 sigue a un escalón con un error constante e inversamente proporcional a K_p, y uno de tipo 1 lo sigue sin error en régimen permanente.

b) Entrada en rampa (o entrada de velocidad), $r[n] = n\,u[n]$

$$R(z) = \frac{z^{-1}}{(1-z^{-1})^2} \rightarrow$$

$$e(\infty) = \lim_{z \to 1}(1-z^{-1})\frac{R(z)}{1+G(z)} = \lim_{z \to 1}\frac{z^{-1}}{(1-z^{-1})\,G(z)} \rightarrow \qquad (6.19)$$

$$e(\infty) = \frac{1}{K_v}, \qquad\qquad K_v = \lim_{z \to 1}(1-z^{-1})\,G(z)$$

Si $G(z)$ fuera un sistema de tipo 0 no podría neutralizar el término $(1-z^{-1})$, con lo que K_v sería cero y el error infinito. Con una $G(z)$ de tipo 1 se puede neutralizar, con lo que el error sería acotado y tanto menor como mayor fuera K_v. Con dos integradores habría un término $(1-z^{-1})^2$ en el denominador de $G(z)$, con lo que la constante de error de velocidad K_v sería infinita y el error de seguimiento (en régimen permanente) a la rampa sería cero.

c) Entrada en parábola (o aceleración), $r[n] = n^2\,u[n]$

$$R(z) = \frac{z^{-1}(1+z^{-1})}{(1-z^{-1})^3} \rightarrow$$

$$e(\infty) = \lim_{z \to 1}(1-z^{-1})\frac{R(z)}{1+G(z)} = \lim_{z \to 1}\frac{2}{(1-z^{-1})^2\,G(z)} \rightarrow \qquad (6.20)$$

$$e(\infty) = \frac{2}{K_a}, \qquad\qquad K_a = \lim_{z \to 1}(1-z^{-1})^2\,G(z)$$

con lo que se necesitaría un sistema de *tipo 2* para que el error fuera acotado, y uno de *tipo 3* para anularlo. La constante K_a es el error de aceleración. En algunos textos, se utiliza como señal de entrada $r[n] = (\frac{1}{2})\,n^2\,u[n]$, con lo que:

$$e(\infty) = \frac{1}{K_a} \qquad\qquad\qquad (6.21)$$

Sin embargo, este factor de escala es irrelevante para las conclusiones cualitativas (número de integradores y capacidad de seguimiento) que aquí se persiguen.

En sistemas mecánicos, es fácil relacionar una entrada en escalón con un salto en la posición del servomecanismo. Y a partir de ahí, recordando las relaciones integrales entre aceleración, velocidad y posición, comprender el nombre dado a la entrada en rampa (velocidad constante: posición incrementada linealmente) y a la entrada en parábola (aceleración constante). Para aplicaciones de comunicaciones, puede pensarse en lazos de enganche de fase (PLL); el escalón correspondería al seguimiento entre dos frecuencias; la rampa, a un barrido.

6.4.2. Velocidad

En sistemas continuos, la velocidad en que desaparece el régimen transitorio de la respuesta es tanto menor cuanto más alejados del eje imaginario estén los polos en el semiplano izquierdo del plano S. Sin embargo, la velocidad de los sistemas discretos está acotada por el teorema de Nyquist o, lo que es lo mismo, por el período de muestreo.

Recordando las relaciones entre el plano S y el plano Z vistas en el apartado 5.3.4 (figura 5.12), puede llegarse a la idea cualitativa de que cuanto más cercanos estén los polos del sistema discreto al origen del plano Z, menor será la duración del transitorio.

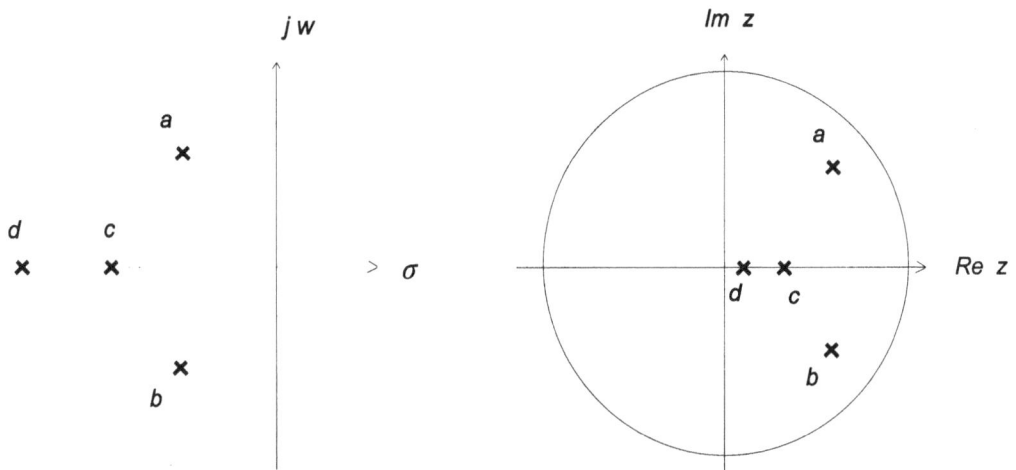

Fig. 6.17. Relaciones entre polos en el plano S y el plano Z

Recordando que la respuesta impulsional de un sistema de segundo orden de tiempo continuo es del tipo:

$$y(t) = K\, e^{-\zeta \omega_0 t} \cos(\omega_a t + \varphi)\,, \qquad \omega_a = \omega_0 \sqrt{1 - \zeta^2} \qquad (6.22)$$

se pueden relacionar el coeficiente de amortiguamiento ξ y la frecuencia natural (en proporción respecto a la de muestreo, ω_s) con los polos en el plano Z mediante el siguiente ábaco, obtenido de la transformación $z = e^{Ts}$.

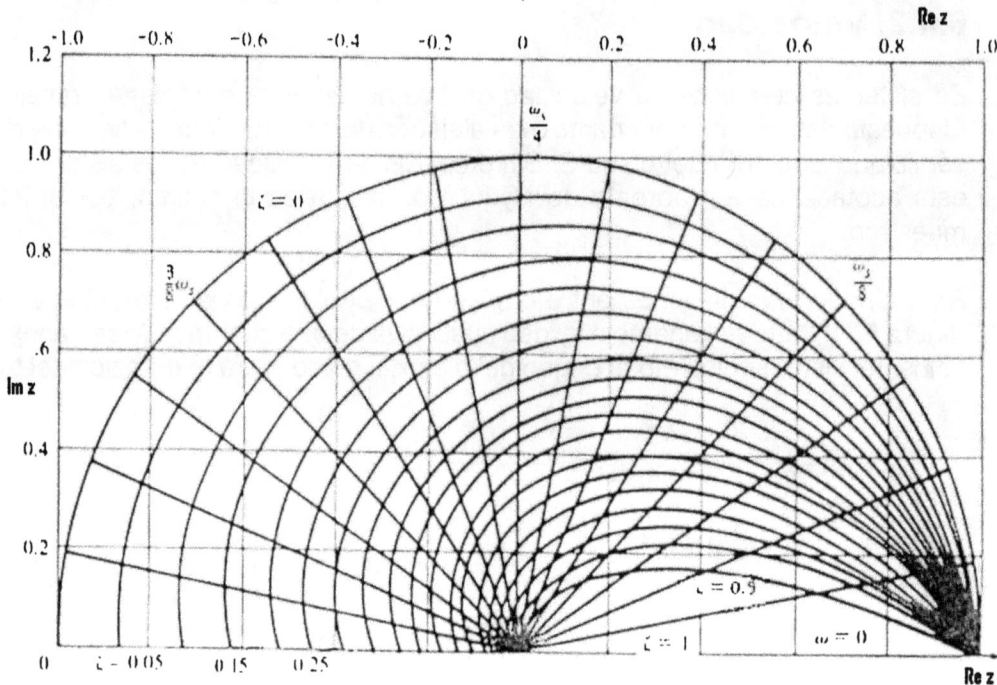

Fig. 6.18. Ábacos de transformación de los polos para un sistema de segundo orden

6.4.3. Estabilidad

La función de transferencia en lazo cerrado de un sistema realimentado es:

$$T(z) = \frac{Y(z)}{X(z)} = \frac{G(z)}{1 + G(z)H(z)}$$

de donde se observa que las raíces del producto $G(z)\,H(z)$ están relacionados con los polos de $T(z)$. Para hallar directamente los polos de $T(z)$ puede resolverse la *ecuación característica:*

$$1 + G(z)\,H(z) = 0 \tag{6.23}$$

En ello se basa el criterio de Jury, que se estudiará en este apartado. Pero antes se presentará el método del lugar geométrico de las raíces (LGR), que proporciona información cualitativa y cuantitativa sobre la estabilidad y la dinámica del sistema en lazo cerrado.

El método del LGR simplifica los cálculos al trabajar sobre la denominada *función de transferencia en lazo abierto* y que se define como el producto $G(z)\,H(z)$; de ella se obtiene información sobre los polos de $T(z)$.

El nombre de función de transferencia en lazo abierto es algo engañosa, ya que no se refiere a que se abra el circuito de realimentación. Simplemente, debe tomarse como una expresión para denotar el producto $G(z)\,H(z)$.

La relación básica entre los polos del sistema en lazo cerrado y las raíces de la función en lazo abierto es simple: basta con observar que la ecuación 6.23 se cumplirá siempre que $G(z) H(z) = -1$. O, lo que es lo mismo:

$$| G(z) H(z) | = 1 \qquad (6.24)$$

$$fase \ de \ G(z) H(z) = \pm 180°$$

De estas dos condiciones se definen los márgenes de ganancia y de fase. Como se verá en el capítulo 7, la sustitución en régimen permanente $z = e^{j\Omega}$, siendo Ω la frecuencia discreta ($\Omega = \omega T$), permitirá ver las curvas de respuesta en frecuencia de una función de transferencia discreta. Dado que las dos condiciones de la ecuación 6.24 deben cumplirse simultáneamente para que las soluciones de $G(z) H(z) = -1$ sean polos de $T(z)$, la fase añadible a $G(z) H(z)$ hasta llegar a la segunda condición (de 180°), medida a la frecuencia Ω en que se cumpla la primera condición de módulo unitario (frecuencia de transmisión del lazo), se denomina *margen de fase*. Y si se fija primero la condición de 180°, se define el *margen de ganancia* como la cantidad en que se puede aumentar el módulo de $G(z) H(z)$ hasta que sea unitario, medida a la frecuencia en que el desfase sea de 180°.

Sin embargo, el margen de ganancia se especifica en decibelios (dB), siendo:

$$ganancia \ (dB) = 20 \ \log_{10} \ | G(z) H(z) | \qquad (6.25)$$

lo que conlleva que la condición de módulo unitario sea equivalente a la de una ganancia de 0 dB.

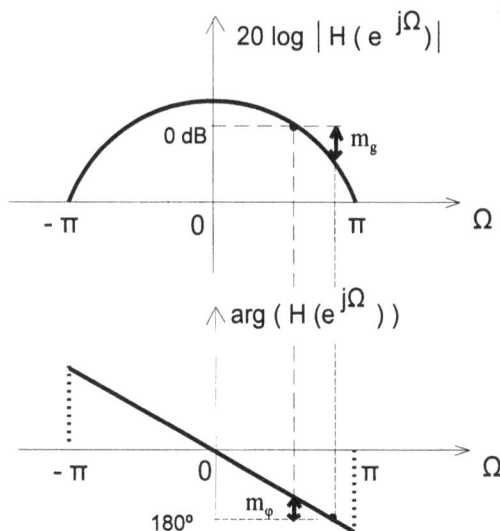

Fig. 6.19. Márgenes de ganancia (m_g) y de fase (m_φ)

En la figura anterior se ha ilustrado una sola frecuencia en que el desfase es de 180°. No obstante, en sistemas más complejos es habitual que la curva de fase pase más de una vez por 180°. En este caso, se especifica como margen de ganancia el peor desde el punto de vista de la estabilidad, es decir, el más cercano a los 0 dB.

Si por las características del sistema no se alcanzara nunca un valor de la respuesta frecuencial con 0 dB de ganancia o con 180° de desfase, alguno (o ambos) de los anteriores márgenes no estaría definido.

6.4.3.1. Lugar geométrico de las raíces

El lugar geométrico de las raíces (LGR) consiste en unas líneas denominadas ramas que cumplen con la condición de fase de la ecuación 6.24 y, por tanto, son soluciones potenciales de la ecuación de lazo abierto $G(z) H(z) = -1$, la cual da los polos del sistema $T(z)$ en lazo cerrado.

Para determinar cuáles de los puntos que configuran las ramas son realmente polos en lazo cerrado, bastaría con comprobar qué puntos cumplen también con la condición de módulo unitario en la ecuación 6.24. Sin embargo, es usual permitir el ajuste de la ganancia en los controladores $G_c(z)$, por lo que las ramas del LGR se entienden como una representación gráfica del desplazamiento que experimentan los polos de $T(z)$ al modificar la ganancia del controlador.

Supóngase, como ejemplo inicial, el sistema formado por:

$$G_c(z) = k/(z-0,3), \ G_p(z) = 10/(z-0,8) \text{ y } H(z) = 5$$

siendo k un parámetro ajustable. Con ello:

$$G(z) H(z) = \frac{50 \ k}{(z-0,3) \ (z-0,8)} \tag{6.26}$$

Sobre el diagrama de polos y ceros (no hay ceros en el ejemplo), se puede comprobar que todos los tramos del eje real que tengan a su derecha un número impar de raíces cumplirán la condición de 180° (cada raíz a la derecha del punto le aporta 180°, y cada una a su izquierda, 0°). En la figura es la zona marcada con una línea más gruesa.

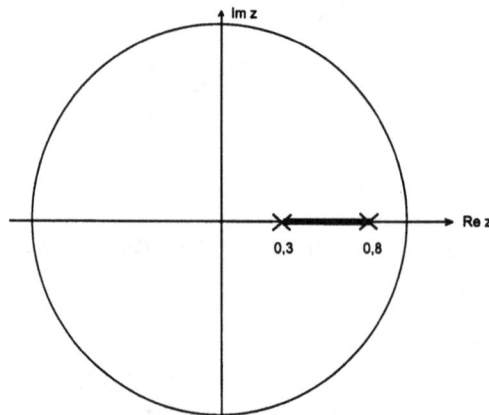

Observando la ecuación característica:

$$1 + G(z)\,H(z) = 1 + \frac{50\,k}{(z-0,3)\,(z-0,8)} = (z-0,3)\,(z-0,8) + 50\,k = 0 \qquad (6.27)$$

se comprueba que para $k = 0$ las soluciones son los propios polos $z = 0,3$ y $z = 0,8$. Por ello se dice, que al variar k, el LGR empieza en los polos. Al ir aumentado el valor de k, los dos polos en lazo cerrado se van desplazando por la línea gruesa de la figura anterior (ya que cumple la condición de 180°), hasta que se encuentren en el punto central. Éste es un punto de bifurcación a partir del cual se separan en dos ramas a ± 90° entre ellas, las cuales también cumplen la condición de 180° ($a + b = 180°$ en la figura).

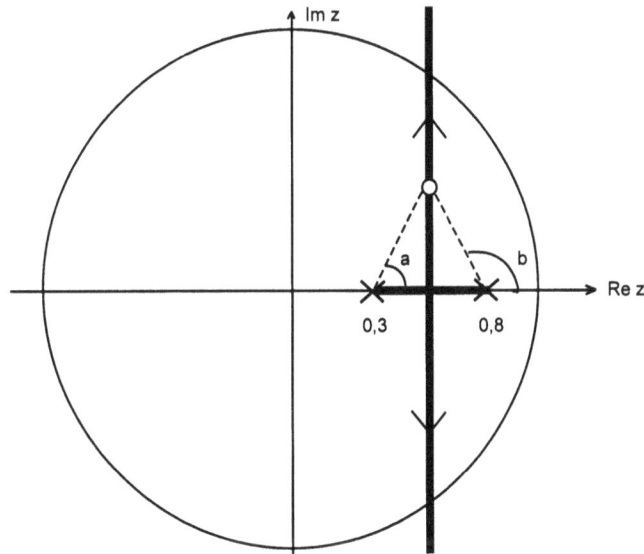

Para conocer la posición exacta de los polos para un determinado valor de k, basta con aplicar la condición de módulo unitario. Así, para el punto de intersección de las ramas con la circunferencia de radio unidad (k crítica a partir de la cual el sistema sería inestable al salir los polos fuera de la circunferencia), se tiene:

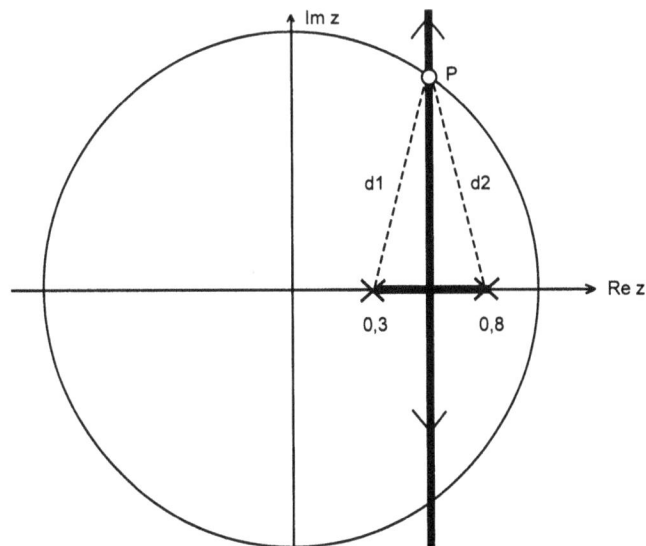

$$|G(z)\,H(z)| = 1$$

$$|G(z)\,H(z)|_{en\ z\ =\ P} = \frac{50k}{d1\ d2} = 1$$

(6.28)

Midiendo gráficamente las distancias $d1$ y $d2$, $d1 = d2 = 0,87$. Con ello, la k crítica es, aproximadamente, $k = 0,015$. Este proceso puede hacerse con más precisión con ayuda del programa Matlab:

```
» n1=50;
» d1=[1 -0.3];
» n2=1;
» d2=[1 -0.8];
» [n,d]=series(n1,d1,n2,d2);
» rlocus(n,d)
» zgrid
» axis([-1,1,-1,1])
» axis square
```

con ello se ve el LGR. Para poder pinchar con el ratón un punto de la gráfica y obtener el valor de k y de los polos en este punto, se hace:

```
» [k,poles]=rlocfind(n,d)
Select a point in the graphics window
```

y devuelve los valores de k y de los polos:

```
k =    0.0154

poles =

   0.5500 + 0.8421i
   0.5500 - 0.8421i
```

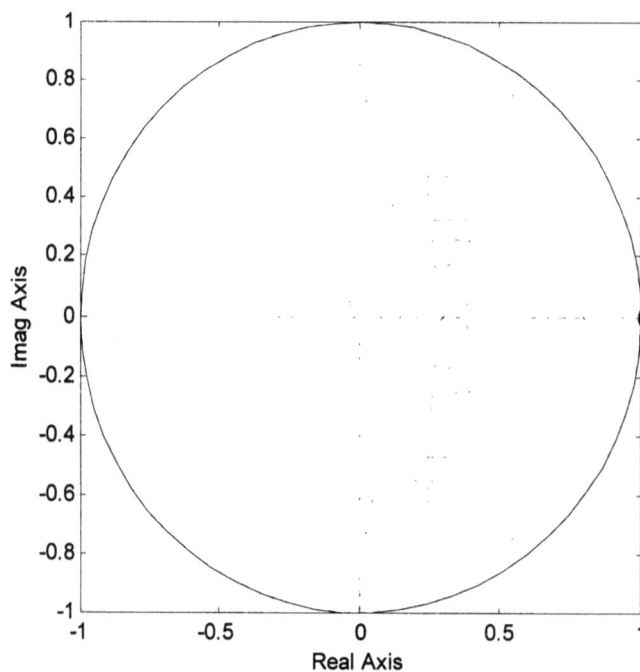

Hay unas reglas para dibujar el LGR, que básicamente son:

- El LGR es simétrico respecto al eje real.

- Los puntos del eje real con un número impar de raíces (polos y ceros) a su derecha forman parte del LGR.

- Las ramas nacen ($k = 0$) en los polos de $G(z) H(z)$ y mueren ($k = \infty$) en los ceros (si los hay) o en el infinito (es el caso del ejemplo anterior). Hay tantas ramas como polos de $G(z) H(z)$.

- Las ramas siguen unas asíntotas (rectas directrices a las que alcanzan a medida que k tiende a infinito) cuyo nacimiento es en el punto (suponiendo m ceros y n polos):

$$\sigma = \frac{\displaystyle\sum_{i=1}^{n} parte\ real\ de\ los\ polos - \sum_{j=1}^{m} parte\ real\ de\ los\ ceros}{n - m} \qquad (6.29)$$

y los ángulos de llegada de las asíntotas son:

$$\alpha = \frac{(1 + 2h)\,180°}{n - m} \qquad h = 0, 1, \dots, (n-m-1) \qquad (6.30)$$

- El punto de bifurcación de las ramas es el de máxima sensibilidad de k respecto a z:

$$\frac{dk}{dz} = 0 \qquad (6.31)$$

Pero vamos a dejar que el Matlab se encargue de los trazados del LGR para centrarnos en evaluar el efecto cualitativo de polos y ceros adicionales aportados por el controlador. Por ejemplo, si en el ejemplo anterior se modifica $G_c(z)$ añadiéndole un cero, $G_c(z) = k\ (z+0,9)\ /\ (z-0,3)$

$$G(z) H(z) = \frac{50\ k\ (z+0,9)}{(z-0,5)\,(z-0,8)} \qquad (6.32)$$

se tiene el siguiente LGR, donde se puede apreciar el efecto "atractivo" del cero sobre las ramas del LGR del caso anterior.

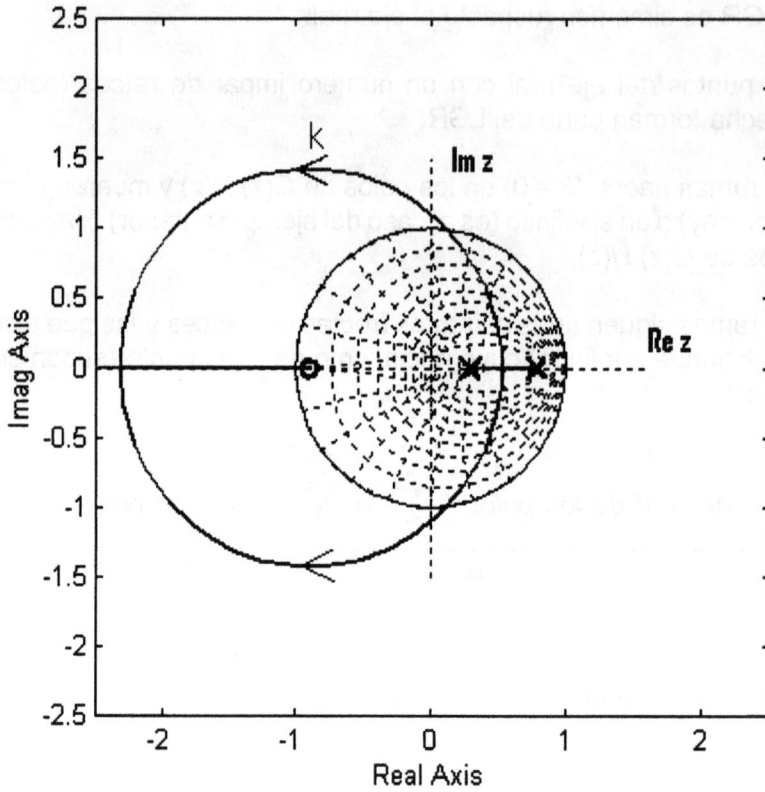

siendo ahora la *k* crítica de *k* = 0,0168. Se observa que el cero ha aumentado la sección de las ramas que están dentro de la circunferencia de radio unidad. Si el cero hubiera estado más en el interior, por ejemplo en el origen: $G_c(z) = k\,z\,/\,(z\text{-}0,3)$, el resultado sería:

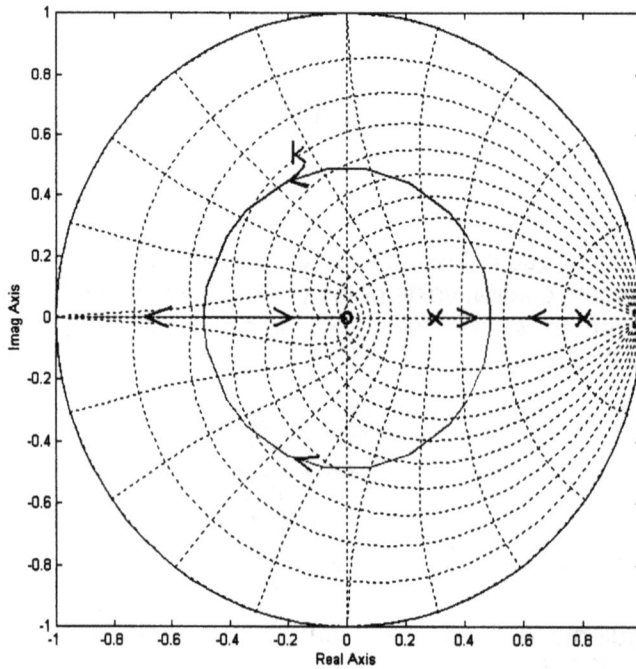

Se observa que el punto de bifurcación de las ramas se ha desplazado hacia la izquierda por efecto de atracción del cero, y que las dos ramas mueren en el cero y en $z = -\infty$. El valor de k para el cual el polo sale de la circunferencia de radio unidad es $k = 0,0468$, y en este instante los polos están en $z = -1$ y en $z = -0,24$.

Si se retoma el ejemplo inicial, pero ahora añadiendo, en lugar de un cero, otro polo en el origen, $G_c(z) = k / z\ (z-0,3)$, el resultado es:

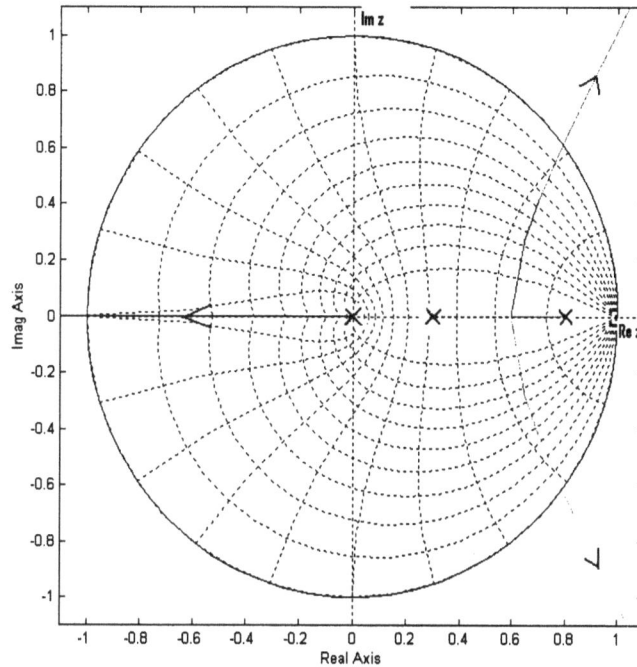

Con una k crítica de $k = 0,0095$. Como se observa, el efecto del polo adicional ha sido el de "repeler" las ramas del LGR inicial, siendo ahora inestable para un valor de k menor (menos margen de variación de k). Como ejercicio, puede comprobarse, en este caso, que el valor de k en el que se empiezan a separar las dos ramas (valor mínimo con polos aún reales) es $k = 0,0007$.

De este ejemplo puede extraerse otra conclusión si se revisa lo comentado al final del apartado 6.3 sobre la importancia de organizar correctamente la programación del algoritmo del controlador. Si el polo en el origen (término z^{-1}) fuera debido a una mala programación del algoritmo, sus efectos inestabilizadores son evidentes.

6.4.3.2. Criterio de Jury

El criterio de Jury ha ido perdiendo relevancia con la mejora constante de programas de análisis y simulación de sistemas de control; sin embargo, es una importante herramienta para evaluar los márgenes en que se puede variar algún parámetro del sistema manteniendo la estabilidad de éste.

Es el equivalente en tiempo discreto del criterio de Routh-Hurwitz utilizado para sistemas de tiempo continuo. Permite determinar la existencia de raíces de módulo superior a 1 en polinomios de grado n, aunque sin explicitar el valor de las raíces. En el caso de que el polinomio sea la ecuación característica de un sistema de control, el diagnóstico de raíces con módulo superior a 1 significa la presencia de polos (raíces de la ecuación característica) fuera de la circunferencia de radio unidad.

Supóngase que el polinomio característico de un sistema realimentado contiene n coeficientes reales:

$$P(z) = 1 + GH(z) \quad \rightarrow \quad \sum_{i=0}^{n} a_i z^i = a_n z^n + a_{n-1} z^{n-1} + \dots + a_1 z + a_0 \tag{6.33}$$

Una vez arreglados los coeficientes para que $a_n > 0$, se construye la tabla siguiente:

a_n	a_{n-1}	a_{n-2}	.....	a_k	......	a_1	a_0
a_0	a_1	a_2	.....	a_{n-k}	......	a_{n-1}	a_n
b_{n-1}	b_{n-2}	b_{n-3}	....	b_k	....	b_1	b_0
b_0	b_1	b_2	....	b_{n-k}	....	b_{n-2}	b_{n-1}
c_{n-2}	c_{n-3}	....				c_0	
c_0	c_1	....				c_{n-2}	
. . . . .							
. .							
r_3	r_2	r_1	r_0				
r_0	r_1	r_2	r_3				
q_2	q_1	q_0	*(hasta llegar al segundo orden)*				

siendo:

$$b_k = a_0 a_{k+1} - a_n a_{n-1-k}$$

$$c_k = b_0 b_{k+1} - b_n b_{n-1-k} \tag{6.34}$$

. . . .

Según el criterio de Jury, las condiciones necesarias y suficientes para que las raíces estén en el interior de la circunferencia de radio unidad son:

1. $|a_0| < a_n$

2. $P(1) > 0$, siendo $P(z)$ el polinomio característico.

3. $P(-1) > 0$ para n par, o $P(-1) < 0$ para n impar.

4. $|b_0| > |b_{n-1}|$

    $|c_0| > |c_{n-2}|$

    ....

    $|r_0| > |r_3|$

    hasta llegar al polinomio de segundo orden:

    $|q_0| > |q_2|$

Por ejemplo, para $n = 2$:

$$P(z) = a_2 z^2 + a_1 z + a_0 \qquad (6.35)$$

con $a_2 > 0$. Las condiciones anteriores son:

1. $|a_0| < a_2$

2. $P(1) > 0 \quad \rightarrow \quad a_2 + a_1 + a_0 > 0$

3. $P(-1) > 0 \quad \rightarrow \quad a_2 - a_1 + a_0 > 0$

Y para un polinomio con $n = 3$:

$$P(z) = a_3 z^3 + a_2 z^2 + a_1 z + a_0 \qquad (6.36)$$

con $a_3 > 0$, las condiciones de estabilidad son:

1. $|a_0| < a_3$

2. $P(1) > 0 \rightarrow a_3 + a_2 + a_1 + a_0 > 0$

3. $P(-1) < 0 \rightarrow -a_3 + a_2 - a_1 + a_0 < 0$

4.

a_3	a_2	a_1	a_0
a_0	a_1	a_2	a_3

$a_0\,a_2 - a_3\,a_1$	$a_0\,a_1 - a_3\,a_2$	$a_0^2 - a_3^2$	
$a_0^2 - a_3^2$	$a_0\,a_1 - a_3\,a_2$	$a_0\,a_2 - a_3\,a_1$	

Con lo que la condición $|b_0| > |b_{n-1}|$ se convierte en:

$$|a_0^2 - a_3^2| > |a_0\,a_2 - a_3\,a_1|$$

Ejemplo de aplicación:

Sea el sistema de la figura:

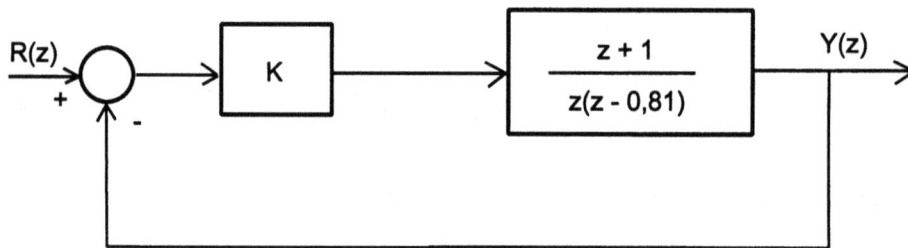

Aplicando el criterio de Jury, se va a determinar el margen de valores que puede tomar el parámetro K sin que el sistema entre en inestabilidad. El polinomio característico es:

$$P(z) = 1 + K\,\frac{z+1}{z\,(z-0,81)} = 0 \quad \Rightarrow \quad z^2 + (K-0,81)z + K = 0 \qquad (6.37)$$

Cumpliéndose la condición 1 ($|a_0| < a_3$) si $K < 1$. Esta será una cota de variación del parámetro K.

De la condición 2 se tiene:

$$1 + K - 0,81 + K = 2K + 0,19 > 0 \quad \Rightarrow \quad K > -0,095 \qquad (6.38)$$

Mientras que la condición 3 se cumple para cualquier valor de K:

$$1 - K + 0,81 + K \quad \Rightarrow \quad 1,81 > 0 \qquad (6.39)$$

Así pues, la zona de estabilidad será para el margen de valores:

$$-0,095 < K < 1 \tag{6.40}$$

6.5. Diseño

A continuación se tratan tres enfoques diferentes del diseño de controladores digitales, cada uno de ellos idóneo para distintas situaciones.

El rediseño digital es la técnica que permite implementar un controlador digital con dinámica similar a la de un controlador analógico previamente diseñado, lo que puede tener aplicación tanto para el caso de querer actualizar la tecnología del regulador sin cambiar su función, como para el caso en que se haya diseñado el regulador en el campo analógico por mayor comodidad del diseñador. Este segundo enfoque permitiría llegar a la ecuación en diferencias del controlador digital a diseñadores expertos en control analógico, pero sin más conocimientos de control digital de lo que se verá en el próximo apartado 6.5.1.

El segundo método de diseño que se va a presentar, el cual más bien debería llamarse método basado en el ajuste, son los reguladores PID. Su ajuste no requiere un modelo de la planta (situación frecuente en la práctica por la dificultad de elaborar modelos), simplemente unas pruebas elementales sobre ella y conocer unos criterios cualitativos del efecto de los tres bloques que se vana estudiar: proporcional (P), integrativo (I) y derivativo (D).

El tercer método, por el contrario, requiere un buen modelado de la planta. Pero en contrapartida da unos excelentes resultados, buscando la dinámica ideal de un sistema de control. Es el diseño *dead-beat* ("sin sobreimpulso"), y su aplicabilidad queda prácticamente restringida a sistemas de fase mínima (es decir, con todos los *ceros* en el interior de la circunferencia de radio unidad).

6.5.1. Técnicas de transformación de diseños analógicos (rediseño digital)

Por *rediseño digital* se entienden unas técnicas que nacieron con la aparición de los primeros microprocesadores y cuyo objetivo es obtener ecuaciones en diferencias para poder programar controladores digitales que fuercen una dinámica del sistema en lazo cerrado igual a la de un controlador analógico.

Este enfoque puede tener dos procedencias diferentes. Una es cuando se dispone de un controlador analógico cuyo funcionamiento es satisfactorio pero que por motivos de imagen empresarial o porque se quiere añadir otras funciones suplementarias al controlador, se decide implementarlo digitalmente. La otra es cuando se prefieren usar herramientas analógicas para diseñar el controlador, que luego se implementará digitalmente.

En ambos casos, el objetivo se resume en que, dada una $G_c(s)$ –analógica–, se desea obtener una $G_c(z)$ –digital– equivalente.

Como el controlador no es más que un filtro, las técnicas usadas en su rediseño digital son las mismas que cuando se quiere rediseñar digitalmente un filtro analógico, tema en el que se abundará en el capítulo 10 al tratar los filtros de respuesta impulsional infinita (filtros IIR), concretamente en el apartado 10.3. Por ello, en el presente apartado sólo se avanzan algunos conceptos para el lector que no desee mayores profundizaciones.

6.5.1.1. Rediseño usando la primera diferencia de retorno

La técnica de la primera diferencia de retorno (*first difference backward,* FDB) ya ha sido introducida en el apartado 2.4, como un ejemplo de realización digital de un filtro analógico. Como en el capítulo 2 aún no se había tratado la transformada Z, se había utilizado un operador D^{-1} que representaba un retardo de T segundos, siendo T el período de muestreo. Ahora, una vez conocida la transformada Z y, en especial, la propiedad de desplazamiento en el tiempo, es evidente que $D^{-1} = z^{-1}$. Así, las relaciones del apartado 2.4 pueden reescribirse como:

$$\frac{dt}{dt} \Leftrightarrow s \Leftrightarrow \frac{1 - z^{-1}}{T} \tag{6.41}$$

las cuales permiten pasar de una $G(s)$ a una $G(z)$.

En un análisis detallado de esta relación se ve que hay una cierta distorsión, ilustrada en la figura 6.20. Como puede observarse, el eje imaginario del plano S se transforma en una circunferencia interna a la de radio unidad en el plano Z. Consecuencia de ello es que los polos del sistema discreto tendrán un margen de estabilidad mayor que los del sistema analógico original. Por ejemplo, polos en el eje imaginario del plano S, que estarían en la situación límite de estabilidad (osciladores), darían respuestas libres decrecientes en el equivalente discreto (puntos A y B en la figura).

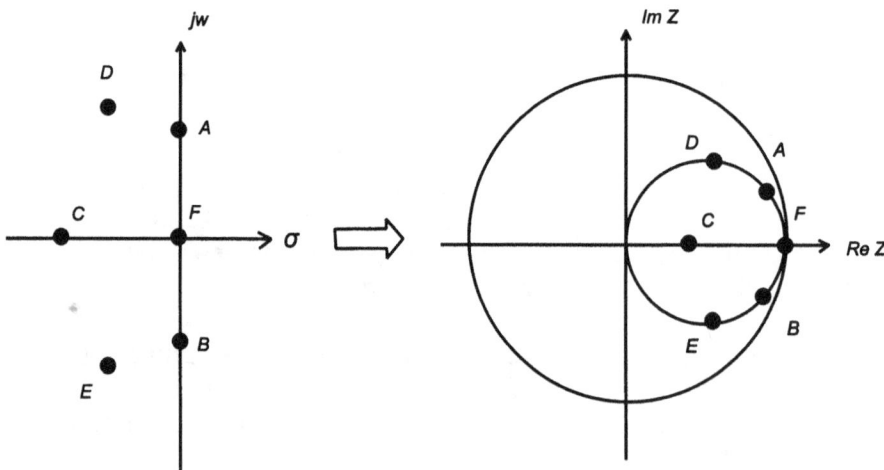

Fig. 6.20. Mapeado de puntos con la FDB

Esta distorsión, normalmente inaceptable en el diseño de filtros, puede ser incluso positiva en algunos controladores ya que con ellas se aumenta el margen de estabilidad al discretizar el diseño analógico. En cualquier caso, puede asumirse que el error es despreciable si los polos del sistema continuo se proyectan en un sector comprendido entre ± 25° respecto al eje real positivo del plano Z.

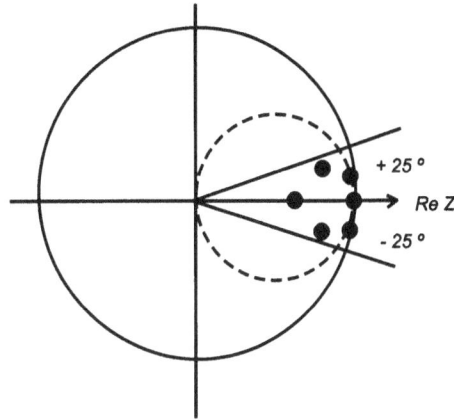

Fig. 6.21. Margen de proyección en el plano Z con la FDB

Es importante notar que, por la propia deducción de la ecuación 6.41, el efecto de retención de orden cero (ZOH) ya está incluido. Ello es así porque el operador derivativo del que se ha partido en el capítulo 2, y al que se había aproximado por:

$$\frac{d\,f(t)}{d\,t} \sim \frac{f(t) - f(t-T)}{T}$$

presupone mantener *f(t-T)* durante *T* segundos para poder restarlo de *f(t)*. Por ello, en el modelado de la planta no hay que considerar el ZOH como se ha hecho en el apartado 6.3. Es decir, se opera directamente con la transformada Z de la planta, sin dividir previamente por "*s*". Y en el controlador no hay que añadir el término $(1-z^{-1})$ como se ilustraba en la figura 6.7.

6.5.1.2. Rediseño usando la transformación bilineal (aproximación de Tustin)

Esta transformación, como se verá en detalle en el capítulo 10, puede deducirse por transformación de la operación de integración (término 1/*s* en la transformada de Laplace). Así, en cierto sentido, es suplementaria de la anterior FDB, que se obtenía por transformación de la operación derivativa. Y precisamente por ser deducible a partir de un integrador (que va acumulando resultados), también son de aplicación los comentarios anteriores sobre el modelado de la planta sin incluir el ZOH.

En este apartado se utiliza otra vía para obtener la transformación bilineal, que está basada en el denominado método de Tustin. Recordando que $z = e^{Ts}$, podemos invertir esta relación de modo que $s = (1/T)\ln(z)$. Por otro lado, sabemos que el desarrollo en serie de Taylor del logaritmo es:

$$\ln(z) = 2\left(u + \frac{1}{3}u^3 + \frac{1}{5}u^5 + \dots\right)$$

(6.42)

$$u = \frac{1 - z^{-1}}{1 + z^{-1}}$$

Con lo que, cortando al primer término el anterior desarrollo en serie, puede establecerse la relación bilineal:

$$s \Leftrightarrow \frac{2}{T}\frac{1 - z^{-1}}{1 + z^{-1}} \rightleftarrows z \Leftrightarrow \frac{1 + (T/2)s}{1 - (T/2)s}$$

(6.43)

Igual que en el caso anterior, la relación bilineal también conlleva una cierta distorsión en el paso de $G_c(s)$ a $G_c(z)$, como puede verse en la figura 6.22. Pero ahora los polos del eje imaginario del plano S sí que se proyectan sobre la circunferencia de radio unidad (lo que es correcto), pero a intervalos no lineales, que se van comprimiendo cuanto más cercanos están del punto $z = -1$. Afortunadamente, como se verá en el apartado 10.3.1.3 al hacer un análisis frecuencial de la transformación bilineal, esta distorsión se puede describir analíticamente, por lo que se podrán predistorsionar (o preecualizar, si se prefiere) los puntos del plano S para que, al ser transformados al plano Z, se ubiquen en los lugares deseados. El fenómeno es similar al de una escopeta de feria con el punto de mira desajustado (distorsión). Sabiendo en cuánto lo está, basta con apuntar en sentido contrario (predistorsión) una magnitud igual al desajuste para acertar en el blanco. A esta operación se la denomina, en inglés, operación de _prewarping_.

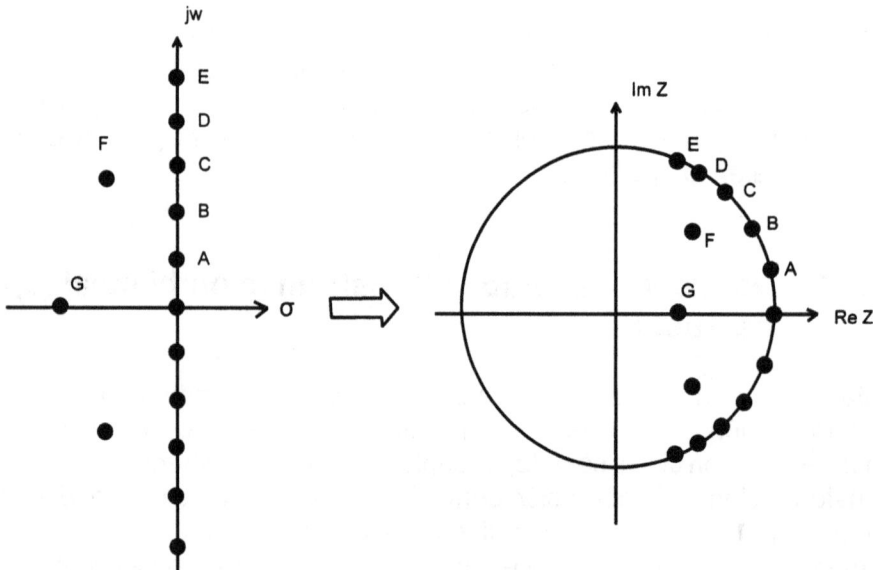

Fig. 6.22. Mapeado de puntos con la transformación bilineal

Empíricamente, si los polos del sistema continuo se proyectan en un sector comprendido entre ± 45° respecto al eje real positivo del plano Z, puede asumirse que el error es despreciable (del orden del 2%).

Ejemplo

Sea el filtro analógico:

$$H(s) = \frac{10\,(s+2)}{s^2+4s+100} \tag{6.44}$$

Aplicando la transformación de primera diferencia de retorno (FDB), se obtiene:

$$s \Leftrightarrow \frac{1-z^{-1}}{T}$$

$$G(z) = \frac{10\left(\dfrac{(1-z^{-1})}{T}+2\right)}{\left(\dfrac{(1-z^{-1})}{T}\right)^2 + 4\left(\dfrac{(1-z^{-1})}{T}\right) + 100} \tag{6.45}$$

$$= \frac{10\,T\left((1+2T)-z^{-1}\right)}{(1+100\,T^2+4\,T) - 2\,(2\,T+1)\,z^{-1} + z^{-2}}$$

cuya respuesta al escalón, para diferentes valores del tiempo de muestreo T, es la que se muestra en la figura siguiente:

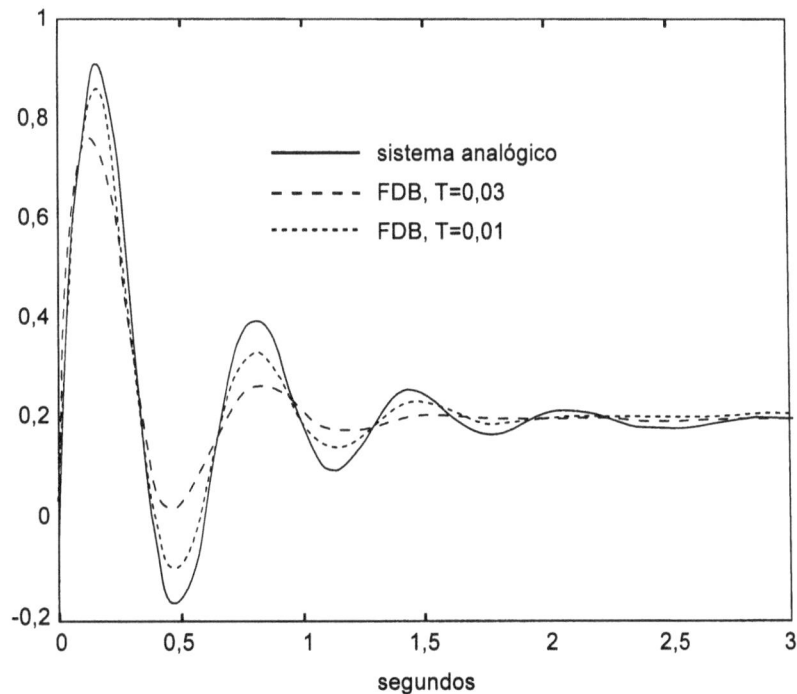

Fig. 6.23. Comparativa de respuestas al escalón (FDB)

Nótese que las oscilaciones de las respuestas del filtro discretizado se amortiguan antes que la del analógico, tanto más cuanto mayor es el período de muestreo. Ello es consecuencia de la distorsión mostrada en la figura 6.20.

Si se utiliza la transformación bilineal, el resultado es el de la figura 6.24. Notése la mayor similitud con la respuesta del sistema analógico original aún empleando mayores períodos de muestreo que los usados en el caso anterior (FDB).

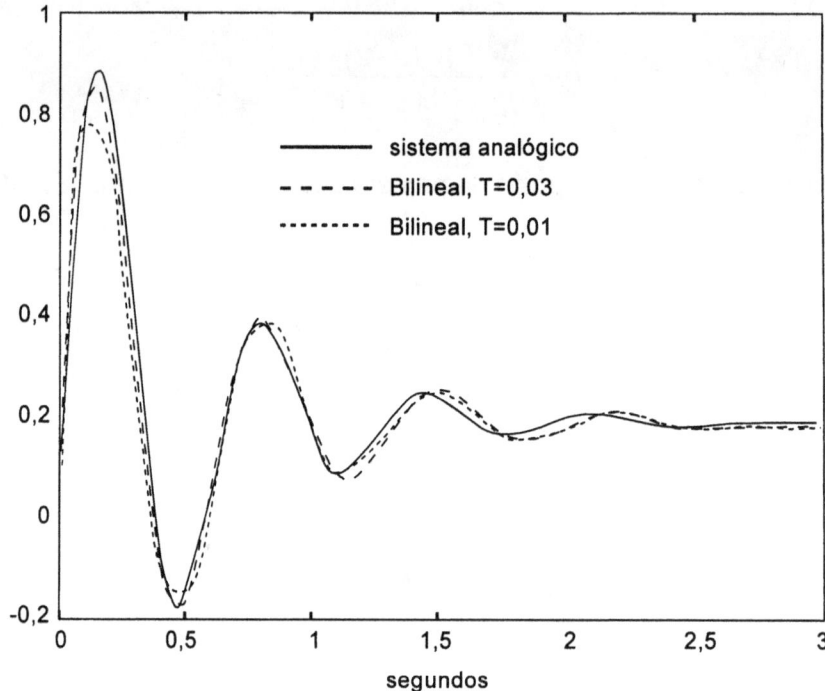

Fig. 6.24. Comparativa de respuestas al escalón (bilineal)

6.5.2. Reguladores PID

Un regulador PID está formado por tres bloques, que efectúan las acciones proporcional (amplificación o atenuación), integrativa y derivativa que le dan el nombre. Es el más utilizado en la industria, porque es relativamente fácil de ajustar a partir de directrices cualitativas y porque no requiere un modelo matemático del proceso a regular.

Si bien nada impide (al menos teóricamente) obtener un modelo de la planta y sobre él usar técnicas como las del LGR o las de análisis de precisión para ver la conveniencia de usar un regulador con más o menos amplificación, la de poner o no un polo en el origen (integrador) o la de desplazar las ramas del LGR mediante la adición de ceros en el regulador, no es ésta la vía de diseño para reguladores PID. En él se prioriza la experiencia de la persona encargada del ajuste frente a las teorías.

Puede verse un símil del regulador PID en el caso de un conductor de un automóvil que entra en una curva a velocidad inadecuada (por alta) sobre un camino de tierra (derrape de las ruedas) y con un árbol a la salida de la curva. Si se efectúan correctamente las acciones PID, la proporcional le guiará en girar al volante proporcionalmente a la curva, la integral (historia) le dirá cómo controlar el derrape del vehículo según como haya encarado la curva, y de este modo tomarla sin salirse de la carretera (precisión). Y la derivativa (efecto anticipativo o de tendencia) le dirá cómo estabilizar las acciones anteriores atendiendo al árbol que hay enfrente. Un conductor que hubiera entrado a velocidad moderada, no necesitaría efectuar la acción integrativa, sino que sólo le bastarían la proporcional y la derivativa (regulador PD). Y en el caso extremo de una curva suave, tomada a velocidad correcta y sin obstáculos, sólo sería necesaria la acción de girar el volante (regulador P). Algo similar efectúa el encargado de un regulador PID. A partir de unas primeras pruebas sobre la dinámica de la planta, decide si prioriza las acciones P, I o D, y en qué cantidad.

El proceso de ajuste normal es el de empezar conectando el regulador PID a la planta y cerrar el lazo. Con los efectos I y D anulados, se va variando el ajuste proporcional hasta que se obtiene la mejor dinámica posible.[3]

Pero podría ser que por falta de polos en el origen, la planta no fuera lo bastante precisa, y que quedara un error entre la consigna y la salida. Como se ha visto en el análisis de precisión, ello puede corregirse añadiendo un polo en el origen (integrador). De este modo, el encargado del ajuste añadiría acción integral a la proporcional (PI). Incluso podría darse el caso de que la planta tuviera alinealidades que crearan una zona muerta de tal modo que, al llegar el error a un valor pequeño, fuera imperceptible y el lazo cerrado no actuara sobre él. Gracias a la acción integral, se iría acumulando este error, hasta el momento en que alcanzara un nivel capaz de ser percibido por el sistema, el cual, en consecuencia, podría actuar para compensarlo.

Al tratar el LGR, se ha visto que un polo adicional puede inestabilizar el sistema. Así pues, puede darse la paradoja de que el término integrativo, beneficioso para la precisión, perjudicara la estabilidad. Una solución es aprovechar el efecto de los ceros de atraer hacia ellos las ramas del LGR, y de ello se encarga el bloque derivativo (PID).

Sin embargo, si la planta ya tuviera por sí misma polos en el origen y se añadieran términos integrativos (I), el grado de inestabilidad podría ser tal que el término derivativo no lo pudiera compensar. Un ejemplo sencillo: plantas con un polo en el origen (además de otros términos), situación típica en reguladores mecánicos de posición. Si el regulador añade otro polo adicional habrá un término

$$\frac{1}{s^2}$$

en el denominador, cuya respuesta temporal asociada es $t \cdot u(t)$ –función rampa–, que tiende a infinito (inestable).

Así pues, los efectos de cada término del regulador PID son:

---

[3] Hay métodos empíricos que facilitan el ajuste inicial de los reguladores PID, como los de Ziegler-Nichols. Básicamente, consisten en excitar la planta con un escalón y medir los tiempos de respuesta, o, si es posible, ver para qué valor del término proporcional la planta empieza a oscilar. A partir de esta información, hay unas tablas que sugieren unos ajustes iniciales de los parámetros P, I o D.

P	Dinámica en general. Forma cualitativa de la respuesta. Velocidad.
I	Precisión. Posible inestabilidad.
D	Estabilidad. Posible magnificación del ruido.

El comentario sobre la magnificación del ruido se desarrollará más adelante, al estudiar la implementación digital del regulador.

Según los objetivos deseados y el tipo de planta a regular, puede que sólo se use el efecto proporcional (regulador P), el proporcional más el integrativo (regulador PI), el proporcional más el derivativo (regulador PD) o los tres (regulador PID).

En el caso analógico, un regulador PID viene dado por la expresión:

$$G_c(s) = K_c \left(1 + \frac{1}{\tau_R s} + \tau_D s \right)$$ (6.46)

siendo τ_R el tiempo de *reset* correspondiente al bloque integrativo, y τ_D el tiempo derivativo. Estos nombres proceden de unas medidas que se hacen sobre los reguladores para medir la fuerza de cada efecto. Podemos simplificarlo diciendo que, simplemente, el inverso de τ_R es la constante del integrador, y que τ_D es la del bloque derivador. Nótese que el bloque derivativo, tal como aparece en la ecuación 6.46, no es implementable por tener más ceros' (uno) que polos (ninguno). Por ello, se incluye un polo para su realizabilidad.

El esquema de un PID analógico sería el de la figura siguiente (los lectores con conocimientos de circuitos básicos con amplificadores operacionales podrán apreciar la sencillez de su realización analógica).

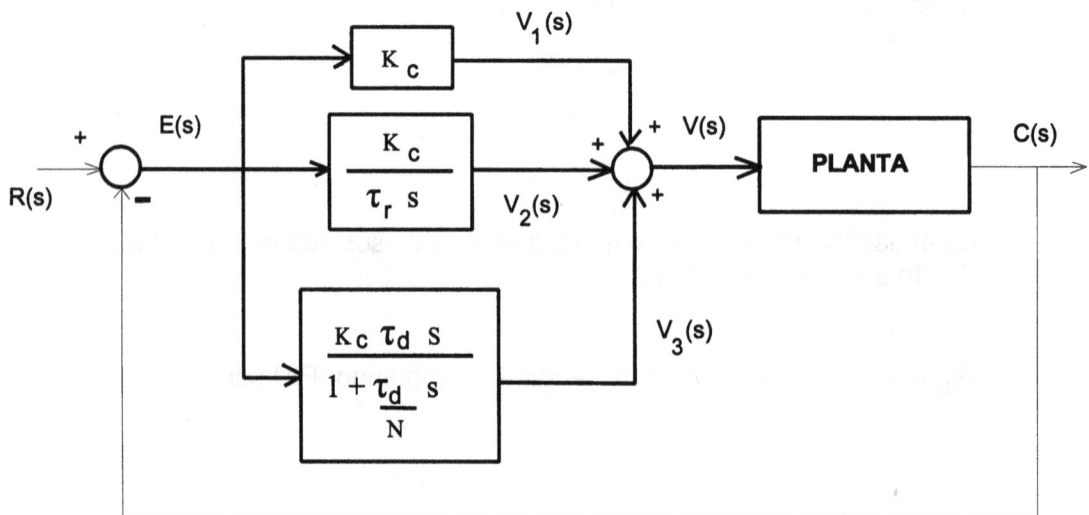

Fig. 6.25. Regulador PID analógico

Los algoritmos para la programación digital de cada bloque son:

a) Bloque proporcional:

$$V_1(z) = K_c\, E(z) = K_c\, (R(z) - C(z)) \Rightarrow$$
$$v_1[n] = K_c\, (r[n] - c[n])$$

$$(6.47)$$

b) Bloque integrativo:

Para la realización de este bloque, es preferible la aproximación bilineal porque mantiene una mayor similitud con la respuesta del integrador analógico que la que se obtiene si se discretiza con la aproximación de FDB (apartado 6.5.1.1).

$$V_2(z) = \frac{K_c}{T_r}\, \frac{T}{2}\, \frac{1+z^{-1}}{1-z^{-1}}\, E(z) = \left[\frac{K_c}{T_r}\, \frac{T}{2} = K_I\right] =$$

$$(1-z^{-1})\, V_2(z) = K_I\, (1+z^{-1})\, E(z) \Rightarrow$$

$$v_2[n] - v_2[n-1] = K_I\, (\, e[n] + e[n-1]\,) \Rightarrow$$

$$v_2[n] = v_2[n-1] + K_I\, (\, e[n] + e[n-1]\,)$$

$$(6.48)$$

c) Bloque derivativo:

En este bloque es preferible el uso de la FDB, ya que se ha comprobado empíricamente que su transformación mediante la aproximación bilineal puede llevar a inestabilidades.

Siguiendo los pasos anteriores:

$$V_3(z) = \frac{T_d\, \dfrac{1-z^{-1}}{T}}{1 + \dfrac{T_d}{N}\, \dfrac{1-z^{-1}}{T}}\, E(z) = \left[\frac{T_d}{T} = K_D\right] =$$

$$= \frac{K_D\, (1-z^{-1})}{1 + \dfrac{K_D}{N}\, (1-z^{-1})}\, E(z) \Rightarrow$$

$$(6.49)$$

$$v_3[n] = K_D\, \frac{\left(\dfrac{1}{N}\, v_3[n-1] + e[n] - e[n-1]\right)}{1 + \dfrac{K_D}{N}}$$

Algunas modificaciones:

- Término proporcional:

En ocasiones se ha manifestado conveniente ponderar la consigna $R(z)$ con un factor diferente a la salida $C(z)$, introduciendo un factor de ponderación b:

$$V_1(z) = K_c \, (bR(z) - C(z)) \implies$$
$$v_1[n] = K_c \, (br[n] - c[n])$$

(6.50)

- Término derivativo:

• En el caso de un regulador, la consigna $R(z)$ es constante (valor a mantener). Pero cuando se trata de un controlador debe seguir los cambios en la consigna $R(z)$, que, de ser bruscos, producirán importantes valores a la salida del derivador pudiendo provocar saturaciones. Por ello, algunos algoritmos PID no conectan la consiga $R(z)$ a la entrada del bloque derivativo.

En estos casos, la entrada del bloque D es directamente la salida $C(z)$:

$$V_3(z) = \frac{\tau_d \, \dfrac{1-z^{-1}}{T}}{1 + \dfrac{\tau_d}{N} \dfrac{1-z^{-1}}{T}} \; C(z)$$

(6.51)

• Otro aspecto a tener en cuenta al valorar el peso del bloque derivativo son los ruidos del sistema a controlar, sean internos o externos. Por ejemplo, supóngase una señal $E(z)$ constante. En este caso, la ecuación (6.49) nos lleva a una salida del término derivativo:

$$v_3[n] = K_D \, \frac{\left(\dfrac{1}{N} v_3[n-1] + e[n] - e[n-1] \right)}{1 + \dfrac{K_D}{N}} = K_D \, \frac{v_3[n-1]}{N + K_D}$$

(6.52)

que tiende a cero (ya que $N > 0$).

Pero si el sistema está contaminado por un ruido, el valor de $e[n]$ ya no será igual al de $e[n-1]$, siendo entonces no nula la salida $v_3[n]$, y tanto mayor cuanto menor sea el período de muestreo. Esta última afirmación resulta más evidente si no se incluye el polo en el término derivativo:

$$V_3(s) = \tau_d \, s \, E(s) \implies V_3(z) = \tau_d \, \frac{1-z^{-1}}{T} \, E(z)$$

$$v_3[n] = \tau_d \, \frac{e[n] - e[n-1]}{T}$$

(6.53)

Ello impone cautelas a la hora de elegir la frecuencia de muestreo, limitando el criterio general (criterio de muestreo de Nyquist) de que cuanto mayor sea esta frecuencia, mejor. Un consejo práctico dado por Amström y Wittenmark es que en el caso de usar el polo:

$$\frac{T \cdot N}{\tau_d} \approx [de\ 0,2\ a\ 0,6] \tag{6.54}$$

- Si bien el término derivativo $\tau_d\ s$ (derivador analógico) no es realizable en tiempo continuo, su discretización mediante la primera diferencia de retorno conlleva una estructura en tiempo discreto causal (ecuación 6.53), por lo que no es necesario introducir el polo adicional al bloque derivativo. Así, un sencillo diagrama de programación del regulador PID sería:

$$G_c(s) = K_c \left(1 + \frac{1}{\tau_R\ s} + \tau_D\ s \right) \Rightarrow$$

$$G_c(z) = K_c \left(1 + \frac{1}{\tau_r}\frac{T}{2}\frac{1+z^{-1}}{1-z^{-1}} + \tau_d\frac{1-z^{-1}}{T} \right) \tag{6.55}$$

$$G_c(z) = K_c + K_I\frac{1+z^{-1}}{1-z^{-1}} + K_d\left(1-z^{-1}\right)$$

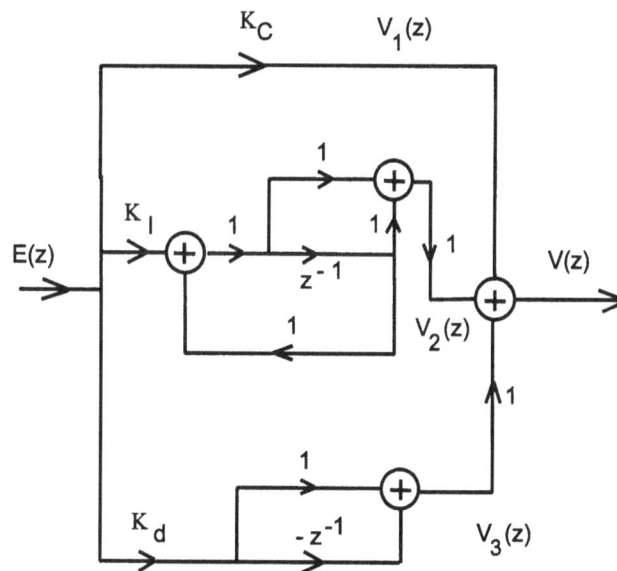

Fig. 6.26. Programación del PID digital

- Término integrativo:

Si por alinealidades en la planta, como sería el caso de una saturación en su salida, el valor de su salida $c(t)$ ya no se pudiera modificar, aun habiendo una señal de error $e(t)$, el regulador PID no podría anular el error. El efecto acumulativo del integrador sobre ese error daría una salida que teóricamente tendería a infinito y, en la práctica, a situaciones de desbordamiento (*overflow*) en el dispositivo de cálculo digital. Este fenómeno por el que el bloque integrador puede llevar a situaciones de desbordamiento se denomina *wind-up*.

Hay varias posibilidades para reducir el *wind-up*. Una de ellas es la que se muestra en la figura:

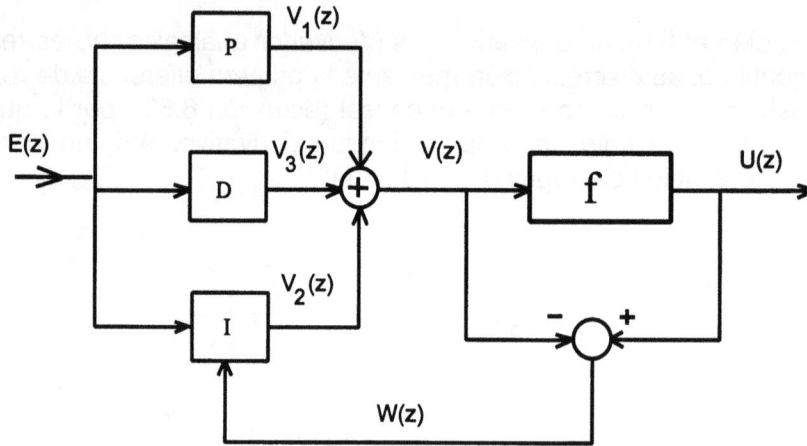

Fig. 6.27. Incorporación del bloque anti-wind-up (bloque f)

La función f puede representar un actuador saturable de la planta, o toda la planta –en este caso, $U(z) = C(Z)$–, siendo en cada instante de tiempo t_k:

$$f\,[v(t_k)] = \begin{cases} u_{máx} & si\ v(t_k) > u_{máx} \\ u_{min} & si\ v(t_k) < u_{min} \\ K\,u(t_k) & si\ u_{min} < v(t_k) < u_{máx} \end{cases} \qquad (6.56)$$

Nótese que la señal $\omega(t_k)$ es negativa si $v(t_k) > u(t_k)$, situación que se produce cuando el bloque f está saturado.

La ecuación en diferencias que rige el bloque integrador de la figura (bloque I) es:

$$v_2[n] = v_2[n-1] + K_I\,(e[n] - e[n-1]) + K_w\,(u[n] - v[n]) \qquad (6.57)$$

Si $v(t_k) > u(t_k)$, el valor de $v_2[n]$ disminuye proporcionalmente al parámetro K_ω, saliéndose así de la saturación.

6.5.3. Diseño *dead-beat*

El denominado diseño sin sobreimpulso, o *dead-beat*, es de sencilla aplicación y ofrece muy buenos resultados. La restricción es que se requiere un modelo bastante exacto de la planta; en este sentido, es complementario al anterior regulador PID, en que no hacía falta este modelo.

Supóngase un sistema como el de la figura:

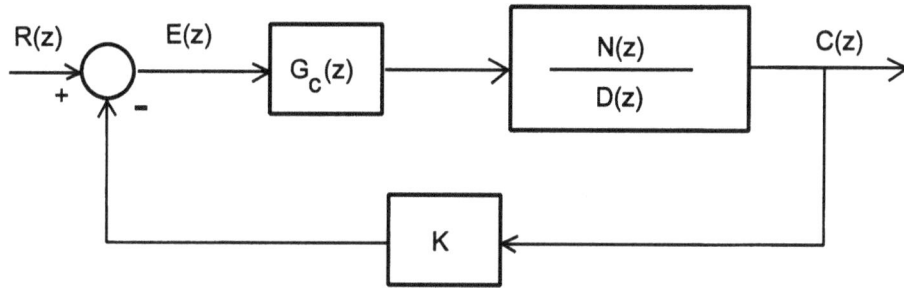

Fig. 6.28. Sistema de control digital

El objetivo ideal de todo sistema de control sería que el controlador compensara totalmente la inevitable dinámica de la planta, de modo que $c(t) = r(t)$. Ello significa que:

$$M(z) = \frac{C(z)}{R(z)} = 1 \qquad (6.58)$$

En el ejemplo de la figura anterior:

$$M(z) = \frac{G_c(z)\,\dfrac{N(z)}{D(z)}}{1 + G_c(z)\,\dfrac{N(z)}{D(z)}\,K} = 1 \Rightarrow$$

$$G_c(z) = \frac{D(z)}{N(z)\,(1 - K)} \qquad (6.59)$$

Aparentemente ya estaría diseñado el corrector. Y esto sería cierto si la planta no tuviera ceros de fase no mínima (en el exterior de la circunferencia de radio unidad) y el orden de $N(z)$ fuera igual al de $D(z)$. A continuación se analiza cada caso por separado:

- Ceros de fase no mínima:

Como los ceros de la planta –raíces de $N(z)$– pasan a ser polos del controlador $G_c(z)$, no pueden estar fuera de la circunferencia de radio unidad; sino, el controlador sería inestable. La solución teórica de considerar que estos polos inestables en $G_c(z)$ ya serán cancelados por los ceros de fase no mínima de la planta (pues está conectada en cascada con el controlador) no es planteable, ya que en la práctica siempre hay pequeños errores de cálculo o de modelado que imposibilitan una cancelación polo-cero perfecta.

Cabe recordar que los sistemas con retardo de transporte presentan ceros de fase no mínima, por lo que este método de diseño no les será de aplicación.

- Orden de $N(z)$ respecto al orden de $D(z)$:

Como se ha visto en el capítulo anterior, una función de transferencia $T(z)$ no es realizable de forma causal si el orden del numerador es mayor que el del denominador. Por ello, si el orden de $D(z)$ fuera mayor que el de $N(z)$, es decir, que la planta tuviera más polos que ceros, la expresión de $G_c(z)$ no sería causal, prerrequisito para controlar en tiempo real. En este caso, una solución es relajar los objetivos de diseño, y permitir que la salida $c(t)$ sea $r(t\text{-}M)$, es decir, que se sigue imponiendo que la salida debe ser igual a la entrada, pero ahora se permite un cierto retardo puro de M muestras. En este caso:

$$M(z) = \frac{C(z)}{R(z)} = z^{-m} \tag{6.60}$$

siendo $m \geq$ orden de $D(z)$ - orden de $N(z)$. Así pues:

$$M(z) = \frac{G_c(z)\, \dfrac{N(z)}{D(z)}}{1 + G_c(z)\, \dfrac{N(z)}{D(z)}\, K} = \frac{1}{z^m} \Rightarrow$$

$$G_c(z) = \frac{D(z)}{N(z)\,(\,z^m - K\,)} \tag{6.61}$$

6.6. Determinación de la función de transferencia a partir de modelos descritos en el Espacio de Estado

En ocasiones, se describe un sistema SISO mediante variables de estado. Éstas son variables internas del sistema, en un número igual al orden del mismo, que permiten determinar tanto su dinámica interna como externa en todo instante de tiempo. O, dicho de otro modo, son variables que describen las condiciones o el estado del sistema en un determinado instante de tiempo y proporcionan la información necesaria para determinar su conducta en otros instantes.

La descripción de un sistema mediante variables de estado es una representación matricial de las ecuaciones que lo rigen. En el caso de un sistema discreto, las variables de estado tienen la forma:

$$\tilde{x}\,[k+1] \;=\; \tilde{F}\,\tilde{x}\,[k] \;+\; \tilde{G}\,\tilde{u}\,[k]$$

$$\tilde{y}\,[k] \;=\; \tilde{H}\,[k] \;+\; \tilde{D}\,\tilde{u}[k] \tag{6.62}$$

siendo F la matriz de sistema o de transmisión, G la de entrada o de control, H la de salida o de observación y D la de transmisión directa (*feedforward* o *by-pass*). $\tilde{x}[k]$ es el vector de estados, $\tilde{u}[k]$ es el de entrada e $\tilde{y}[k]$ es el de salida.

Por ejemplo, si se tuviera el sistema de segundo orden de la figura:

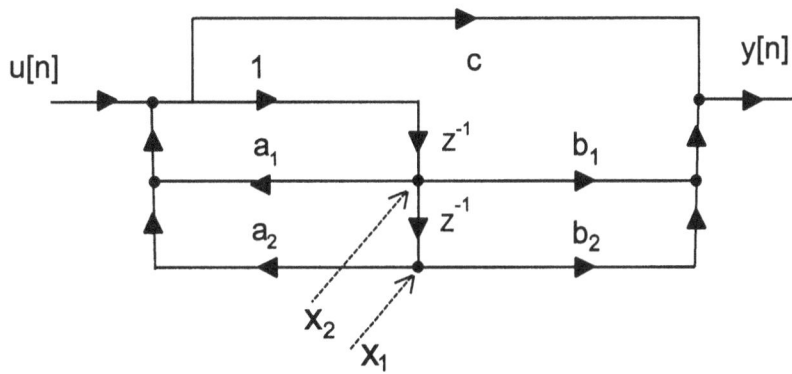

Fig. 6.29. Sistema IIR de segundo orden

y se definieran unos estados x_1 y x_2 a la salida de los retardadores, las ecuaciones de estado serían:

$$\tilde{x}\,[k+1] \;=\; \tilde{F}\,\tilde{x}\,[k] \;+\; \tilde{G}\,\tilde{u}\,[k]$$

$$\tilde{y}\,[k] \;=\; \tilde{H}\,[k] \;+\; \tilde{D}\,\tilde{u}[k]$$

$$\tilde{x}\,[k] \;=\; \begin{pmatrix} x_1\,[k] \\ x_2\,[k] \end{pmatrix} \quad,\quad \tilde{u}[k] = u[k] \quad,\quad \tilde{F} = \begin{pmatrix} 0 & 1 \\ a_2 & a_1 \end{pmatrix} \tag{6.63}$$

$$\tilde{G} = \begin{pmatrix} 0 \\ 1 \end{pmatrix} \quad,\quad \tilde{H} = \begin{pmatrix} b_2 & b_1 \end{pmatrix} \quad,\quad \tilde{D} = c$$

Tomando transformadas Z de la ecuación de estado en el caso de un sistema SISO:

$$\tilde{x}\,[k+1] = \tilde{F}\,\tilde{x}\,[k] + \tilde{G}\,u\,[k]$$

$$z\,\tilde{X}(z) = \tilde{F}\,\tilde{X}(z) + \tilde{G}\,U(z) \;\Rightarrow$$

$$(z\tilde{I} - \tilde{F})\,\tilde{X}(z) = \tilde{G}\,U(z) \;\Rightarrow \tag{6.64}$$

$$\tilde{X}(z) = (z\tilde{I} - \tilde{F})^{-1}\,\tilde{G}\,U(z)$$

y sustituyendo esta última expresión en la ecuación de salida, puesto que al ser SISO la salida _y_ es unidimensional, igual que lo es la entrada _u_, se tiene:

$$y[k] = \tilde{H}\,[k]\,\tilde{x}\,[k] + \tilde{D}\,u[k]$$

$$Y(z) = \tilde{H}(z)\,\tilde{X}(z) + \tilde{D}\,U(z) \;\Rightarrow \tag{6.65}$$

$$Y(z) = (\,\tilde{H}\,(z\tilde{I} - \tilde{F})^{-1}\,\tilde{G} + \tilde{D}\,)\,U(z)$$

con lo que, recordando la forma de cálculo de la inversa de una matriz, la función de transferencia será:

$$\frac{Y(z)}{U(z)} = \tilde{H}\;\frac{adj\,[z\tilde{I} - \tilde{F}]}{|z\tilde{I} - \tilde{F}|}\;\tilde{G} + \tilde{D} \tag{6.66}$$

Como las raíces del determinante del denominador son los autovalores de la matriz _F_, es inmediata la identificación entre estos autovalores y los polos de la función de transferencia.

EJERCICIOS

6.1.   Evalúe la estabilidad del sistema:

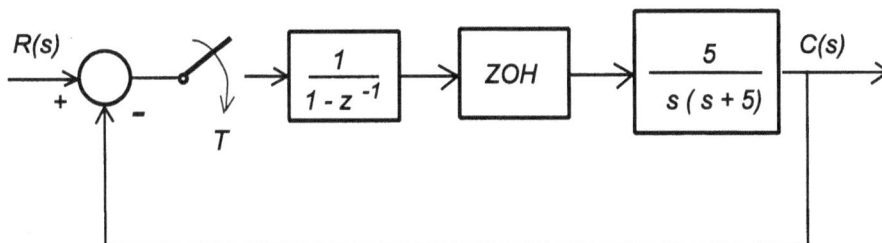

donde el interruptor indica un muestreo de la señal analógica (conversión A/D ideal)

6.1.1.   Por medio del LGR.

6.1.2.   Utilizando el criterio de Jury.

6.2.   Obtenga el valor de las constantes de precisión K_p, K_v y K_a para el sistema del ejercicio anterior.

6.3.   Obtenga el margen de valores de K que estabilizan el sistema descrito por el polinomio característico (utilice el criterio de Jury):

$$P(z) = 2\,z^{-4} + 7\,z^{-3} + 16\,z^{-2} + K\,z + 1$$

6.4.   Dado el sistema:

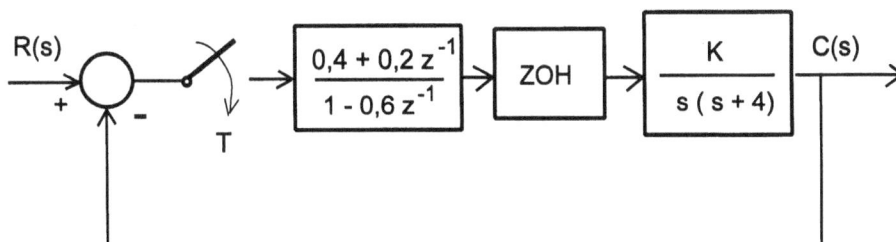

6.4.1.   Dibuje el LGR (utilice el Matlab).

6.4.2.   Obtenga el valor de la K crítica (valor de K a partir del cual el sistema es inestable).

6.4.3.   Evalúe el transitorio para $K = K_{crítica}/2$.

6.4.4.   Indique el tipo de sistema y los valores de K_p, K_v y K_a.

6.5. Sea el sistema de la figura:

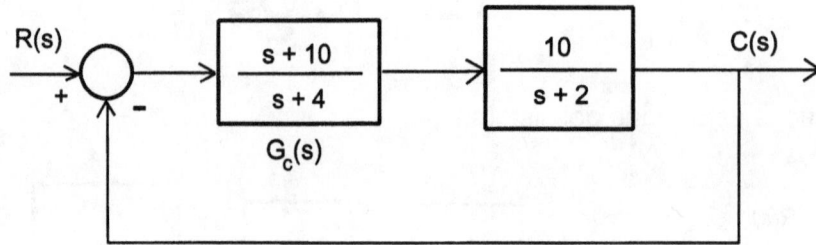

6.5.1. Discretice el controlador $G_c(s)$ mediante la transformación bilineal.

6.5.2. Discretice la planta (recuerde que no hace falta incluir el efecto del ZOH, al haberse usado la transformación bilineal).

6.5.3. Esboce la respuesta al escalón del sistema discreto (respuesta indicial) –Utilice la instrucción *dstep* del Matlab.

6.6. Obtenga una $G_c(z)$, mediante la técnica de diseño *dead-beat*, tal que la salida del sistema de la figura sea un escalón, con retardo mínimo, frente a una entrada también en escalón.

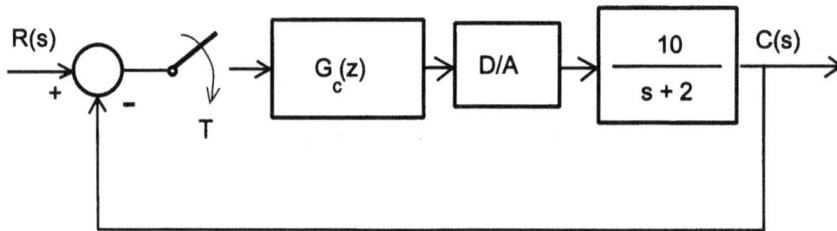

Nota. Puede usar la FBD para obtener la trasformada Z de la planta.

6.7. La siguiente función de transferencia corresponde al modelo de estabilidad longitudinal de un avión de transporte que vuela a unos 13 km de altitud. La variable de salida $\theta(s)$ es la elevación del ángulo que forma el morro del avión respecto a su trayectoria de vuelo (*pitch* del avión), y la excitación $\delta(s)$ es el ángulo de desplazamiento provocado en los estabilizadores horizontales (de cola).

$$G(s) = \frac{\theta(s)}{\delta_j(s)} = \frac{-1,31 \cdot (s+0,016)(s+0,3)}{(s^2+0,0046s+0,0053)(s^2+0,806s+1,311)}$$

Se pide que, con ayuda del Matlab:

a) Represente la respuesta al escalón del avión e indique el tiempo de establecimiento (tiempo que tarda en estabilizarse) del mismo.

b) Proponga un autopiloto (controlador digital) que combine la velocidad de estabilización con el confort de los ocupantes del avión, entendiendo como inconfortables las oscilaciones, y especialmente las de mayor frecuencia.